Unternehmensorganisationen der Zukunft

Daniel F. Pinnow ist seit 1997 Geschäftsführer der Akademie für Führungskräfte der Wirtschaft. Er war Mitglied des Vorstands der Cognos AG und hat langjährige Führungs- und Managementerfahrung in internationalen Konzernen. Pinnow lehrt Personalführung an der TU München und ist Associate Professor für Leadership an der Capital University in Peking. Er ist erfahrener Top-Managementtrainer und Executive Coach sowie Autor zahlreicher Publikationen und Bücher, unter anderem des Standardwerks »Führen – Worauf es wirklich ankommt« (5. Auflage 2011). Weitere Informationen im Internet: www.daniel-pinnow.de und www.die-akademie.de.

Daniel F. Pinnow

Unternehmens-organisationen der Zukunft

Erfolgreich durch systemische Führung

Campus Verlag
Frankfurt/New York

ISBN 978-3-593-39472-5

Das Werk einschließlich aller seiner Teile ist urheberrechtlich geschützt.
Jede Verwertung ist ohne Zustimmung des Verlags unzulässig. Das gilt
insbesondere für Vervielfältigungen, Übersetzungen, Mikroverfilmungen
und die Einspeicherung und Verarbeitung in elektronischen Systemen.
Copyright © 2011 Campus Verlag GmbH, Frankfurt am Main
Umschlaggestaltung: Anne Strasser, Hamburg
Satz: Fotosatz L. Huhn, Linsengericht
Gesetzt aus der Neue Helvetica und der Sabon
Druck und Bindung: Druckhaus »Thomas Müntzer«, Bad Langensalza
Gedruckt auf Papier aus zertifizierten Rohstoffen (FSC/PEFC).
Printed in Germany

Dieses Buch ist auch als E-Book erschienen.
www.campus.de

Inhalt

Führung und Organisation bedingen sich

Märkte und Gesellschaften verändern sich rasant, doch in den Köpfen der meisten Führungskräfte drehen sich viele Gedanken im Kreis. *Führung* und *Organisation* in ihrem Kern sind zu einem großen Teil unverändert und funktionieren noch nach dem mechanistischen Managementverständnis des Industriezeitalters. Teilweise wurden zwar neue Organisationsmodelle geschaffen und ausprobiert, aber die Führungspraxis wurde nicht angepasst. Umgekehrt sind manchmal neue Ideen in der Führung implementiert worden, aber in alten Organisationsmustern und -strukturen konnten diese sich nicht nachhaltig entfalten.

Wer A sagt, muss auch B sagen. Wer die Organisation der Zukunft will, weil nur sie die (Über-) Lebensfähigkeit des Unternehmens sichert, muss systemische Führung praktizieren. Führung beeinflusst Organisation, Organisation beeinflusst Führung. Aus diesem Grund bringe ich in diesem Buch diese zwei bislang getrennt voneinander betrachteten Aspekte zusammen.

Der Aspekt »Organisation«: Wie sehen Organisationen heute und in Zukunft aus? Welche Organisationsformen sind zeit- und menschengemäß? Wie sollten Aufgaben heutzutage in der Wissensgesellschaft (im Großen wie im Kleinen) organisiert sein, damit effektives und engagiertes Arbeiten möglich ist?

Der Aspekt »Führung«: Warum ist der Ansatz der systemischen Führung flexibler und offener als andere? Welche Denkweise und welche Haltung stecken hinter diesem Ansatz? Was kann eine Führungskraft tun, die sich selbst »treu« bleiben möchte und Mitarbeitende mitnehmen will in Richtung Leistung und Engagement und in eine erfolgreiche Zukunft?

Die Kernthese lautet: Organisationen sind aufgrund der Komplexität, der sie von innen und von außen ausgesetzt sind, und der Veränderungsfähigkeit, die von ihnen erwartet wird, nicht mehr im üblichen Sinne und nach der klassischen Managementlehre zu steuern. Der Ansatz der systemischen Führung ist damit auch die Antwort auf die Frage, wie die Organisation der Zukunft aussehen muss.[1]

Der Erfolg jedes Unternehmens hängt von denjenigen ab, die alle Systeme gestalten: den Mitarbeitern. Dazu zählt aber auch der Führende selbst. Gute Führung beginnt deshalb immer beim Führen der eigenen Person, und sie setzt dort an, wo der Mensch zum Menschen und zum Individuum wird: beim Fühlen. Erst die Akzeptanz der Tatsache, dass nicht die Ratio in unserem Kopf das Sagen hat, sondern dass die Psyche, die Seele, die Gefühle und der Bauch die wahren Chefs des Ichs sind, lässt uns begreifen, warum gute Führung beim Führen des Selbst beginnen muss.

Diese Darstellung basiert auf neuesten theoretischen Erkenntnissen zu Organisation und Führung und ist zugleich eine konkrete Handreichung für Führungskräfte, die neue Wege gehen wollen. Meine Gedanken werden durch Interviews mit Experten aus Wissenschaft und Praxis untermauert und verdichtet. Für ihre Zeit und Bereitschaft, mir Einblicke in ihre neuesten Forschungserkenntnisse und persönlichen Erfahrungen zu geben, möchte ich an dieser Stelle Prof. Dr. Dirk Baecker, Prof. Dr. Dieter Frey, Dr. Arend Oetker und Prof. Dr. Ernst Pöppel meinen herzlichen Dank aussprechen.

Danken möchte ich auch meinen Mitarbeitern der Akademie für Führungskräfte der Wirtschaft GmbH (nachfolgend Akademie für Führungskräfte). Insbesondere möchte ich meinen Kollegen Dr. Simon Beck, John Ireland und Alexander Höhn für ihre Anregungen danken, die Sie mir bei der Überarbeitung und Schärfung des Ansatz der systemischen Führung in unserer »Systemischen Projektgruppe« von 2007 bis 2008 gegeben haben. Ein großer Dank gilt auch dem Journalisten und Berater Dr. Bernhard Rosenberger und seiner Frau Dagmar Rosenberger sowie Eva Wolk, Katrin Bobsin und meinem Assistenten Finn Rieken für ihre Unterstützung bei Recherchen und Redaktion.

Daniel F. Pinnow,
Überlingen am Bodensee im Juni 2011

Einleitung

Warum systemische Führung notwendig ist

»In den letzten zehn Jahren haben wir mehr Veränderungen erlebt als in den neunzig Jahren davor« gab Ad J. Scheepbouwer, Vorstandsvorsitzender von KPN Telecom, den Autoren der Studie »Das Unternehmen der Zukunft«[2] zu Protokoll. Die Studie dokumentiert, welche Strategien überdurchschnittlich erfolgreiche Firmen als entscheidend für die nächsten Jahre ansehen. Zusammenfassend heißt es: »Die CEOs haben die traditionellen Vorstellungen von der Globalisierung hinter sich gelassen; Unternehmen und Organisationen jeder Größe definieren sich neu, um sich die Möglichkeiten der globalen Integration zunutze zu machen.«[3]

In der Studie wurden dazu fünf Strategien genannt:

Erstens stellt das Unternehmen der Zukunft sein Geschäftsmodell radikal in Frage und definiert so die Grundlagen des Wettbewerbs neu. Es verändert seinen Wertbeitrag für seine Kunden, hinterfragt traditionelle Produkte und Dienstleistungen und erfindet sich und seine gesamte Branche neu, sobald sich die Gelegenheit dazu bietet.

Zweitens verwandeln sich die Unternehmen von Einzelkämpfern in Teamplayer: 85 Prozent der Firmenchefs weltweit planen, sich künftig intensiv mit Partnern zu verbünden, und gut 40 Prozent ändern dafür sogar ihr Unternehmensmodell. Immer mehr Unternehmen gehen eine neue Form von Beziehung ein: »Coopetition« bezeichnet die Gleichzeitigkeit von Zusammenarbeit und Konkurrenz. Die Konkurrenten Philips, Panasonic und Sony arbeiten beim neuen Industriestandard Blu-ray zusammen, und in der Nutzfahrzeugbranche kooperiert sogar bereits jeder zweite Hersteller in Vertrieb oder Service mit Wettbewerbern.

Drittens wird ein erfolgreicher Global Team Player nicht mehr nur auf Veränderungen reagieren, sondern sie selbst initiieren: Visionäre sind gefragt, die Trends setzen und gestalten. »Unsere Unternehmenskultur braucht einen eingebauten Mechanismus zur Veränderung«,[4] sagt der

Chef der West Japan Railway, Masao Yamazaki. Dies bestätigt sich auch in der IBM-CEO-Studie von 2010, in der Kreativität als die wichtigste Führungsqualität bezeichnet wird. Führungskräfte müssen sich auch in einem unsicheren Umfeld wohlfühlen, experimentierfreudig sein, Innovationen willkommen heißen und andere dazu ermutigen, ausgetretene Pfade zu verlassen.

Viertens setzt das Unternehmen der Zukunft auf Integration, um die Chancen der globalen Wirtschaft zu nutzen. Die CEOs wollen sich den Zugang zu Fähigkeiten, Wissen und (Vermögens-)Werten auf der ganzen Welt verschaffen, um sie dort einzusetzen, wo sie strategisch benötigt werden. Denn nicht nur Wettbewerber kooperieren miteinander. Die Unternehmen setzen immer mehr auf den globalen Wissensaustausch und nutzen virtuelle Netzwerke für Innovationen und neue Kooperationen. »Nur geteiltes Wissen ist wertvolles Wissen«, sagt Lutz Leuendorf, Experte für Wissensmanagement von der Hochschule Furtwangen.[5]

Und schließlich fünftens: Das Unternehmen der Zukunft beweist mit seinen Maßnahmen und Entscheidungen echtes Engagement für die Gesellschaft, sodass aus dem Marketing-Schlagwort der »Corporate Social Responsibility« ein geschäftlich relevanter Erfolgsfaktor wird. Mit den Worten von Vinod Mittal, Managing Director von ISPAT Industries: »Meiner Ansicht nach wird die Corporate Social Responsibility drei Phasen durchlaufen. Zuerst wenden sich die Unternehmen Themen wie der Umwelt zu, weil sie dazu gezwungen sind. Dann stellen sie fest, dass sich das aus geschäftlicher Sicht lohnt. Und letztendlich werden sie sich engagiert für solche Themen einsetzen – nicht aus Zwang und eigennützigen Motiven, sondern einfach weil es richtig ist.«[6]

Dieser Überblick macht deutlich: In den Firmen ist in den letzten Jahren viel in Bewegung gekommen. Unternehmen befinden sich in einem ständigen Spannungsfeld von Anforderungen an ihre Flexibilität, Effizienz und Effektivität. Die Unternehmensstrategie, die Unternehmensziele und die Unternehmenskultur müssen stets an die neuen Herausforderungen angepasst werden. Dies erfordert eine ständige Prüfung und Anpassung der Organisationsstrukturen.

Dass sich Organisationsstrukturen von Unternehmen in einer Zeit der Globalisierung und der rasanten technologischen Entwicklung verändern werden und verändern müssen, erkannte der irische Wirtschafts- und Sozialphilosoph Charles Handy schon 1994: »Organizations will become both smaller and bigger at the same time; they will be flatter, more flexible and more dispersed; similarly our working lives will have to be flatter and more flexible. Life will be unreasonable in the sense that it won't go on as it used to; we shall have to make things happen for us rather than wait for them to happen.«[7]

Angesichts dieser Entwicklung stößt das klassische Managementdenken an seine Grenzen. Die Übergänge zwischen Organisationen und ihrem Marktumfeld sind verschwommen, und die Komplexität der Praxis lässt sich nicht mehr in vereinfachte Schemata und starre Modelle pressen. Führungskräfte sehen die zunehmende Komplexität als größte Herausforderung an, wie Edward Lonergan, President und CEO der Diversey Inc.: »Die Komplexität, die unser Unternehmen in den nächsten fünf Jahren bewältigen muss, liegt außerhalb des messbaren Bereichs – auf Ihrer Skala von 1 bis 5 würde ich ihr 100 geben.«[8]

Zurück zur Ehtik

Doch nicht nur die alten Organisationsstrukturen sind überholt. Auch die Anforderungen an Führungspersönlichkeiten und Mitarbeiter befinden sich in einem Prozess des Wandels. Diese Erkenntnis ist nicht neu, und Rosabeth Moss Kanter, Wirtschaftswissenschaftlerin an der Harvard Business School, schrieb bereits 1998 in ihrem Buch *Bis zum Horizont und weiter*: »Die Führungsarbeit unterliegt derart weitgehenden und schnellen Veränderungen, dass viele Manager ihren Beruf praktisch neu entdecken. Es gibt kaum etwas Vergleichbares, an das sie sich halten können, und so erleben sie, wie die Hierarchie verschwindet und die klaren Unterscheidungen von Titeln, Aufgaben, Abteilungen und sogar den Unternehmen verschwimmen. Sie stehen vor außergewöhnlich komplexen und voneinander abhängigen Fragen und sehen, wie die traditionellen Quellen der Macht versiegen und die alten Anreize ihren Zauber verlieren.«[9]

Anfang der 90er Jahre florierte die Wirtschaft. Der global agierende Manager erlernte Werkzeuge, um den Weltmarkt zu bearbeiten. Und während von den Unternehmen Rekordgewinne eingefahren wurden, interessierte bei der Auswahl von Mitarbeitern und Führungskräften vor allem, ob der entsprechende Kandidat oder die Kandidatin über die notwendigen Werkzeuge und Analysefähigkeiten verfügte, um die Gewinne noch weiter nach oben zu treiben. Die Kehrseite: Immer weniger Unternehmenslenker stellten sich die Frage, ob der Mensch, der sich um einen Job bewarb, dieser Position auch wirklich gewachsen sein würde – das heißt, ob er sie verantwortungsvoll ausüben und in der Lage sein würde, nicht nur seine Mitarbeiter mit innerer Überzeugung, Kontaktfähigkeit, Wertschätzung und Ressourcenorientierung zu führen, sondern vor allem sich selbst.

Diese essenziellen Eigenschaften einer Führungskraft sind in vielen Unternehmen verloren gegangen. So zeichneten Jürgen Hesse und Hans Christian Schrader in *Die Neurosen der Chefs* ein abschreckendes Bild der deutschen Unternehmenskultur in den 90er Jahren. In der Buchbesprechung schrieb der *Spiegel*: »Despoten, Wichtigtuer, Intriganten in Flanell regieren in deutschen Unternehmen. Chefs, die ihre Untergebenen knechten, Bosse, die sich selbst bereichern. Sie vergiften das Klima in den Büros und Werkhallen, sie zerstören Arbeitsfreude und Produktivität.«[10]

Je komplexer die Organisationen und Märkte wurden und je abstrakter die Folgen von Managemententscheidungen erschienen, desto leichter wurde es für die Manager, die Verantwortung für ihr Handeln abzulegen. Solange die Rendite stimmte, wurde die Arbeit der Führungsebene nicht hinterfragt. Und wenn etwas schieflief, war es kaum noch möglich, den Schuldigen im virtuellen Netzwerk der Akteure ausfindig zu machen. Dieses Verantwortungsvakuum wurde zu einem der Auslöser der Finanzkrise, die ihren Anfang 2007 in den USA nahm und sich dann rasend schnell ausbreitete. Die Folgen für die nationalen und internationalen Wirtschaftssysteme und für die Menschen sind bekannt, wenn auch noch nicht bis ins Letzte abschätzbar.

Die Führungselite muss wieder mehr Verantwortung übernehmen und nach ethischen Maßstäben handeln. Dazu gehört zuallererst das Thema Selbstverantwortung, der unverstellte Blick nach innen: »Nach welchen Werten handle ich?«, »Habe ich überhaupt ein Wertesystem?«, »Oder geht es mir nur um den Profit?«. Auf diese Thematik habe ich in meinem 2007 erschienen Buch *Elite ohne Ethik?* ausführlich hingewiesen.[11]

Wir brauchen keine neue Wirtschafts- und Führungsethik, wir brauchen lediglich eine Rückbesinnung auf längst bekannte tradierte Werte. Die Regeln des Benedikt von Nursia, mehr als 1 500 Jahre alt, haben bis heute ihre Gültigkeit nicht verloren: Führen kann nur, wer sich selbst führen kann. Man muss seine Bedürfnisse, Leidenschaften und Dämonen kennen, demütig und gerecht, vorurteilsfrei und unbestechlich sein. Der

Mensch muss auf die eigene Seele achten. Jeder braucht Zeit zum Rückzug und einen Raum für seine Ängste und Sehnsüchte. Führen heißt auch dienen. Ich muss den anderen wertschätzen und achten, mich aber gleichzeitig auch abgrenzen. Mit Geld gehe ich achtsam, aber gewinnorientiert um, und ich horte es nicht, sondern stelle es in den Dienst der Menschheit. Das Ziel des Führens ist die Erschaffung einer Vision für die Zukunft und der Erfolg als Nutzen für andere.[12] Richtiges Verhalten ist zeitlos, wie man sieht.

Gute Führungskräfte wissen genau, von welchen Maximen sie sich leiten lassen – und was sie als Menschen authentisch und stark macht. Sie stellen sich die Frage, wie sie ihr Handeln in den Dienst der Gemeinschaft stellen können. Dazu gehört es, Orientierung zu bieten und Entscheidungen zu fällen. Aber auch zu kommunizieren, die Nähe zu den Menschen zu suchen. Führungskräfte, die diese Bezeichnung wirklich verdienen, erteilen ihren Mitarbeitern nicht bloß Befehle, sondern versuchen sie zu überzeugen. Und um Menschen zu überzeugen, muss man selbst an etwas glauben – und zwar nicht nur an den Shareholder Value. Führungskräfte müssen Freude daran empfinden, das Potenzial der Menschen in ihrem Unternehmen zu entfalten und eine Welt zu gestalten, der andere Menschen gern angehören wollen. Das ist der Grundsatz der systemischen Führung, wie ich ihn erstmalig in meinem 2005 erschienen Buch »Führen – worauf es wirklich ankommt« beschrieben habe. Dass dieses Buch mittlerweile bereits in der 5. deutschen Auflage vorliegt und ins Englische und Chinesische übersetzt wurde, bestätigt mich in meiner Überzeugung.[13]

Herausforderungen an die Führung

Wer ist vor allem betroffen von einer neuen Führungskultur, und welche systemischen Aspekte spielen eine Rolle? Ich möchte hier einige Punkte nennen, die nicht neu sind, jedoch heute noch stärker an Bedeutung gewonnen haben. Die Boston Consulting Group hat in ihrer Studie »Creating People Advantage« Strategien für die Bewältigung der Herausforderungen an das Personalmanagement weltweit bis 2015 untersucht.[14] Auch sie betont die wachsende Rolle, die Mitarbeiter heute in den Unternehmen spielen. Vor allem der demografische Wandel, die Globalisierung und die emotionale Komponente beeinflussen den zukünftigen Umgang mit Mitarbeitern in Unternehmen. Folgende Herausforderungen sind wichtig:

Globalisierung: Sie führt zu einer zunehmenden Komplexität der Mitarbeiterstruktur von Unternehmen in kultureller Hinsicht. Eine Vielzahl von Fachkräften entstammt anderen Kulturkreisen, Wissen wird weltweit eingekauft, virtuelle und reale Teams arbeiten rund um den Globus zusammen. Der Manager ist gefordert, unterschiedliche kulturelle Identitäten in seinem Umgang mit den Mitarbeitern zu berücksichtigen. Gerade bei der Projektarbeit auf internationaler Ebene ist die Zusammenarbeit verschiedener Teams aus unterschiedlichen Kulturkreisen bedeutsam und verlangt gute Führung für ihr Gelingen.[15]

Flexibilisierung vs. Sicherheit: Die Zunahme von Zeitarbeit ist für die Führungskraft eines Unternehmens ebenso eine neue Situation wie die Tendenz, dass Menschen immer kürzer in Unternehmen verweilen und im Laufe ihres Lebens nicht mehr nur einen Arbeitgeber haben, sondern mehrere Firmen durchlaufen.[16] Man kennt sich nicht mehr seit Jahren, und die Führungskraft muss in der Lage sein, sich schnell auf neue Menschen einzustellen und diese zu führen. Das verlangt von der Führungskraft gute Menschenkenntnis und emotionale Intelligenz. Der zunehmenden Unsicherheit von Beschäftigung, die das Wohlbefinden der Mitarbeiter erheblich beeinträchtigen kann, steht die stetig steigende Anforderung an die Flexibilität global agierender Unternehmen gegenüber.

Mitarbeiterbindung: Um qualifizierte Mitarbeiter in einem Unternehmen zu halten, nimmt auch die Bedeutung der Vereinbarkeit von Familie und Beruf stetig zu. Für mehr als 78 Prozent der Bevölkerung ist laut einer neuen Allensbach-Umfrage[17] die Familie das Wichtigste. Flexiblere Arbeitszeiten und eine Verschiebung der Prioritäten weg von der Präsenz am Arbeitsplatz hin zur Qualität geleisteter Arbeit sollen in Zukunft realisiert werden. Die Führungskraft ist gefordert, ein Arbeitsumfeld zu schaffen, das die individuelle Lebensplanung berücksichtigt und dem Unternehmen zugleich einen Gewinn bringt, nämlich den motivierten Mitarbeiter, der sich in Notlagen auf seinen Arbeitgeber verlassen kann. »Die Entscheidung, welche Stelle man annimmt und welche Opfer man bereit ist, dafür zu bringen, wird verstärkt von familiären Aspekten und beeinflusst von dem Wunsch, sein Leben nicht nur von der Arbeit bestimmen zu lassen.«[18] Auch für Charles Handy ist entscheidend, dass der Mensch im Mittelpunkt steht. Nicht Gewinnmaximierung lässt einen Menschen mit Elan zur Arbeit gehen: »Keiner steht am Morgen auf und freut sich, dass er den Wert des Unternehmens erhöhen wird. Der Sinn eines Geschäftes ist nicht nur, Geld zu machen. Jedes großartige Unternehmen lebt von der Leidenschaft der Leute, die dazu beitragen wollen, die Welt in irgendeiner Form lebenswerter zu machen.«[19]

Demografie: Der demografische Wandel spielt für das Unternehmen der Zukunft ebenfalls eine entscheidende Rolle. In Zukunft werden Unternehmen sich wieder mehr auf die älteren Arbeitnehmer und ihre Erfahrung besinnen müssen, da nicht mehr genug jüngere Menschen für die offenen Stellen zur Verfügung stehen.[20] Daneben ist die Erhöhung des Renteneintrittsalters in den meisten europäischen Staaten ein Schritt, der eine stärkere Einbindung älterer Arbeitnehmer notwendig macht. Neben der notwendigen Neuorganisation von Arbeit sind auch hier emotionale Aspekte von Bedeutung: Wie gehe ich als junger Chef mit einem älteren Mitarbeiter um? Wie nutze ich sein fachliches Know-how und seine langjährigen Erfahrungen?

Psychische Arbeitsbelastung: Die große Bedeutung von Gefühlen und des Wohlbefindens der Mitarbeiter zeigt sich zum Beispiel in der zunehmenden Anzahl von Menschen, die durch die steigende Arbeitsbelastung, geschuldet unter anderem der zunehmenden Komplexität der Aufgaben, psychisch erkranken und im schlimmsten Fall sogar einen Burnout erleiden. Eine Studie der Bundespsychotherapeutenkammer zeigt, dass mittlerweile bereits 11 Prozent aller Fehltage der deutschen Arbeitnehmer auf das Konto psychischer Erkrankungen gehen. Vor allem Berufe im Dienstleistungssektor wie Krankenschwestern, Pflegepersonal oder Call-Center-Mitarbeiter sind besonders betroffen.[21]

Als ein grundsätzliches Problem wird häufig der fehlende Handlungs- und Entscheidungsspielraum der Mitarbeiter identifiziert: »Wer eine hohe Arbeitslast zu bewältigen hat, dabei aber wichtige Entscheidungen eigenständig trifft und sich selbst einteilen kann, wann er was macht, fühlt sich in der Regel nicht so stark belastet.«[22] Thomas Weber, Internist und

Arbeitsmediziner in den Horst-Schmidt-Kliniken in Wiesbaden, betont den Einfluss eines guten Arbeitsklimas auf die Gesundheit des Menschen. Neben der fachlichen Qualifikation müsse ein guter Chef auch soziale Kompetenzen besitzen: »Er muss offen sein, Vertrauen erwecken, Vorbild und verlässlich sein. Er darf nicht heute etwas sagen, was er morgen wieder komplett umwirft.«[23] Diese Eigenschaften seien bei Führungskräften jedoch selten zu finden, da noch immer vor allem die fachliche Qualifikation den Ausschlag für eine Stellenbesetzung gebe.

Die Frage ist: Welche neuen Organisationsstrukturen können den Unternehmen und ihren Führungskräften helfen, diesen vielfältigen Herausforderungen in der heutigen Zeit gerecht zu werden?

Wegweisend Richtung Zukunft

Dominantes oder autoritäres Führen findet immer weniger statt. Es hat sich offenbar herumgesprochen, dass der Erfolg von Unternehmens- und Menschenführung nicht allein von Zielen, Strategien, Strukturen, Prozessen, Stellenbeschreibungen und von der Beherrschung von Führungstools abhängt. Immaterielle Faktoren wie Wissen, Kompetenzen, Beziehungen, Gefühle oder Markenwerte sind mindestens genauso entscheidend. Zusätzlich gilt: Strukturen und Beziehungen verändern sich permanent, und zwar nicht kausal, linear und evolutionär, sondern netzartig, zirkulär und komplex.

Wie kann eine Führungskraft alle sachlichen und persönlichen Zusammenhänge optimal einbeziehen? Wie kann sie etwas bewirken und dabei sowohl Wertschätzung wie Wertschöpfung praktizieren? Wie kann sie ihre Ziele im Auge behalten und zugleich flexibel bleiben? Die Antwort auf die Herausforderungen und Entwicklungen des 21. Jahrhunderts ist die systemische Führung. Nur so behält eine Führungskraft alle wesentlichen Abhängigkeiten und Zusammenhänge im Blick. Denn: Eine erfolgreiche Führungskraft muss sich selbst, andere, das Geschäft und das Umfeld führen können.

Der systemische Ansatz als Erkenntnistheorie entstand unter dem Einfluss verschiedener wissenschaftlicher Forschungsrichtungen, wie der systemtheoretisch orientierten Biologie von Humberto R. Maturana, der neueren Systemtheorie von Niklas Luhmann, der Kybernetik zweiter

Ordnung von Heinz von Foerster und der systemischen Familientherapie, maßgeblich durch die Beiträge der Mailänder Gruppe um Selvini Palazzoli geprägt.[24] In jüngerer Zeit ergänzen die revolutionären Befunde der medizinisch und biologisch motivierten Hirnforschung das Gesamtbild.

»Systemisch« scheint heut das große Zauberwort zu sein für alles und alle. Viele Dienstleister schmücken sich inzwischen mit diesem Attribut – teils aus inhaltlichen, teils aus werblichen Gründen. Vom Gebiet der Therapie kommend hat die Bezeichnung in den vergangenen zwei Jahrzehnten mehr und mehr in die Arbeitsfelder der Berater und Coaches Einzug gehalten: systemische Therapie, systemische Beratung, systemisches Coaching. Der Autor hat aus diesen Wurzeln und Entwicklungen den Ansatz der systemischen Führung hervorgebracht – in Theorie, Konzeption und Praxis.

Das entscheidende Instrument für die Umsetzung neuer Ideen in der Unternehmenswelt ist die Verbindung von Organisation und systemischer Führung. Die erfolgreiche Organisation stellt von vornherein die wichtigste Aufgabe in den Fokus: das richtige oder gute Führen von Menschen. Gute Führung ist menschliche Führung. Deshalb führt die Führungskraft von morgen systemisch. Sie hat Wirtschafts-Know-how, ist emotional intelligent, schaut über das Heute hinaus, denkt vernetzt, entscheidet flexibel und handelt nach ethischen Maximen. Den Wert von Verstand und Vernunft unterschätzt sie nicht, aber sie weiß um die Macht der Psyche und macht dieses Wissen zur Grundlage ihrer Arbeit.

1. Organisieren mit System

1.1 Nichts geht ohne Ordnung

Was vor dem Urknall war und wer oder was ihn »organisiert« hat, wissen wir nicht. Seit diesem Ereignis aber entstehen und vergehen Ordnungen, organisiert sich die immer gleiche Materie in immer neuen Formationen. Aristoteles nahm an, dass die Natur das Ziel bereits in sich trage und deshalb als handelndes Subjekt gesehen werden könnte. Fast 2200 Jahre später befand Darwin hingegen, die Evolution sei das Ergebnis von zufälligen Mutationen und Selektionen. Sicher ist, dass das Universum, die Welt und die Natur bestimmten Systemen der Ordnung unterliegen. Diesen ist auch der Mensch als Teil davon unterworfen, auch wenn Fortschritt und Entwicklung manchmal daran zweifeln lassen, da sie zu Beginn meist ein Gefühl von Chaos vermitteln.

Der Begriff »Organisation« wird äußerst vielschichtig verwendet. Er leitet sich vom griechischen órganon bzw. vom lateinischen organum ab und heißt übersetzt »Gerät«, »Instrument« oder »Werkzeug«. Zum einen nennt man das geordnete, strukturierte Zusammenspiel von Elementen und Faktoren »organisiert«, und zum anderen bezeichnen wir Einrichtungen, die bestimmten Zwecken und Zielen dienen, als »Organisation(en)«. Sie können sowohl eigen- als auch gemeinnützig sein, also ein Unternehmen mit Gewinnerzielungsabsicht oder aber ein Verein, der Menschen in schwierigen Lebenslagen unterstützt, ohne eine monetäre Gegenleistung zu erwarten. Und schließlich meinen wir ganz allgemein sowohl die Planung als auch die Durchführung verschiedenster Vorhaben, wenn wir von »organisieren« oder »Organisation« sprechen. »Organisation« ist also in unserem Sprachgebrauch zugleich eine bestimmte Ordnung und das Tun, um diese Ordnung zu erreichen.

Natürliche und künstliche Organisation

Schon bevor wir auf die Welt kommen, folgen wir dem Prinzip der natürlichen Organisation, ganz ohne eigenes Zutun. Der Mensch ist das komplizierte Endprodukt eines minuziösen Entstehungsplans. Von der Zeugung bis zum lebensfähigen Fötus durchlaufen wir einen plan- und funktionsmäßigen Aufbau. Wir werden organisiert, das heißt, bestimmte biologische, physikalische und chemische Voraussetzungen für unser Dasein werden geschaffen. Dieses »natürliche Ordnungssystem Mensch« ist wiederum Teil aller anderen natürlichen Ordnungssysteme, in die er hineingeboren wird. Unsere Welt ist ebenso ein Resultat von Organisation auf allen Ebenen, die über den weitaus größten Teil der Zeit ausschließlich natürlich ablief und noch nicht lange den effektiven Veränderungen künstlicher, das heißt von Menschen gemachter Organisation unterliegt.

Dabei ist klar, dass natürliche und künstliche Organisation nicht getrennt voneinander ablaufen, sondern sich gegenseitig beeinflussen. Der Sozialethiker Markus Vogt rät dazu, die natürliche Organisation ganz bewusst für die künstliche zu nutzen: »Die Organisation der Natur ist in vieler Hinsicht fast perfekt. Sie hat sich in drei Milliarden Jahren Evolution auf ein so unglaublich hohes Maß optimiert, dass sie dem Menschen einen unerschöpflichen Erfahrungsschatz bieten kann. Nötig wäre eine Art soziale Bionik, um von den Überlebensstrategien der Natur für die Gesellschaft zu lernen: hinsichtlich einer Ökologie der Zeit als Synchronisation unterschiedlicher Rhythmen, die Regeneration und Anpassung ermöglicht, oder hinsichtlich einer differenzierten Klärung der Dynamik evolutionärer Konkurrenz, die in der Natur keineswegs schrankenlos ist: dies wird in der gesellschaftlichen Nachahmung des Sozialdarwinismus bis heute übersehen. Die ökologische Analyse von Gestaltungsregeln in den verschiedenen Komplexitätsstufen und Hierarchieebenen von Lebensgemeinschaften ist ethisch relevant, jedoch immer nur als Mittel, um bestimmte Zielvorgaben machen zu können, nicht im Sinn einer unbedingten gültigen Ethik letzter Maßstäbe; denn Gerechtigkeit kennt die Natur nicht.«[25]

Ordnung bedeutet vor allem Sicherheit, ein wesentliches Bedürfnis des Menschen. Der Mensch sucht auf allen Ebenen Ordnung(en) herzustellen, denn Unordnung und Chaos, Regellosigkeit und Unvorhersehbarkeit würden eine ständige Bedrohung bedeuten und zu viel Energie verschwenden.

Auch auf der immateriellen, metaphysischen Ebene brauchen wir eine erklärende, sinngebende Ordnung, deren »Organisatoren« wir Namen wie »Schicksal« oder »Gott« gegeben haben. Vereinfacht könnte man also unterscheiden zwischen »natürlicher«, »künstlicher« und »metaphysischer« oder auch innerer, seelischer Ordnung, die jede auf ihre Art die Welt als Ganzes und die persönliche Welt jedes Individuums zusammenhalten. Organisation und Ordnung sind für das Funktionieren jeder Form des Lebens unverzichtbar.

Der Faktor Zeit

Zugleich Werkzeug und Zielobjekt von Organisation ist die Zeit, selbst ein künstliches Produkt und eigentlich mit keiner Definition fassbar. Anhand der Zeit lässt sich die Unterschiedlichkeit von natürlicher und künstlicher Organisation demonstrieren: Es gibt natürliche und vom Menschen lediglich in Begriffe gefasste Zeitsysteme, wie Tag und Nacht oder die Jahreszeiten, und künstlich geschaffene Zeitsysteme, wie die Jahresplanung eines Unternehmens, der Tagesablauf oder Stundenuhren. Natürliche und künstliche Zeitsysteme stehen sich jedoch oft unvereinbar gegenüber:

Die biologische Uhr des Menschen kollidiert mit den künstlichen Zeitsystemen. Der frühe Schul- und Arbeitsbeginn schreibt den Menschen ein für unsere innere Uhr zu frühes Aufstehen vor. Noch stärker betroffen sind Schichtarbeiter, die teilweise gänzlich ihre innere Uhr missachten müssen. »Das Diktat der inneren Uhr ist angeboren und unerbittlich. Morgentypen – die ›Lerchen‹ – sind schon früh in Hochform, Abendmenschen – die ›Eulen‹ – bekommen dann die Augen noch nicht auf, egal wie viel Kaffee sie in sich hineinschütten. [...] Wie starr das physiologische Zeitschema ist, demonstriert der sogenannte Jetlag: Bei einem Flug über mehrere Zeitzonen steht unsere Uhr plötzlich in der Mitte des hellen Tages auf Tiefschlaf. Geschäftsreisende oder Diplomaten sind dann mitunter völlig außer Gefecht gesetzt.«[26] Unsere Zeitplanung im Beruf folgt meist nicht unserer biologischen Leistungskurve und unserem natürlichen Rhythmus von Anspannung und Entspannung. Das gilt nicht nur für den Job, sondern auch für die sogenannte Freizeit: Das Zeitdiktat der Freizeitgestaltung ist im Grunde genommen bereits ein Widerspruch in sich, denn diese Lebenszeit sollte »frei« sein. Doch unsere durchorganisierte Freizeit unterscheidet sich kaum noch von der vollgepackten Arbeitszeit und ist der biologischen Uhr ebenso wenig zuträglich.

Kennzeichen natürlicher Organisationen

Drei wesentliche Eigenschaften, die natürliche Organisation kennzeichnen, lassen zugleich wichtige Unterschiede zur künstlichen, menschgemachten Organisation erkennen: Erstens haben natürliche Organisationen einen vorgegebenen Zweck. Den hat zwar auch die künstliche Organisation, aber die natürliche existiert nur so lange, bis dieser Zweck erfüllt ist, was bei der künstlichen zumeist nicht der Fall ist. Ein zweites Kennzeichen ist die Informationszentriertheit. Natürliche Organisationen sammeln und nutzen, wie künstliche auch, Daten als Entscheidungsgrundlage. Sie verlassen sich aber nicht auf ungesicherte Meinungen und Vermutungen, sondern begegnen Situationen der Ungewissheit, indem sie realistische Wahrscheinlichkeiten ermitteln. Drittens sind natürliche Organisationen maximal flexibel und anpassungsfähig. Sie reagieren rasch und effizient auf die Veränderungen in ihrer Umgebung, die ihrem Ziel im Wege stehen.[27] Das dritte Kennzeichen vereint die zwei wesentlichen Aspekte, die heutige Organisationen meiner Ansicht nach dringend benötigen: Flexibilität und Anpassungsfähigkeit.

Die künstliche, von Menschen entwickelte Organisation sollte von der natürlichen Organisation lernen. Der Unsicherheitsfaktor, der dies oft verhindert, ist sehr mächtig: Er heißt Psyche und wird uns in diesem Buch noch beschäftigen. Grundsätzlich gilt, dass das Innenleben des Menschen, seine grundsätzliche Beschaffenheit als soziales Wesen, ihn zur Selbstorganisation in Gemeinschaften treibt. Das Bedürfnis nach Austausch, Anerkennung und gegenseitiger Unterstützung ist vielfältig und betrifft verschiedene Bereiche des Lebens, daher bewegt sich der Mensch innerhalb eines verwobenen Geflechts verschiedener Sozialgemeinschaften: Partnerschaft oder Ehe, Familie, Verein, Betrieb, Gemeinwesen und so weiter.

Soziale Organisationen

Die Grundlage der sozialen Organisation bzw. des sozialen Organisierens ist die persönliche Ebene des Individuums, das bestrebt ist, sein Dasein so zu gestalten, dass es positiv, also »gut«, »erfolgreich« oder »glücklich« verläuft. Jedes Lebewesen wählt einen Weg, um seine Ziele zu erreichen: So braucht der Mensch zunächst Nahrung, ein Dach über dem Kopf und Sozialkontakte verschiedener Art. Dies sind die wichtigsten Voraussetzungen dafür, am Leben zu bleiben. Ist seine Existenz gesichert, versucht er sein Leben seinen Bedürfnissen, Wünschen und Vorstellungen entsprechend zu gestalten. Ganz ähnlich setzt sich das Muster nach oben fort, auf die höheren Ebenen gemeinschaftlicher Gruppierungen bis hin zum Staatenbund: Zunächst müssen Grundlagen geschaffen werden, von denen aus die weiteren Ziele verfolgt werden können, die sich im Laufe der Zeit jedoch verändern.

Die nächsthöhere Organisationsebene nach der des Individuums ist die der Ehe bzw. Partnerschaft und der Familie. Diese menschliche Organisation ist sowohl natürlich als auch künstlich. Mann und Frau werden qua Biologie zur Gemeinsamkeit veranlasst. Das ist der natürliche Teil der Organisation. Der künstliche Teil betrifft die zahllosen Entscheidungen der Art, der Gestaltung und der Dauer des Zusammenlebens.

Viele Komponenten dieser »Mini-Organisation« finden sich in allen nächsthöheren Organisationsebenen wieder, zum Beispiel in einem Wirtschaftsunternehmen: Das übereinstimmende Gefühl der Zusammengehörigkeit, das Bewusstsein der Notwendigkeit des Zusammenhalts, um die jeweils eigenen Ziele zu erreichen bzw. nicht zu gefährden, und die Pflege der internen Kommunikation mit all ihren den Verbund unterstützenden Regeln. »Als intensivste Gemeinschaft ist die Familie der Nährboden für alle anderen Gemeinschaften«, formuliert Thomas O. Hüglin, Politikwissenschaftler an der kanadischen Wilfried Laurier University. »Ihre Existenzgrundlage sind die privaten Funktionen und Tätigkeiten, auf die sich die gegenseitige Kommunikation der Familienmitglieder erstreckt. Sie umfassen alle Hilfe und allen Beistand, deren die Lebensgemeinschaft bedarf. Sie unterliegen der Leitung und Kontrolle durch das Familienoberhaupt.«[28]

Die künstliche Organisation auf Gesellschaftsebene ist ein Verbund zur Vertretung gemeinsamer Interessen und zur Erreichung gemeinsamer Ziele. Das ist die Basis jeder Art von sozialem Verbund, von der »Zelle« des Sozialstaats, wie Lebensabschnittspartnerschaften oder Ehe und Familie, über die nächsthöhere Ebene der Vereine, Kommunen, Kreise, Länder und Staaten bis hin zur höchsten Verbundebene der Staatenbünde wie den USA oder der EU. Diese aufsteigende Reihe vom Mikro- bis zum Makroverbund besteht aus klar voneinander abgegrenzten, unterschiedlichen Einheiten, die jedoch alle durch vielfältige Abhängigkeiten miteinander verknüpft sind. Diese gesellschaftlichen Organisationen formulieren die unabänderliche Kernstruktur ihres Gemeinwesens in Verfassungen, Verträgen oder wie die Organisation »Bundesrepublik« im Grundgesetz. Der Zweck ist die Regelung des Zusammenlebens mit bestimmten Zielen auf bestimmten Grundlagen und Wertvorstellungen unter größtmöglicher Berücksichtigung der Interessen aller Beteiligten.

1.2 Klassische Organisationsstrukturen

Eine eindeutige Definition von »Organisation« gibt es in den Wirtschafts- und Sozialwissenschaften nicht. Verschiedenen theoretischen Ansätzen folgen unterschiedliche Begriffsbestimmungen. Eine mögliche Definition ist die von Organisationen als sozialen Gebilden, die »dauerhaft ein Ziel verfolgen und eine formale Struktur aufweisen, mit deren Hilfe die Aktivitäten der Mitglieder auf das verfolgte Ziel ausgerichtet werden«.[29] Organisation kann auch definiert werden als die »Art und Weise, wie die Teile eines Ganzen untereinander und relativ zu diesem Ganzen orientiert sind und zusammenwirken«.[30] Arnold Picot, Professor und Leiter des Instituts für Information, Organisation und Management an der LMU München, betrachtet die »Organisation als Inbegriff aller auf Aufgabenteilung und Koordination abzielender Regelungen [...] zum Zweck der Zielerreichung der Unternehmung«.[31] Eine Organisation ist also ein soziales Gebilde, das dauerhaft ein Ziel verfolgt und eine formale Struktur aufweist.

Bezogen auf die Wirtschaft ist Organisation »das formale Regelwerk eines arbeitsteiligen Systems«. Man spricht von Organisation, »wenn mehrere Personen in einem arbeitsteiligen Prozess mit Kontinuität an einer gemeinsamen Aufgabe infolge eines gemeinsamen Zieles arbeiten«.[32] Die auf einzelne Personen verteilten Arbeitshandlungen werden dabei aufeinander abgestimmt und auf das gemeinsame Ziel hin ausgerichtet. Ein Unternehmen als ein arbeitsteiliges System, das Güter und Dienstleistungen produziert, verwertet, verwaltet und vertreibt, ist eine Organisation und hat zugleich eine Organisation.

Was sind die zentralen Anforderungen an eine Organisation? Ein Unternehmen muss in der Lage sein, schnell auf neue Anforderungen zu reagieren, und es muss seine Ressourcen für den Unternehmenszweck gezielt einsetzen, getreu der schon sehr alten Maxime: Erbringe mit möglichst geringem Aufwand einen größtmöglichen Nutzen! Ob das gelungen ist, muss stets anhand des Outputs überprüft werden. Die entscheidenden Faktoren heißen Flexibilität, Effizienz und Effektivität.

Aufbau- und Ablauforganisation

Wie Unternehmen in ihrem Aufbau und Ablauf organisiert sind, sagt viel über den Führungsstil in ihnen aus – ein entscheidender Aspekt bei der gemeinsamen Betrachtung von Organisation und systemischer Führung. In der Literatur werden in der Regel drei Aspekte von Organisation unterschieden: Unternehmen werden »gestaltet«, damit ist die Tätigkeit des Organisierens, das funktionale Tun, gemeint. Der instrumentale Aspekt bezieht sich auf die bewusst geschaffene, grundsätzliche Ordnung, die das Unternehmen hat und mit der es seine Ziele erreichen will. Hier geht es um Strukturen, Prozesse und um die Beziehungen der Mitarbeiter untereinander und zwischen Mitarbeitern und ihren Ressourcen wie Arbeitsmitteln oder Arbeitsräumen. Zudem ist das Unternehmen eine Organisation wie andere Institutionen in öffentlichen, karitativen oder religiösen Bereichen der Gesellschaft, was den institutionellen Aspekt bezeichnet.[33]

Um ein Unternehmen zu organisieren, muss es zunächst analysiert werden. Man muss sich klar sein über folgende zwei Fragen und Faktoren: Welche Aufgaben stellen sich im Einzelnen und insgesamt zur Umsetzung des Unternehmenszwecks und der Erreichung des Unternehmenszielses? Wie setze ich meine Ressourcen dafür am besten ein? Ergebnis einer solchen Analyse sind die Elementaraufgaben, die dann in einer Synthese von Aufgabenzuteilung und Arbeitsschritten zugeordnet werden. Schließlich müssen die verschiedenen Aufgabenträger und Umsetzungsstellen zu einer Gesamtstruktur zusammengefasst und in Beziehung zueinander gesetzt werden. So entsteht die formale Aufbauorganisation eines Unternehmens.[34] Die Aufbauorganisation zielt also auf die Strukturierung der Bestandteile des Unternehmens in organisatorische Aufgabeneinheiten ab.

Der nächste Schritt ist die Ablauforganisation, die Bewegung und Dynamik in die Aufgabenstruktur bringt, indem sie ihr die Faktoren Raum und Zeit hinzufügt. Hier geschieht die Arbeitsverteilung: Den Mitarbeitern werden ihre konkreten Arbeitsaufträge zugeteilt, wobei individuelles Leistungsvermögen auch im Interesse des Unternehmens zu berücksichtigen ist. Die zu verrichtenden Tätigkeiten bekommen zudem eine Zeitstruktur. Außerdem gehört zur Ablauforganisation auch die Raumgestaltung, die der zweckmäßigen Anordnung und Ausstattung der Arbeitsplätze und damit auch der Festlegung bestimmter Fertigungsverfahren dient.[35]

Formale Organisation und Prozessorganisation hängen sehr eng zusammen. Dass Prozesse sauber geklärt sind, ist extrem wichtig, wenn nicht sogar überlebenswichtig für eine Organisation. Man muss sich stets die Frage stellen: Schaffen wir es, unsere Arbeitsprozesse, unsere Organisationsstrukturen nicht nur zu definieren, sondern auch in der Praxis umzusetzen? Das ist zum Beispiel vor allem für die Kunden eines Weiterbildungsanbieters und Managementtrainingsinstitutes wie die Akademie für Führungskräfte wichtig. Der Prozess der Seminaranmeldung besteht aus vielen einzelnen Schritten. Der Kunde ruft an und bekommt einen Seminarkatalog oder Management-Guide, wie wir ihn bei der Akademie bezeichnen, mit den Seminarangeboten zugeschickt. Dahinter stecken zunächst die Prozesse der Produktentwicklung, des Produktmanagements und der Erstellung des Katalogs. Es muss entschieden werden, welche Seminare wie oft, von welchen Trainern und an welchen Orten angeboten werden. Hat der Kunde das für sich passende Seminar gefunden, ruft er an und bucht es. Er bekommt eine Bestätigung, und die Location wird reserviert, das ist eine Aufgabe der Logistik. Es müssen Unterlagen erstellt und kopiert werden. Diese müssen rechtzeitig am richtigen Tag vor Ort sein. All diese Dinge müssen organisiert und in wechselseitiger Kommunikation bearbeitet werden, hier greifen Aufbau- und Ablauforganisation ineinander.

Aufbau- und Ablauforganisation müssen ständig den Veränderungen in ihrem wirtschaftlichen und gesellschaftlichen Umfeld auf lokaler, nationaler und internationaler Ebene angepasst werden. Dabei entstehen oft neue Schwierigkeiten, die es zu meistern gilt, vor allem in der Kommunikation, wenn sie die Veränderungen in der Unternehmensorganisation nicht erfolgreich zu vermitteln versteht.

Ein Beispiel dafür, wie schwierig dieser Prozess des organisatorischen Wandels sein kann, ist die Deutsche Telekom, die ihre Konzernstrukturen in den letzten Jahren mehrere Male veränderte, um sie den neuen Anforderungen anzupassen. Bis Ende 2004 bestand die Telekom aus den vier Hauptgeschäftsbereichen T-Com, T-Mobile, T-Online und T-Systems, die jeweils einen eigenen Vorstand hatten und weitgehend autonom agierten. 2005 wurden T-Com und T-Online zur neuen Marke T-Home zusammengelegt. Die Umstrukturierung sollte die Bereitstellung von Telefon und Internet für die Privatkunden erleichtern, da beide Produkte nun aus einer Hand angeboten werden konnten. T-Mobile und T-Systems blieben separat bestehen. Lediglich die Geschäftskundenniederlassungen von T-Com wechselten zu T-Systems. Im Mai 2007 fand erneut eine Umstrukturierung des Kerngeschäftes statt, und man konzentrierte sich jetzt auf die beiden Marken T-Home und T-Mobile. Im April 2010 wurde die Telekom Deutschland AG gegründet, und die Marken T-Mobile und T-Home verschwanden komplett aus dem deutschen Markt. Die Umstrukturierungen bei der Deutschen Telekom waren Ausdruck einer steten Anpassung an Markterfordernisse und Kundenwünsche. Die zunächst bestehende Trennung der einzelnen Angebote (Telefon, Internet und Mobilfunk) erwies sich als nicht mehr zeitgemäß, und die Versorgung des Kunden mit allen technischen Möglichkeiten aus einer Hand spiegelt sich nun in der zentrierten Konzernstruktur wider.

Die Väter der Organisationstheorie

Das Wissen um die Ansätze, Prinzipien und Erkenntnisse früherer Theorien zur Organisation sind für die Beschäftigung mit der Zukunft von Organisationen entscheidend. In den Wirtschafts- und Sozialwissenschaften gibt es eine Vielzahl von Organisationstheorien, die in verschiedenen Lehrbüchern bereits ausführlich dargestellt sind und deshalb hier nur angerissen werden.[36]

Zu den gängigen Organisationstheorien der Vergangenheit, bei denen formale Aspekte von Organisation im Vordergrund stehen, zählen zunächst die klassischen Managementlehren mit ihren Vertretern wie dem Franzosen Henry Fayol sowie der sogenannte Taylorismus und der Fordismus. Henri Fayol strukturierte bereits 1917 die Aufgaben des Managements in unterschiedliche Funktionsgruppen, die neben der Organisation auch die Planung, die Personalplanung, die Führung, die Koordination, das Informationsmanagement und die Budgetierung umfassten.

Der Taylorismus, ursprünglich von Frederick Winslow Taylor bereits 1910 als »Scientific Management« bezeichnet, versuchte mit streng wissenschaftlichen Methoden, das Management, die Arbeit und das Unternehmen so zu optimieren, dass soziale Probleme gelöst werden und »Wohlstand für alle« erreichbar wird.

Der Fordismus als Steigerung des Taylorismus basiert auf dem Credo der standardisierten Massenproduktion und beruht auf den Entwicklungen des Korporatismus, der »Konzertierten Aktion« und der Sozialpartnerschaft. Zwischen Arbeitern und Kapital wurde ein Abkommen getroffen. Die Schaffung sozialer Sicherungssysteme, die lebenslange Anstellung bei einem Arbeitgeber und eine weitgehende Vollbeschäftigung waren die Kennzeichen dieser Zeit.

Der Faktor Mensch

Den klassischen Theorien folgte um 1930 der Human-Relations-Ansatz, der vor allem durch die Hawthorne-Experimente bei der Western Electric Company in den 20er und 30er Jahren Verbreitung fand.[37] Die Forscher konnten erstmals die Bedeutung sozialer Beziehungen für die Motivation und die Arbeitszufriedenheit der Mitarbeiter belegen. Zum ersten Mal wurde Kritik am Menschenbild des Homo oeconomicus geübt, einem Akteur, der stets eigeninteressiert und rational handelt, nur auf die Maximierung seines Nutzens bedacht ist, feststehende Präferenzen hat und über vollständige Informationen zum Marktgeschehen verfügt.

Die Motivationsforschung hielt Einzug in die Wirtschaftswissenschaften, und ihre Studien belegten bereits in den30er Jahren, dass soziale Gruppenbeziehungen und eine wertschätzende Führung mehr Einfluss auf die Produktivität der Arbeiter haben als die Arbeitsbedingungen im Unternehmen.

Bürokratie in der Theorie

Als eigentlicher Begründer der Organisationstheorie gilt der Begründer der modernen Soziologie, der Philosoph und Politiker Max Weber, mit seiner Bürokratietheorie, die er um 1910 entwickelt hat. Ziel seines Ansatzes war es, die Leistungsfähigkeit von Organisationen mit Hilfe von Aufgabenteilung und sachlicher Aufgabenerfüllung aufrechtzuerhalten. Die wichtigsten Merkmale seiner Theorie sind die Arbeitsteilung, die Amtshierarchie, die Amtsführung und die Aufgabenerfüllung.[38] So hat jedes Organisationsmitglied bei Weber einen festen Arbeitsplatz und die notwendige, feste Kompetenz zur Erfüllung seiner Aufgaben. Die Weisungs- und Kontrollbefugnisse sollten streng hierarchisch organisiert sein. Weber ging dabei davon aus, dass höhere Instanzen sowohl einen größeren Bereich überschauen als auch über die besseren Qualifikationen verfügen, was ihnen eine Ordnung der Aktivitäten der unteren Ebenen durch Anweisungen ermöglicht. Die Amtsführung erfolgt dabei nach einem System von »generellen, mehr oder minder fest und mehr oder minder erschöpfend erlernbaren Regeln«, so zum Beispiel der Regel der Einhaltung des Dienstweges bei der internen Kommunikation. Das letzte Merkmal ist die Aktenmäßigkeit, also die schriftliche Fixierung von Arbeitsvorgängen und interner Kommunikation, die später zur Kontrolle der Vorgänge im Unternehmen dienen kann.

Zu berücksichtigen ist bei dieser Theorie – wie auch bei allen anderen –, dass sie im Kontext ihrer jeweiligen Zeit stehen. So herrschte zu Zeiten Webers eine andere Sichtweise auf Bürokratien als in der heutigen Gesellschaft. Weber dachte bei seiner Theorie an den pünktlichen, ordentlichen Beamten, der pflichtbewusst seine Aufgabe für den Staat erfüllt und somit zur Existenzgrundlage desselben beiträgt. Man fragte nicht nach dem Warum oder nach dem persönlichen Gewinn, der aus der Arbeit zu ziehen war, sondern erledigte einfach und effizient seine Aufgabe.

Entscheidung, Situation, Institution

Auf der Bürokratietheorie Webers und den klassischen Ansätzen aufbauend, entstand eine Vielzahl weiterer Organisationstheorien. Die verhaltenswissenschaftliche Entscheidungstheorie hat Ansätze wie die Nutzwertanalyse hervorgebracht, bei der anhand der Darstellung, Bewertung und des Vergleichs bestimmter Kriterien und Alternativen versucht wird, die optimale Lösung einer Entscheidung oder Problemstellung zu finden.

Beim situativen Ansatz lassen sich zwei Grundthesen unterscheiden: Zum einen wird davon ausgegangen, dass unterschiedliche Organisationsstrukturen und verschiedene Verhaltensweisen der Organisationsmitglieder auf Unterschiede der Situation zurückzuführen sind, in der sich die Unternehmen befinden. Zum Zweiten sind Organisationsstrukturen und Verhaltensweisen, je nach der bestehenden Situation, unterschiedlich effizient. Ähnlich lassen sich auch das berühmte Motto »Structure follows strategy« von Alfred Chandler aus dem Jahre 1962 und der Leitsatz »Organizational fitness for purpose« von Raymond Miles und Charles Snow aus dem Jahre 1978 verstehen: Die Organisationsstruktur eines Unternehmens muss zur verfolgten Strategie beziehungsweise zu den angestrebten Zielen passen.[39]

Weitere wichtige Ansätze sind die neue Institutionenökonomik mit ihren Teilgebieten der Agenturtheorie und der Transaktionskostentheorie. Die neue Institutionenökonomie untersucht die Wirkung von Institutionen auf Wirtschaftseinheiten, wie private Haushalte und Unternehmen. Die Agenturtheorie beschäftigt sich mit den Austauschbeziehungen zwischen »Auftraggeber« und »Auftragnehmer«. Sie bietet ein Modell, um das Handeln von Menschen in einer Hierarchie zu erklären, und trifft generelle Aussagen zur Gestaltung von Verträgen. Ähnlich gelagert ist die Frage, warum Transaktionen in bestimmten institutionellen Arrangements, also Organisationsformen des Tausches, mehr oder weniger effizient abgewickelt und organisiert werden. Hier kommt die Transaktionskostentheorie zum Tragen, die unter anderem davon ausgeht, dass jegliches Handeln in einer Marktwirtschaft mit Kosten verbunden ist. Mit diesem Ansatz, bereits 1937 in dem Aufsatz »The Nature of the Firm« veröffentlicht, erweiterte Ronald Coase die Theorie der Wirtschaftswissenschaften maßgeblich und erhielt für seine Erklärung zur Frage, warum es überhaupt Unternehmen gibt, 1991 den Wirtschaftsnobelpreis.[40] Natürlich gibt es noch eine Vielzahl weiterer Organisationstheorien, zum Beispiel das Spielekonzept von Michel Crozier und Erhard Friedberg sowie konstruktivistische Ansätze, deren Vertreter davon ausgehen, dass sich Organisation vor allem in den Köpfen ihrer Mitglieder abspielt. Doch die hier dargestellten Ansätze sollen für einen ersten Überblick genügen.

Einflüsse des Systems

Unternehmen stehen nicht allein im Markt, sie werden durch verschiedenste systemische Faktoren beeinflusst. Das betrifft auch ihre Organisationsstruktur, die unter anderem von der Größe eines Unternehmens, der vorhandenen Technologie, ihrer Umwelt und der Bedürfnisstruktur ihrer Mitglieder abhängt.

Je größer der Umsatz oder die Mitarbeiterzahl einer Organisation ist, desto größer ist die Notwendigkeit der Spezialisierung, die wiederum mit einem wachsenden Koordinationsbedarf und einer steigenden Bürokratisierung einhergeht. Spricht man von der »Technologie« einer Organisation, so werden darunter in der Regel die Fertigungsverfahren in Industriebetrieben verstanden. Eine Werkstattfertigung benötigt zum Beispiel im Gegensatz zur Fließbandfertigung eine geringere Mechanisierung. Eine automatisierte Produktion dagegen bedarf einer Automatisierung des Fertigungsprozesses. Auch Dienstleistungsunternehmen können in diese Definition integriert werden, wenn unter »Technologie« allgemein die Verfahren zur Aufgabenerfüllung verstanden werden.[41]

Zur Erklärung des Umwelteinflusses auf die Organisation kann die Kontingenztheorie der Wirtschaftswissenschaftler der Harvard University Paul R. Lawrence und Jay W. Lorsch dienen: Sie beruht auf der These, dass Organisationsvariablen sowohl untereinander als auch mit den vorherrschenden Umweltbedingungen in einem kausalen Zusammenhang stehen.[42] Der Industrie- und Organisationssoziologe Tom Burns und der Psychologe G. M. Stalker stellen in ihrer Untersuchung *The Management of Innovation* Ähnliches fest: »Organisationen sind soziale Systeme, die sich in einem größeren sozialen System befinden, das wir als ihre Umwelt bezeichnen.«[43] Unter den vierten Punkt, die Bedürfnisstruktur der Mitarbeiter, fällt neben sozialen Kontakten, Anerkennung und Macht der Mitarbeiter auch deren Verlangen nach materiellen Gütern.

Welche Organisationsstruktur ein Unternehmen aufweist, hängt also auch von externen Faktoren ab. So bringt ein dynamisches Umfeld eine umso flexiblere Auslegung der hierarchischen Struktur mit sich, um Koordinations- und Arbeitsprozesse schnell anpassen zu können. Je komplexer die Umwelt, desto höher ist der Grad der Dezentralisierung der Organisationsstruktur des Unternehmens. Zudem neigen Unternehmen in aggressiven Umgebungen zu zentralisierten Strukturen.[44] Die wichtigsten Rahmenbedingungen, denen ein Unternehmen unterliegt, sind das Branchenumfeld, die ökonomische Umwelt, rechtliche und politische Grundlagen, soziokulturelle Gegebenheiten und technologische Bedingungen.[45] Andreas Scherer und Rainer Beyer stellen fest: »daß die Umwelt die Organisation zur Anpassung zwingt. [...] Die Umwelt bestimmt somit, welche Konstellationen Erfolg haben und welche nicht, und zwingt das Unternehmen, sich in einer bestimmten Weise zu konfigurieren bzw. eine geeignete ›Nische‹ aufzusuchen, die das Überleben ermöglicht.«[46]

Das bedeutet, die Organisation ist eine bedeutende und entscheidende Variable des Managements: Die Organisationsstruktur bildet nicht nur den Rahmen, in dem sich das Management bzw. die Führung abspielt. Die Art und Weise der Führung hängt entscheidend von der Gestalt und der Komplexität der vorliegenden oder angestrebten Organisationsstruktur ab.

Bevor wir uns den neuen Organisationsformen widmen, möchte ich deshalb zunächst die klassischen Strukturen von Unternehmen noch einmal in Erinnerung rufen. Auch wenn wir gerade in der heutigen Zeit von der Notwendigkeit einer Abkehr vom Alten und einer Hinwendung zum Neuen sprechen, sind die klassischen Organisationsstrukturen weiterhin von Bedeutung und Bestandteil der Unternehmenswelt. Ein Großteil der Firmen ist und wird auch in Zukunft noch nach den klassischen Prinzipien organisiert sein.

Klare Hierarchie als Leitungsprinzip

In der Literatur zu Organisationsstrukturen wird zwischen Leitungssystemen und Strukturmodellen unterschieden. Zu Ersteren zählen das Einliniensystem, das Stabliniensystem und das Mehrliniensystem. Wichtige Strukturmodelle sind auf der eindimensionalen Ebene die funktionale Organisation und die Spartenorganisation und auf der mehrdimensionalen Ebene die Matrixorganisation und die Tensororganisation. Allen klassischen Organisationsstrukturen gemein ist ihr hierarchischer Aufbau.

Der Vorteil dieses Ordnungsprinzips liegt in der klaren Anweisungs- und Berichtsstruktur. Die Kompetenzen sind eindeutig geregelt und die Möglichkeiten der Kontrolle gut. In großen Unternehmen führt diese Organisationsstruktur jedoch meist zu einer zu großen Zahl an Hierarchieebenen.

Problematisch an dieser Struktur ist häufig die fehlende Kommunikation der einzelnen Abteilungen untereinander, da die verschiedenen Aufgabenbereiche strikt getrennt sind. Dies erschwert die Entscheidungsfindung bei abteilungsübergreifenden Problemen erheblich, denn die Kommunikation hat im Idealmodell über die Linie zu laufen. Das heißt, die Mitarbeiterin im Marketing bespricht ein Produktproblem nicht mit dem Einkauf oder der Entwicklungsabteilung, sondern wendet sich an ihren Vorgesetzten, der sich wiederum an den nächsten Vorgesetzen wenden muss. Dieser Vorgesetzte kommuniziert dann wieder mit der unteren Hierarchieebene seiner Abteilung, und eine Lösung für die Mitarbeiterin der Marketingabteilung scheint in weiter Ferne und braucht viel zu viel Zeit. Diese Problematik hängt allerdings von der Größe eines Unternehmens ab: Hat eine Firma nur 20 Angestellte, ist das Problem der Abstimmung innerhalb der Hierarchien sicherlich kleiner als bei einem Unternehmen mit 500 Mitarbeitern.

Einliniensysteme bzw. funktionale Organisationen sind zudem durch einen hohen Spezialisierungsgrad der Aufgaben gekennzeichnet, was ein hohes Maß an Routine und Monotonie für die Mitarbeiter bedeutet. Auch reagieren Einliniensysteme wenig flexibel auf Veränderungen ihrer Umwelt, was bei dem schnellen und steten Wandel der heutigen Wirtschaftswelt jedoch überlebenswichtig ist.[47]

Das Strukturmodell der funktionalen Organisation findet sich in der Praxis häufig bei kleinen und mittelständischen Firmen, denn die Nachteile eines Einliniensystems, wie hoher Koordinationsaufwand, Spezialistentum, Ressortdenken und unklare Ergebnisverantwortung, treten eher bei großen Unternehmen zutage. Bei kleineren Firmen mit nur wenigen Mitarbeitern gibt es nicht so viele Hierarchieebenen, was die Abstimmung weniger erschwert. Typisch ist das Einliniensystem auch für bürokratische Organisationen wie die Verwaltung und für solche, die großen Wert auf Disziplin und eindeutige Kommandostrukturen legen, wie das Militär oder die Feuerwehr.

Funktionale Organisation in der Praxis

Trotz seiner Größe weist der Konzern BMW eine funktionale Organisationsstruktur auf. Die Mitglieder des Vorstandes bilden die oberste Hierarchieebene, und auf der Ebene darunter sind die einzelnen Funktionsbereiche des Unternehmens angesiedelt. Zu diesen zählen die Bereiche Finanzen, Personal, Produktion, Vertrieb, Entwicklung und Einkauf. Der Sektor Finanzen wiederum wird zum Beispiel unterteilt in das Konzerncontrolling, das Konzernfinanzwesen, das Inhouse Consulting, das

Abbildung 1: Einliniensystem (funktionale Organisation)

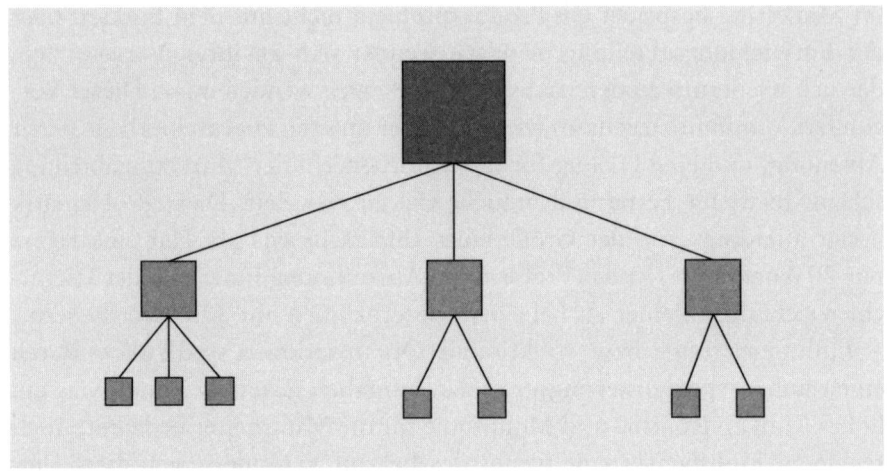

Konzernberichtswesen, Group-IT und Zentrale IT sowie den Bereich Finanzdienstleistungen. Im Unternehmensbereich Personal finden sich das strategische Personalwesen, der Sektor Konzernsicherheit und Immobilien, die Personalservices, der Bereich Human Resources International und der Funktionsbereich des Datenschutzbeauftragten.

Doch was sind die Chancen und was sind die Risiken solch einer gemischten, hybriden Organisation? Bevor wir dieser Frage nachgehen, möchte ich zunächst weitere klassische Organisationsstrukturen vorstellen.

Entscheidungshilfe durch Stäbe

Im Stabliniensystem, einer Weiterentwicklung des Einliniensystems, ist ebenfalls nur eine Person weisungsbefugt, jedoch stehen dieser Stäbe zur Seite, die bei der Entscheidungsfindung helfen sollen. Da eine einzelne Person meist nicht über die erforderlichen Spezialkenntnisse verfügt, benötigt sie für die Lenkung des Unternehmens Berater, wie zum Beispiel einen Juristen. Stäbe haben in der Regel nur eine beratende Funktion und sind gegenüber den Abteilungen nicht weisungsbefugt. Allerdings verfügen sie aufgrund ihrer Aufgabe über ein enormes Wissen über interne Abläufe und Probleme und bauen dadurch häufig gegenüber nachgeordneten Abteilungen eine Art informelle Autorität auf.

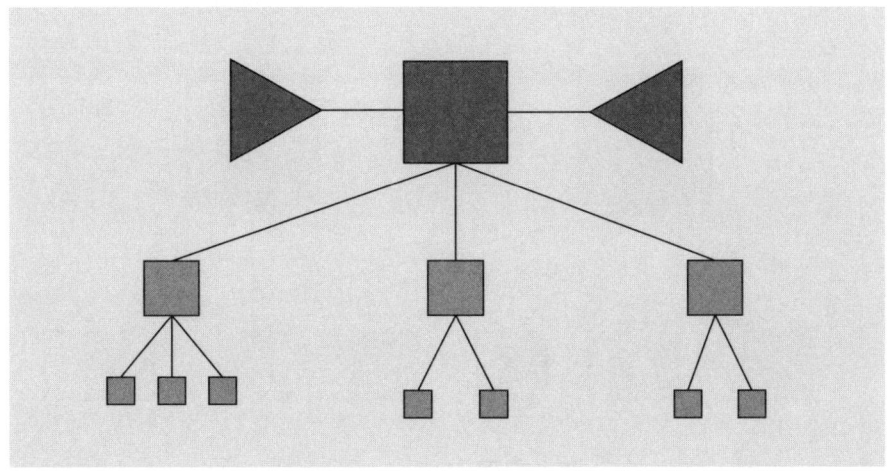

Die Organisationsstruktur des Stabliniensystems lässt sich weiterhin in vier Unterbereiche aufgliedern. So kann ein Unternehmen lediglich einen Führungsstab haben, der auf der Ebene der Geschäftsleitung angesiedelt ist und diese bei Entscheidungen unterstützt. Eine zweite Möglichkeit ist die Einrichtung einer zentralen Stabsstelle. Hier übernimmt ein Führungsstab, der der obersten Instanz der Firma zugeordnet ist, die Stabsfunktion für alle nachgeordneten Abteilungen. Weitere Formen sind die Etablierung von Stäben auf allen Hierarchieebenen und die Stabshierarchie, bei der eine Art »Sekundärhierarchie« im Unternehmen existiert.[48] Stabsstellen in Unternehmen können die Rechtsabteilung, die EDV-Abteilung, der betriebliche Datenschutzbeauftragte, die interne Revision, die Marktforschungsabteilung oder die Unternehmensplanung sein.

Im Mehrliniensystem gibt es ein Leitungskollegium, welches für alle Mitarbeiter gleichermaßen anordnungsberechtigt ist. Im Leitungskollegium können die Aufgaben zugeteilt werden, zum Beispiel in die technische und die kaufmännische Leitung. Entwickelt von Taylor als sogenanntes »Funktionsmeistersystem«, empfahl dieser vor allem für den Produktionsbereich »das Prinzip der Pluralität der Auftragserteilung«.[49] Jeder Arbeitnehmer hat hier für die verschiedenen Funktionen in einem Unternehmen einen eigenen Vorgesetzten. Fachkompetenz steht bei diesem Organisationsprinzip im Vordergrund.

Problematisch an diesem System ist die mögliche Überschneidung von

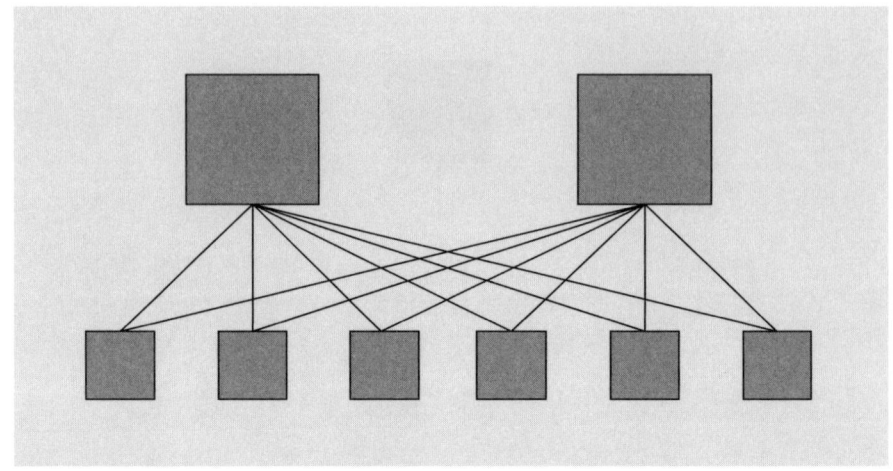

Weisungsbefugnissen. Hat der Mitarbeiter jeweils einen anderen Vorgesetzen für die Bereiche Einkauf, Produktion oder Marketing, so können durch unterschiedliche Interessen der jeweiligen Führungskräfte bei der Umsetzung von Aufgaben Konflikte entstehen. Der Abstimmungsaufwand, um diese zu vermeiden, ist in der Regel relativ hoch. Beispiele für Mehrliniensysteme sind der Sekretärinnenpool einer Firma oder die Arbeit eines Hilfskochs in einem guten Restaurant. Beide erhalten in der Regel von mehreren Vorgesetzten Aufträge, die sie abzuarbeiten haben. Ist die Sekretärin jedoch mit dem Auftrag von Herrn Müller befasst, kann sie nicht gleichzeitig den Auftrag von Herrn Schmidt ausführen. Wenn Herr Schmidt unter höherem Zeitdruck steht, so muss er mit Herrn Müller abstimmen, ob die Sekretärin zuerst seinen Auftrag erledigen könnte. Das Gleiche gilt für den Hilfskoch, der je nach Speisenabfolge eben zuerst das Gemüse für den Entremetier und danach erst den Fisch für den Gardemanager vorbereitet.

Organisation anhand von Divisionen

Bei der Spartenorganisation oder auch Divisionalorganisation verbinden sich das Einliniensystem und eine Differenzierung nach Objekt. Das heißt, es wird nicht mehr nur nach Funktionen gegliedert, sondern nach Produkten oder geografischen Gesichtspunkten. In den USA bereits seit den 40er Jahren und in Deutschland seit den 60er Jahren werden vor allem große Unternehmen und Mischkonzerne nach Sparten organisiert. Diese Organisationsform kann flexibler auf Veränderungen der Umwelt und des Marktes reagieren. Die bei der funktionalen Organisation bestehende Problematik der unklaren Ergebnisverantwortung wird bei der Spartenorganisation durch verschiedene organisatorische Varianten gelöst. Die Erfolgsverantwortung ist hier auf die zweite Hierarchieebene verlagert und funktioniert je nach Konzept unterschiedlich.

Beim Cost-Center-Konzept ist die jeweilige Sparte des Unternehmens lediglich zur Einhaltung des Budgets verpflichtet. Beim Profit-Center-Konzept trägt die Leitung der Sparte die volle Verantwortung für den Gewinn und kann bei sehr großer Handlungsfreiheit sogar das Produktprogramm der eigenen Sparte ohne Rücksprache mit der Unternehmensleitung verändern. Beim Investment-Center-Konzept kommt noch die Entscheidungsfreiheit über Investitionen im eigenen Bereich hinzu.

In den letzten Jahren hat sich für spartengegliederte Unternehmen außerdem die Anwendung eines Verrechnungspreissystems durchgesetzt, das für interne Leistungen zwischen einzelnen Abteilungen im Unternehmen Preise festlegt und so dem »wünschenswerten Gedanken einer marktorientierten, unbürokratischen Steuerung« von Unternehmensteilen Rechnung tragen soll.[50] Nehmen wir als Beispiel einen Fernsehsender. Die einzelnen Redaktionen geben in den verschiedenen Archiven Rechercheleistungen in Auftrag, die ihnen dann in Rechnung gestellt werden. Die erzielten Gewinne dienen wiederum dem Erhalt und der Erweiterung der personellen und technischen Ressourcen der Programmarchive, die notwendig sind, um das Programmvermögen des Senders zu bewahren und entsprechend zu verwalten.

Der zum Teil hohe Koordinationsaufwand bei spartengegliederten Unternehmen wird häufig durch die Einrichtung von Zentralbereichen abgemildert, die bei der Unternehmensleitung angesiedelt sind. Personalwesen und Finanzierung als Aufgabenbereiche, die alle Sparten des Unternehmens betreffen, werden dann nicht nur ausschließlich in den einzelnen Sparten verhandelt, sondern finden sich auch als eine Art übergeordnete Serviceabteilung wieder, die Rahmenbedingungen setzt und die Koordination zwischen den Arbeitsbereichen optimiert.

Beispiele für nach Sparten gegliederte Unternehmen sind Siemens und

Henkel. Bei diesen Konzernen existieren für das gesamte Unternehmen zentrale Einheiten, die für alle Geschäftsfelder zuständig sind, und zudem ist jedes Geschäftsfeld in Produktgruppen und Marken untergliedert. Bei Henkel existieren als zentrale Einheiten unter anderem der Einkauf, die Unternehmenskommunikation und das Personalwesen. Die Geschäftsfelder von Henkel unterteilen sich in Wasch- und Reinigungsmittel, Kosmetik und Körperpflege sowie Adhesive Technologies, worunter Kleb- und Dichtstoffe sowie die Oberflächentechnik zählen. Die Geschäftsfelder unterteilen sich noch einmal in Produktgruppen und einzelne Marken, wie beispielsweise Persil.

Multidivisionale Organisation – die Holding

Eine Holding ist eine multidivisionale Organisation. Je nach Ausrichtung wird zwischen einer Finanzholding, einer strategischen Holding und einer operativen Holding unterschieden. Liegt der Fokus auf der Finanzierung, so ist es die Aufgabe der Holding, das Vermögen der gesamten Firmengruppe zu verwalten. Die Ertrags- und Wertoptimierung des gesamten Konzerns steht hier im Vordergrund. Eine operative oder strategische Leitung wird bei dieser Form der Holding nicht ausgeübt. Eine strategische Holding dagegen legt – ohne Einfluss auf das operative Geschäft zu nehmen – Leitgedanken und Strategien fest und kombiniert Marktnähe und Flexibilität kleiner und mittelständischer Unternehmen mit der Kapitalkraft und Marktpräsenz, die große Unternehmen besitzen. Im Gegensatz dazu steht die operative Holding. Hier dienen Tochtergesellschaften wie zum Beispiel Auslandsniederlassungen der Ergänzung des Mutterkonzerns. Die operativen Aufgaben nimmt der Mutterkonzern selbst wahr, und die Tochtergesellschaften sind von ihm strategisch, strukturell und personell abhängig.[51]

Die Metro AG ist solch eine strategische Holding. Sie übernimmt für ihre einzelnen Unternehmen Dienstleistungen wie Beschaffung, Logistik, Information, Werbung und Finanzierung. Unterteilt in die fünf Geschäftsfelder Lebensmitteleinzelhandel, Warenhäuser, Non-Food-Fachmärkte, Asset Management und den Bereich Cash & Carry, agieren hier die Unternehmen wie Real oder Media Markt eigenständig am Markt. Ebenfalls eine strategische Holding ist der Douglas-Konzern, bei dem der

Kunde zunächst an Parfüm denkt, beim genauen Hinschauen aber eine Vielzahl verschiedener Marken entdeckt. Die Holding untergliedert sich in fünf Geschäftsbereiche, zu denen die Parfümerien Douglas, die Buchhandelsgruppe Thalia, die Juweliergeschäfte Christ, die Damenmodehäuser AppelrathCüpper und die Confiserie Hussel gehören. Diese fünf Marken werden von mehreren Dienstleistungsgesellschaften und Servicebereichen des Mutterkonzerns unterstützt. So gibt es neben Servicebereichen (Personal und Organisation, Controlling und Finanzen) auch mehrere Dienstleistungsgesellschaften, wie die Douglas Informatik & Service GmbH (DIS), die Douglas Immobilien GmbH & Co. KG oder die EKV Einkaufsverbund GmbH und die EEG Energie-Einkaufsverbund GmbH. Durch die Bündelung dieser zentralen Aufgaben erreicht die Holding für ihre Tochtergesellschaften erhebliche Synergieeffekte und spart durch die Zentralisierung von IT-Dienstleistungen, Mietobjekten und Fuhrpark Kosten.

Die globale Strategie eines Unternehmens spielt bei der Wahl der Organisationsstruktur ebenfalls eine Rolle. Eine multinationale Strategie wie bei Unilever, eine transnationale Strategie wie bei Toyota oder eine internationale Strategie wie bei IBM verlangen unterschiedliche Organisationsstrukturen. So findet sich bei IBM eine sehr steile Hierarchie, und die Kernkompetenzen sind zentral gebündelt, wogegen Unilever eine flache Hierarchie aufweist und dezentral organisiert ist.

Die Matrix

Mehrdimensionale Strukturmodelle vereinen in der Regel mindestens zwei Leitungssysteme, die sich gegenseitig überlagern. In der Matrixorganisation als zweidimensionalem Strukturmodell hat jede ausführende Stelle zwei für sie zuständige Leitungsinstanzen, die zum Beispiel nach Abteilungen und Produkten oder nach Abteilungen und Absatzgebieten aufgeteilt sind. Die Matrixorganisation entstand ursprünglich aus dem Versuch heraus, die Vorteile der funktionalen Organisation mit denen der Spartenorganisation zu kombinieren. Auch regionale Gesichtspunkte werden bei einigen Matrixlösungen berücksichtigt.

Diese Organisationsform kommt heute in den meisten großen Unternehmen vor und kann bis zu zehn Hierarchieebenen aufweisen. Die Entscheidungs- und Weisungsbefugnisse werden in der Matrixorganisation zwischen den Funktions- und den Produkt- oder Regionalmanagern geteilt. Während die Objektmanager für Entscheidungen bezüglich des Produktes zuständig sind, befassen sich die funktionalen Einheiten mit personellen und finanziellen Fragen. Dies kann zu Problemen bei der Kompetenzabgrenzung zwischen den Leitungssträngen führen. »Produktive Konflikte« zwischen den Funktional- und den Objektmanagern, die eine Balance zwischen Qualität und Kosten gewährleisten und Prozess- und Produktinnovationen fördern, werden dabei überlagert durch kontraproduktive Konflikte, die Entscheidungsprozesse blockieren. Die zunächst erreichte höhere Flexibilität in der Matrix wird so durch den hohen Koordinationsaufwand bei der Entscheidungsfindung auf der obersten Leitungsebene neutralisiert, und Konflikte zwischen den Führungskräften können sogar zur vollständigen Handlungsunfähigkeit führen.[52]

Dass sich Organisationsstrukturen ständig im Wandel befinden und nicht jede Struktur für jedes Unternehmen geeignet ist, zeigt das Beispiel ABB. In einer Phase der starken Dezentralisierung ab 1990 wurde die Firma zu einer Matrixorganisation mit divisionalen und regionalen Schwerpunkten umstrukturiert. 1994 bestand ABB aus fünf Unternehmensbereichen mit 45 produktorientierten Business Areas, etwa 1 000 selbstständigen Gesellschaften und mehr als 5 000 Profit-Centern. Zudem wurden 1995 noch Projektstrukturen eingeführt. Diese starke Zergliederung wurde dann nach und nach wieder zurückgenommen. 1996 begann ABB mit der Rezentralisierung der Unternehmensstrukturen und ging 1998 wieder zu einer produktorientierten divisionalen Struktur über. Die Produktorientierung wurde 2001 von der Kundenorientierung abgelöst, und seit 2002 besteht ABB aus nur noch zwei Geschäftsbereichen, Power Technologies und Automation Technologies, und konzentriert sich auf ihr Kerngeschäft.

Die Daimler AG weist zurzeit ebenfalls in Teilbereichen eine Matrixstruktur auf. Die fünf Geschäftsfelder der Daimler AG sind Mercedes-Benz Cars, Buses, Vans, Trucks und Financial Services. Der Bereich Mercedes-Benz Cars wurde 2006 zu einer Matrixstruktur reorganisiert. Zunächst nach Produktsparten gegliedert mit je eigenen Abteilungen für Design, Antrieb, Sicherheit und Karosserie, sind diese Bereiche jetzt übergreifend in einer Matrix aufgegangen, und die funktionalen Abteilungen sind für alle Produktsparten gleichzeitig zuständig.

Abbildung 4: Matrixorganisation

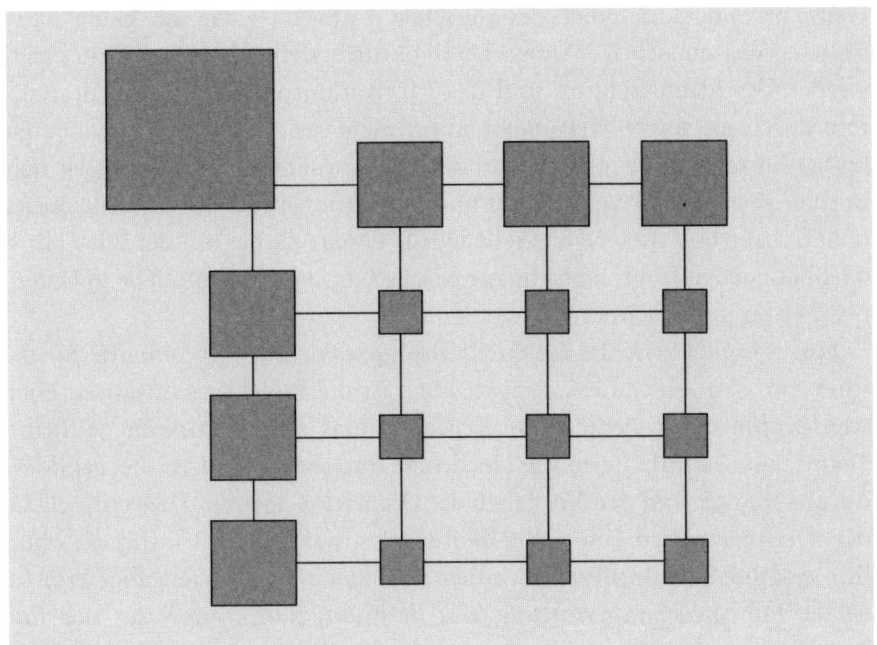

Eine Erweiterung der Matrixorganisation um eine dritte Dimension wird als *Tensororganisation* bezeichnet. Sie gliedert sich nach den Bereichen Verrichtung, Produkt bzw. Projekt und der Region. Ein Beispiel für eine solche Organisationsstruktur ist die Volkswagen AG. Auch der Dienstleister PriceWaterhouseCoopers weist eine dreidimensionale Struktur auf. Durch die Gliederung in die Bereiche Märkte/Kunden, Geschäftsfelder und Branchen kann PWC seine Dienstleistungen sehr eng an den einzelnen Kunden ausrichten. Der Konzern Unilever ist ebenfalls dreidimensional nach Funktionen, Geschäftsbereichen und Regionen aufgebaut.

Hierarchien in einer dynamischen Umwelt

Hierarchie und Spezialisierung können neben funktionalen Barrieren und abgegrenzten Managementebenen zu sogenannten »operativen Inseln« führen. Die Folge ist eine erschwerte Koordination aufgrund von blockierten Informationen, und den Managern bereitet es dann Schwierigkeiten, eine fundierte Entscheidung zu einem gewissen Sachverhalt zu fällen.[53] Ganz besonders in einer dynamischen Umwelt – wie sie heute existiert – erweisen sich hierarchische Strukturmodelle als träge: Zum einen werden der Ideenreichtum und das Motivationspotenzial von Mitarbeitern durch die starre Weisungsstruktur nicht ausgeschöpft, zum anderen laufen Entscheidungsprozesse nur äußerst langsam ab.[54] Dies spiegelt sich in einer geringeren Produktivität und Innovationskraft des Unternehmens wider. Aufgrund dieser Nachteile wurde bereits zu Beginn der 70er Jahre darüber nachgedacht, nicht-hierarchische Organisationsmodelle in Unternehmen zu implementieren.[55]

Eine Möglichkeit, die Nachteile funktionaler oder divisionaler Strukturen für eine kurze Zeit auszublenden, ist die Projektorganisation. Hier werden für einen begrenzten Zeitraum und eine bestimmte Aufgabe Teams aus Mitarbeitern verschiedener Unternehmensbereiche gebildet, die unabhängig von den Vorgaben der Hierarchie agieren. Dies ermöglicht den Organisationen eine schnelle Reaktion auf äußere Umstände, ohne ihre gesamten Strukturen neu ordnen zu müssen. Für das jeweilige Projekt ist die Führungsverantwortung klar definiert, das Team kann sich mit dem Projekt identifizieren und mögliche Konflikte intern, ohne Einfluss auf die allgemeinen Organisationsstrukturen, austragen. Auch hier kann zwischen verschiedenen Arten der Organisation unterschieden werden.

Bei der Funktionalorganisation liegt das Hauptaugenmerk auf Effizienz, bei der Divisionalorganisation auf Effektivität. Die einen wollen »die Dinge richtig tun«, die anderen »die richtigen Dinge tun«. Teilweise nutzen Unternehmen die Funktional- und die Divisionalorganisation auch parallel, wie der Konzern General Motors. Hier sind die oberen Hierarchieebenen nach Effektivität, also Sparten, und die untere nach Effizienz, also Funktionen strukturiert.

Wie dieser kurze Überblick mit Beispielen aus der Wirtschaft zeigt, sind auch heute noch viele klassische Organisationsprinzipien anzutreffen, weil sie einfach bewährt sind. Die klassische Linienorganisation hat noch immer ihre Berechtigung, was daran erkennbar ist, dass es eine Organisation gibt, die immerhin schon 2000 Jahre nach diesem System funktioniert: die katholische Kirche. Hierarchien sind notwendig, weil sie Ordnung und Sicherheit schaffen. Das ist die eigentliche Funktion von Hierarchie. Man muss sich darüber klar sein, dass nicht immer alles ausdiskutiert werden kann und muss. Allerdings sind klassisch hierarchisch geführte Linienorganisation, also funktionale Organisationen, eben überwiegend für einfachere, klar strukturierte Umfelder geeignet.

Doch die Welt hat sich im Rahmen von Globalisierung und Digitalisierung in den letzten Jahren stark verändert. Die sozialen Systeme haben sich mit verändert, und Mitarbeiter lassen sich in aller Regel nicht mehr nach klassischen Anweisungs- oder Befehlsmechanismen führen, vor allem nicht die sogenannten Wissensarbeiter. Wenn man sich ein Unternehmen wie die Akademie für Führungskräfte anschaut, wird das ganz deutlich. Spitzenberater wollen einen Rahmen haben, in dem sie sich bewegen dürfen, aber wie sie diesen Rahmen ausfüllen, das müssen sie selbst entscheiden können, sonst haben sie kein Interesse daran, sich in eine feste Organisation zu integrieren. Das heißt aus der systemischen Sichtweise: Wir müssen analysieren, wie Organisationen auf die Herausforderung der immer höher werdenden Komplexität reagieren sollen. Dies erfordert zunächst eine Veränderung bzw. Anpassung der Organisationsstrukturen, weshalb wir uns im Folgenden der Thematik der Organisationsentwicklung zuwenden, deren Erkenntnisse für eine Neuorganisation von Unternehmen große Bedeutung haben.

Organisationsentwicklung

Auch im Wirtschaftsleben gilt: »Nach dem Spiel ist vor dem Spiel«, wie Sepp Herberger einst so treffend formuliert hat. Ein erreichtes Ziel ist zugleich der Ausgangspunkt für weiterreichende Vorhaben und Ziele. Die Gesamtentwicklung bewegt sich dabei in die Richtung einer kontinuierlichen Optimierung möglichst aller Bereiche auf dem jeweils nächsthöheren Niveau. Ob dies gelingt, hängt maßgeblich von der Unternehmenskultur und den Führungsqualitäten der Manager ab. Doch was sind die Voraussetzungen für eine erfolgreiche Organisationsentwicklung und die gezielte Veränderung von Unternehmensstrukturen? Mit dieser Frage beschäftigt sich die Organisationsentwicklung, eine bereits in den 40er Jahren des letzten Jahrhunderts von Sozialpsychologen entwickelte Form des gewollten und geplanten organisatorischen Wandels. Ziel dieser Forschungsrichtung ist es, nicht nur die organisatorische Leistungseffizienz einer Firma, sondern auch das Arbeiten im Betrieb positiv zu verändern. »Die Organisationsentwicklung kann in diesem

Kontext als ein langfristig angelegter, umfassender Entwicklungs- und Veränderungsprozess von Organisationen und den in ihnen tätigen Menschen betrachtet werden. Der Prozess beruht auf dem Lernen aller Betroffenen durch die direkte Mitwirkung und praktische Erfahrung. Sein Ziel besteht in einer gleichzeitigen Verbesserung der Leistungsfähigkeit der Organisation (Effektivität) und der Qualität des Arbeitslebens (Humanität).«[56]

Bei dieser Form des Wandels werden die Mitarbeiter zu Beteiligten gemacht, das heißt, die Unternehmensleitung stellt sie nicht vor vollendete neue Tatsachen, sondern bindet sie als Mitgestalter in den Veränderungsprozess ein. Überdies sollen die Mitarbeiter mit Hilfe von Prozessberatern über die Inhalte mitbestimmen. Dies ist von großer Bedeutung für eine erfolgreiche Organisationsentwicklung.

Als hilfreiche Grundlage bei der Organisationsentwicklung dient das sogenannte 7-S-Modell. Es nennt die wichtigsten Erfolgsfaktoren der Unternehmensorganisation und setzt sie zueinander in Beziehung. Das Modell wurde 1982 von Richard Pascale, Professor an der Stanford University, Tony Athos, Professor an der Harvard Business School, und den damaligen McKinsey-Unternehmensberatern Tom Peters und Robert H. Waterman entwickelt.

Sie unterschieden dabei die »harten Faktoren« strategy, structure und systems von den »weichen Faktoren« skills, staff, style und shared values (bzw. superordinate goals). Die »7 S« beeinflussen sich jeweils gegenseitig; daher ist es wichtig, auf ein Gleichgewicht dieser sieben Erfolgsfaktoren zu achten. Es ist klar, dass die harten Faktoren »greifbarer« sind als die weichen, deren Einschätzung und Bewertung naturgemäß schwerer fällt. Dabei sind die Menschen und ihre Fähigkeiten, der Führungsstil der Leader, die Unternehmenskultur und die Vision besonders bedeutsam bei Veränderungsprozessen, die Ursache ebenso wie Teil der Organisationsentwicklung sind. Doch oft konzentrieren sich die Verantwortlichen beim Change Management mehr auf die »harten Faktoren« und vernachlässigen die »weichen« – wohl auch aus Unsicherheit. Peters und Waterman betonen den Zusammenhang zwischen der Beachtung und Nutzung der weichen Organisationsfaktoren und dem Erfolg des Unternehmens. Was passieren kann, wenn dies nicht geschieht, zeigt sich besonders deutlich in Phasen der Organisationsentwicklung, die mit starken Umbrüchen einhergehen, beispielsweise bei Großfusionen.

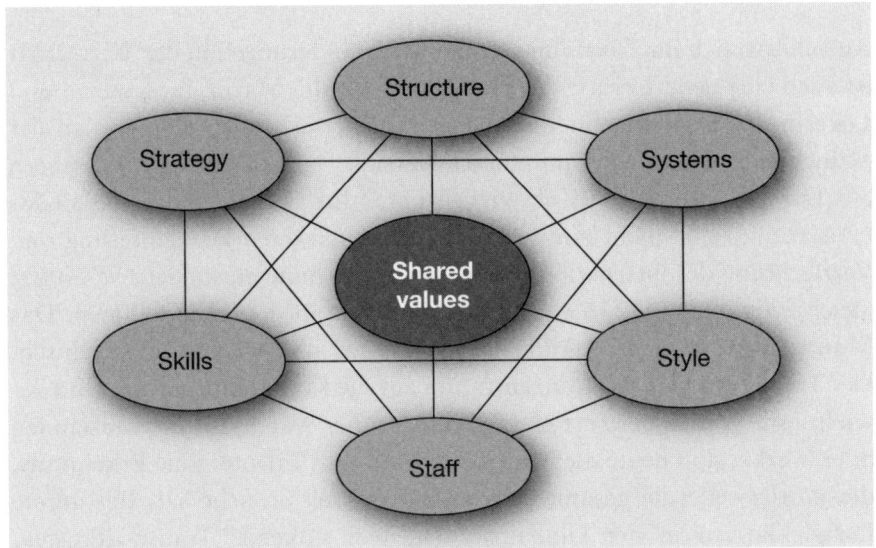

Wie in den letzten Jahren zu beobachten war, funktionieren sie nicht, wenn gravierende Unterschiede zwischen den »weichen« Faktoren der fusionierenden Unternehmen zu wenig berücksichtigt werden, wie im Fall von verschiedenen Kulturen der Mitarbeiter. Gegenseitige Annäherung, Kompromissbereitschaft und gemeinschaftliches Ziehen an einem Strang – alles Voraussetzungen für den Erfolg des neuen Unternehmens – ergeben sich nicht von selbst.

In seinem Buch *Re-Imagine! Spitzenleistungen in chaotischen Zeiten* geht Peters 2004 noch weiter. Er fordert die Zerstörung des Althergebrachten und betont die enorme Bedeutung der Ressource Mensch. Talentierte Mitarbeiter, so auch seine Meinung, sind das wichtigste Kapital für das Unternehmen der Zukunft, und um dieses optimal zu nutzen, will er die Arbeit, den Menschen, die Organisation, die Produkte und die Prozesse neu erfinden.[57] Peters ist überzeugt, dass die Menschen in der Regel gute Absichten verfolgen, dass sie ihre Sache gut und richtig machen wollen. »Aber sie werden auf Schritt und Tritt daran gehindert: von hirnrissigen Barrieren, [...] von tyrannischen, kleinkarierten Egomanen.« In emotionalen Worten beschreibt Peters seine Idee der Erneuerung und fordert: »Belohnung für menschliche Begabung, lebenslanges Training, Achtung der immateriellen Werte und das Kultivieren von Führungsambitionen.«[58]

Veränderung rund um den Globus

Aufschlussreich im Zusammenhang mit Veränderungen in der Wirtschaft ist auch eine neue Theorie des Handels, die Dalia Marin, Professorin und Leiterin des Seminars für internationale Wirtschaftsbeziehungen an der Münchner Ludwig-Maximilians-Universität, gemeinsam mit Forschern aus Europa und den USA entwickelt hat.[59] Ihr Grundgedanke: Die Globalisierung führt nicht nur zu einer immer stärkeren Deregulierung und Verflechtung der internationalen Handelsbeziehungen, sondern verändert gleichzeitig auch die Organisationsstrukturen in den Unternehmen. Das Management ist heute stärker dezentralisiert und weniger hierarchisch. Der Trend geht klar zur Konzentration auf die Kernkompetenzen. Und der wichtigste Vermögenswert einer Firma, früher waren das die Maschinen oder Werke, sind heute die Mitarbeiter und ihre Talente. Eine Erkenntnis, die mittlerweile die gesamte Unternehmenswelt erreicht hat. Bestimmte Entwicklungen in der Globalisierung, wie sinkende Transportkosten, lukrative geografische Produktionskostenunterschiede und weltweit steigende Vertragssicherheit, führen zu einer internationalisierten Organisation der Produktion: Die Firmen bauen globale Wertschöpfungsketten auf und produzieren an verschiedenen Standorten, um Produktionskosten zu sparen.

In der bisherigen Handelstheorie wurden die internen Entscheidungsprozesse in Unternehmen nicht berücksichtigt. Das haben die Forscher in ihrer neu formulierten »New Trade Theory« geändert. Damit beantworten sie verschiedene Fragen des Zusammenspiels zwischen Handel und Unternehmen. Ein Beispiel: Woher kommt der Trend zur Dehierarchisierung und zur Konzentration auf die Kernkompetenzen? Andreas Park meint dazu: »Eine Zunahme des internationalen Handels führt zu größeren Märkten und einem Anstieg der Profite. Die Firmen wachsen und beginnen zu expandieren. Gleichzeitig rufen die steigenden Gewinnchancen aber auch neue Firmen auf den Plan, die den Markt für sich erobern wollen. Weil die Vorstände zunehmend überlastet sind und die Firma nicht überall gleichzeitig lenken können, delegieren sie Entscheidungsmacht auf das mittlere Management. Ein Interessenkonflikt zwischen der Firmenzentrale und dem Abteilungsmanager ist damit vorprogrammiert, und je härter das Marktumfeld, desto kostspieliger wird er. Deshalb versucht die Zentrale mit steigendem Marktdruck, wieder mehr Macht in der Organisation zu bekommen. Das dämpft allerdings die Einsatzbereitschaft des mittleren Managements – und das in einer Situation, in der es ganz besonders auf Engagement und Ideenreichtum auf allen Ebenen ankommt. Um Letzteren anzukurbeln, delegieren die Vorstände ihre Macht wieder zurück, und es etabliert sich eine Organisationsstruktur mit flachen Hierarchien. Ähnliche Mechanismen sind auch für die stärkere Konzentration auf das Kerngeschäft verantwortlich: Wer kontinuierlich wächst, stößt irgendwann an eine natürliche Grenze. Um dennoch weiter zu expandieren, werden neue Geschäftsfelder erobert und von Bereichsmanagern unterhalb der Vorstandsebene geführt. Das Problem: Auch hier kommt es potenziell zu Interessenkonflikten zwischen der Firmenzentrale und den einzelnen Bereichsmanagern. Ein immer härterer Wettbewerb lässt die Kosten dieser Konflikte steigen. Der Vorstand wird das Unternehmen umstrukturieren und wieder stärker auf das Kerngeschäft fokussieren.«[60]

Als wichtigste Veränderung der letzten fünfzehn Jahre stellen die Autoren die stark gestiegene Bewertung des sogenannten »Humankapitals« in den Vordergrund. Nach ihrer neuen Theorie ist die stärkere Handelsverflechtung der Volkswirtschaften die Ursache dafür, dass das Talent der »neue Stakeholder der modernen Unternehmung«[61] ist. Anders als früher definieren sich Unternehmen heute nicht mehr über Maschinen oder Produktionsanlagen, sondern über die Fähigkeiten ihrer Mitarbeiter. Die Folge: Die talentierte Arbeitskraft ist rar geworden; die Unternehmen konkurrieren bei steigendem Wettbewerbsdruck um die knappen Talente. Zu den Anreizen der Personalpolitik gehören dabei eine großzügige Bezahlung sowie größere Entscheidungsmacht und Handlungsautonomie für die Mitarbeiter. Das Bildungskapital entwickelt sich nach Ansicht von Dalia Marin zum »neuen Entscheidungsträger der Unternehmung«.[62] So wird der globale Kampf um die besten Köpfe – neben der internationalen Organisation der Produktion – die große Herausforderung der Zukunft sein.

1.3 Organisationskultur und Change Management

»So machen wir das hier« ist wohl die kürzeste Definition von Organisationskultur. Der Begriff »Kultur« kommt vom lateinischen colere – bebauen, hegen, pflegen. Der agricola, der Bauer, begründete die Kultur des Ackerbaus, die »Agrikultur«. Zu dieser Kultur gehörten Regeln und Werte, die der Land-»Wirt« berücksichtigen musste und die er hochhielt. Dazu gehörten auch Ehrfurcht, Demut und Dankbarkeit. Systemische Führung beruht auf dem Konzept des Handelns der Führungskräfte unter der Beachtung struktureller und kultureller Faktoren. Will man die Dinge als Ganzes sehen, so muss man auch die Menschen innerhalb ihrer Umwelt und Kultur kennen und schätzen.

In jeder Gruppe oder Gemeinschaft von Menschen existiert eine bestimmte Kultur. Dies bedeutet, dass das Handeln aller Beteiligten auf der Grundlage von bestimmten, für alle verbindlichen Werten, Normen und Paradigmen beruht. Diese spezifische Kultur des Verhaltens wirkt nach innen und nach außen. Unternehmenskultur lässt sich analog dazu als Ausdruck sozialer Unternehmensentwicklung betrachten. Edgar H. Schein, emeritierter Professor für Organisationspsychologie und Management am Massachusetts Institute of Technology (MIT) in Cambridge, ist Mitbegründer der Organisationspsychologie und Organisationsentwicklung und Wegbereiter der Forschung über Organisationskultur. Er definiert Organisationskultur als »ein Muster gemeinsamer Grundprämissen, das die Gruppe bei der Bewältigung ihrer Probleme externer Anpassung und interner Integration erlernt hat, das sich bewährt hat und somit als bindend gilt; und das daher an neue Mitglieder als rational und emotional korrekter Ansatz für den Umgang mit Problemen weitergegeben wird«.[63] Er geht von einer Organisations- oder Unternehmenskultur mit drei Ebenen aus:

Auf der Oberflächenebene befinden sich sichtbare Verhaltensweisen und andere physische Manifestationen, Artefakte und Erzeugnisse wie das Kommunikationsverhalten mit Mitarbeitern, Kunden und Lieferanten, das Logo, das Bürolayout, die verwendete Technologie, das Leitbild, die Rituale der Organisation. Darunter liegt die Ebene der kollektiven Werte, wie zum Beispiel Loyalität, Ehrlichkeit und Zuverlässigkeit, sowie der individuellen Einstellungen und Eigenheiten, ausgedrückt mit Attributen wie konservativ, umweltbewusst, introvertiert oder pflichtbewusst, die das Verhalten lenken. Die dritte und tiefste Ebene schließlich ist die der Grundannahmen, der als selbstverständlich empfundenen Art und Weise der Reaktion auf die Umwelt. Diese »basic assumptions« werden von den Mitgliedern der Organisation gar nicht mehr bewusst wahrgenommen.

Visionen und Leitsätze – ein gemeinsames Ziel

Die Kultur eines Unternehmens wird mitgeprägt von den sozialen und wirtschaftlichen Rahmenbedingungen, der Struktur und Strategie der Organisation, aber auch unbestreitbar von nationalen und regionalen kulturellen Gegebenheiten. Die Unternehmenskultur solidarisiert, integriert, motiviert und unterstützt durch das »Wir-Gefühl« auf dem Weg zum gemeinsamen und zum eigenen Ziel. Sie findet ihren äußeren Ausdruck zum Beispiel in Slogans oder Kleiderordnungen. Besondere Aufmerksamkeit widmen viele Unternehmer derzeit dem »Schwarz-auf-Weiß« der Unternehmenskultur: einem Verhaltenskodex, der die firmeneigenen ethischen Werte und Handlungsrichtlinien sowohl für die Führungskräfte als auch für die Mitarbeiter formuliert.

Damit sollen der Öffentlichkeit, der Kundschaft, den Geschäftspartnern und Mitarbeitern ein bestimmtes Image und eine gemeinsame Identität vermittelt werden. So finden sich mittlerweile auf fast jeder Website von Unternehmen auch die jeweilige Firmenphilosophie, Visionen, Leitlinien und Werte, die vertreten werden. Die Firma SAP hat zum Beispiel einen speziellen Diversity-Kodex, und zu ihren Unternehmenswerten gehören Kundenorientierung, Qualitätsbewusstsein und das stetige Streben nach überragenden Produkten. Werte wie Integrität, Engagement und Leistungswille sind bedeutsam. Auch die Unternehmenskultur wird ständig den neuen Gegebenheiten angepasst. So hat SAP beispielsweise im Jahr 2005 fünf neue Unternehmensanforderungen in seinen Kodex aufgenommen: Agilität, konzernweite Höchstleistung, Einfachheit, Ko-Innovation und Mitarbeiterförderung.

Die Unternehmenskultur ist so etwas wie die DNA eines Unternehmens. Die hier wirkenden »Gene«, das heißt Traditionen, Werte, Regeln und Grundsätze, steuern die Organisation auf der abstrakten Ebene des Denkens und auf der konkreten Ebene des Handelns und der Abläufe. Die Führenden haben als Schnittstelle zwischen Unternehmensziel und Zielumsetzern den größten Einfluss auf Mitarbeiter und Prozesse. Deshalb sind die Anforderungen und Erwartungen an diesen Teil der Organisation besonders hoch, auch und besonders im Hinblick auf Verantwortungsbereitschaft. »Der entscheidende Wettbewerbsvorteil der Zukunft wird die Unternehmenskultur sein – Führungskräfte müssen authentisch sein und Werte vorleben«, so lautete 2008 das Fazit der »Ulmer Gespräche«, einer regelmäßigen Zusammenkunft des Mittelstands, der tragenden Säule der deutschen Wirtschaft. Anselm Bilgri, ehemals Benediktiner-Prior und heute Unternehmensberater und Buchautor, betonte die Bedeutung von Demut und Dienenwollen auf den Führungsetagen.

Ständiger Wandel

Schließlich gehört zur Organisationskultur ganz wesentlich das Change Management, das durch verändernde Entwicklungsarbeit die Firmenkultur gezielt voranbringen soll. Entwicklung und Veränderung ist immer und überall. Alles und jedes befindet sich in ständigem Wandel. Die Illusion des »Ankommens« bei etwas »Endgültigem« oder, anders gesagt, die des Fertigen, Vollständigen, Beendeten ist der Beschaffenheit unseres Gehirns geschuldet: Die menschliche Wahrnehmung und Vorstellungskraft sind relativ beschränkt. Deshalb lieben wir auch Happy Ends in Filmen und Romanen: Ein für alle Male ist nun alles gut. Und genau das ist auch das Ziel all unserer Bemühungen: alles so zu regeln und in Ordnung zu bringen, dass es uns am Ende gut geht.

Doch Leben ist Veränderung, und Wandel liegt im Wesen der Natur. Sogar die Metapher »in Stein gehauen« für etwas, das ewigen Bestand haben soll, trügt: Ein Gebirge scheint für die Ewigkeit gemacht. Dabei ist bloß die Geschwindigkeit, mit der sich auch Gestein verändert, für unser Vorstellungsvermögen und für unsere Beobachtungskompetenz zu langsam. Zudem steht die Psyche der Anerkennung von Realität oft und gern im Weg: Die Einschätzung, ein Gebirge verändere sich nicht, ist lediglich dem Umstand geschuldet, dass es viel länger existiert als wir selbst und wir in der kurzen Spanne unseres Daseins diese Veränderung nicht erkennen können.

Es gibt im Lauf des Lebens kein Ankommen, sondern bestenfalls Zwischenergebnisse oder -stationen, die erreicht werden können. Veränderung geschieht, ob wir etwas tun oder nicht. Die Naturwissenschaft erteilt hier einen guten Rat: Der Zweite Hauptsatz der Thermodynamik besagt, dass ein abgeschlossenes System immer den Zustand größter Unordnung anstrebt, solange man es sich selbst überlässt. Wir sollten also eingreifen, um die Veränderung so weit wie möglich zu unseren Gunsten zu steuern.

Auf der anderen Seite sollten wir den Drang zur ohnehin unmöglichen hundertprozentigen Kontrolle jeden Geschehens als nicht sinnvoll erkennen. Grundsätzlich gilt: Jede Ordnung braucht ein gewisses Maß von Unordnung, will sie nicht lebensfeindlich sein, indem sie jede Möglichkeit der Weiterentwicklung erstickt. Bestes Beispiel: die Evolution. Bildlich gesprochen probiert sie in unvorstellbarer Vielzahl und Vielfältigkeit neue Varianten des Lebens aus, verwirft, probiert anderes und verwirft wieder mit dem Ziel der Optimierung.

Veränderung macht Angst

»Früher war alles besser« oder »Das haben wir schon immer so gemacht«: Die Häufigkeit, mit der Sätze wie diese seit jeher zu hören waren und bis heute sind, demonstrieren zunächst die Unbeliebtheit von Veränderungen. Sie schaffen Verunsicherung und Widerstand. Im konkreten Fall läuft das immer gleiche Wechselbad der Gefühle bei den Betroffenen ab. Erst ist man schockiert und leugnet die Veränderung, dann kommt die Gegenwehr: »Nicht mit mir!« Es folgt das Tal der Trauerphase, und schließlich beginnt die allmähliche Versöhnung mit dem Neuen – die innere Anpassung. Diese Emotionskurve machen auch bei den Veränderungen in Unternehmen alle Beteiligten durch, sowohl die Führungsebene, die für den neuen Kurs verantwortlich ist, als auch die Mitarbeiter, die mitziehen müssen, ob sie wollen oder nicht.

Die Unvorhersehbarkeit der Folgen des Wandels erzeugt dabei den meisten Widerstand bei den Betroffenen. Zögerliche Bedenken, ausbremsende Skepsis, übervorsichtige Was-wäre-wenn-Analysen stehen dem Handeln allzu oft im Weg. Die tatsächlichen Folgen lassen sich weder bei ersehnten noch bei ungewollten Veränderungen konkret vorhersagen. Doch eine neue Situation verändert auch die Beteiligten, die dadurch anders wahrnehmen, reagieren, entscheiden und handeln als womöglich vorher angenommen, erhofft oder befürchtet.

Die meisten Menschen weichen Unsicherheiten und Risiken lieber aus, vor allem im Berufsleben und wenn es um die eigene Existenzsicherung geht. Dennoch sind gezielte Veränderungen notwendige Anpassungen und Wachstumschancen für die Organisation und für die Menschen. Nur wer sich selbst verändert, kann mit der in allen Lebensbereichen ständig stattfindenden Entwicklung Schritt halten und profitieren. Das gilt in besonderem Maße in der globalisierten Wirtschaft, in der Vernetzungen in alle Richtungen starke Abhängigkeiten schaffen, weil es um sehr viel geht: um viele Menschen, um viel Geld, und um nichts Geringeres als unser aller Zukunft. »Umsichtige und vorausschauende Manager erhöhen ihre Erfolgswahrscheinlichkeit, indem sie den Unsicherheitsfaktor akzeptieren und bewusst in ihrer Entscheidungsfindung berücksichtigen«, schreibt Phil Rosenzweig, Professor für Strategy and International Management an der University of Pennsylvania, in seinem jüngsten Buch.[64]

Scheitern oder …

Wenn in Unternehmen Veränderungsprojekte in Gang kommen, scheitern sie oft. Warum, das hat die Akademie für Führungskräfte schon vor mehr als zehn Jahren untersucht, aber die Ergebnisse der Studie sind nach wie vor aktuell.[65] 350 Führungskräfte und deren Mitarbeiter verschiedener Branchen und Unternehmensgrößen aus Deutschland und Österreich wurden zum Thema Veränderungsprozesse im Unternehmen befragt. Die Auswertung ergab, dass die meisten Veränderungsvorhaben an unzureichender und ungenauer Information der Mitarbeiter scheitern.

Als größtes Problem beklagten 83 Prozent der befragten Manager, dass Sinn und Zweck der geplanten Veränderungen der Belegschaft nicht klar seien. Das Ideenpotenzial der Mitarbeiter wird entsprechend wenig bis gar nicht genutzt. 76 Prozent äußerten, dass sich die meisten Veränderungsvorhaben zudem ausschließlich auf technische, produktmäßige und organisatorische Vorgaben beziehen. Bei einer ausschließlichen Konzentration auf die »harten Faktoren« werden die Menschen, das heißt die Träger der Veränderung, jedoch übersehen. Kein Wunder, dass sich die meisten Mitarbeiter überfordert fühlen, wie 75,5 Prozent der Befragten beklagten. Deshalb ist entscheidend für das Gelingen des Wandels, die Mitarbeiter in Veränderungsprozesse einzubeziehen. So wie Notker Wolf, Abtprimas der benediktinischen Konföderation, es tut: »Ich nehme jeden ernst, selbst wenn ich seinen Einwand für dumm halte. Denn für ihn ist es ein Problem. Wenn ein Mensch sich aber ernst genommen fühlt, ist er bereit, eine Antwort zu akzeptieren, die er sonst nicht hingenommen hätte. Das ist die Kunst der Führung.«[66]

Die Untersuchung der Akademie für Führungskräfte zeigte außerdem, dass viele Veränderungsvorhaben nicht zuletzt aufgrund zu hohen Zeitdrucks scheitern. Zu viel soll zu schnell erreicht werden. Die Umsetzung ist die Aufgabe von Mitarbeitern, denen zuvor kaum Zeit eingeräumt wird, Zielrichtung und Ausmaß der Maßnahmen zu erfahren und zu begreifen. Zugleich werden zu viele Veränderungsprojekte beschlossen und den Mitarbeitern auferlegt. Das Ergebnis: Veränderungsmüdigkeit durch Veränderungsübersättigung. Auffällig war, dass die befragten Führungskräfte die umfassende Berücksichtigung des »Faktors Mensch« als Voraussetzung für jedes erfolgreiche Veränderungsprojekt betrachten. Das bedeutet, dass die Führungskräfte die Ursachen der von ihnen beklagten Mängel bei Veränderungsprojekten sehr genau kennen. Doch aus der Erkenntnis werden offensichtlich (noch) keine nachhaltigen Konsequenzen für die Führungspraxis in Change-Prozessen gezogen.

... Gelingen

Die Studie der Akademie für Führungskräfte hat aber nicht nur herausgefunden, woran Veränderungsprojekte scheitern, sondern stellten auch die Gründe für ihr Gelingen fest. Wenig überraschend: Die Erfolgsfaktoren und »Veränderungsblocker« stehen im gegenseitigen Abhängigkeitsverhältnis. Der wichtigste Erfolgsfaktor ist der Mensch, der Mitarbeiter. Das schlichte Fazit: Wer den Menschen bei Veränderungsvorhaben vergisst, kann das ganze Projekt vergessen. Das stimmt heute mehr denn je, denn die Entwicklung der letzten Jahre und ihre Klimax, die weltumspannende Finanz- und Wirtschaftskrise, bewirken neue Unsicherheit, Ängste und eine weit verbreitete Tendenz zur Beharrung im Status quo. Gerade in Krisenzeiten ist der Spatz in der Hand für viele das höchste Gut.

Die Herausforderungen, denen sich Führungskräfte gegenübersehen, sind größer, vielfältiger und komplizierter geworden, auch und besonders den so wichtigen »Erfolgsfaktor Mensch« betreffend. Zu viele Manager konzentrieren sich aber noch immer vorrangig auf die »harten« Faktoren unter den sieben Erfolgsfaktoren in Unternehmen. Anabel Houben, Geschäftsführerin von C4 Consulting, stellt als Ergebnis der gemeinsamen Studie mit der TU München fest: »Entscheidend für den Erfolg von Veränderungsvorhaben ist, dass nicht nur das Offensichtliche angegangen wird, sondern darüber hinaus der Komplexität menschlicher Einstellungen und Verhaltensweisen Rechnung getragen wird.«[67]

Peters und Waterman betonten bereits vor 30 Jahren den Zusammenhang zwischen der Beachtung und Wertschätzung der weichen Organisationsfaktoren und dem Erfolg des Unternehmens, gerade in Phasen des Wandels, auf den das Unternehmen unmittelbar mit gelenkter Veränderung reagieren muss. Und diese muss bei jedem einzelnen Mitglied des Unternehmens innerlich verankert und von ihm mitgetragen werden. Denn es sind die Menschen, die den Wandel entweder voranbringen oder scheitern lassen. Die Herausforderung für die Führungsebene liegt also darin, Veränderungsprozesse so zu steuern, dass die Mitarbeiter motiviert werden, sie zu unterstützen, anstatt durch inneren Widerstand und durch mangelndes Engagement das Scheitern der Entwicklung zu befördern.

Der noch oft zu beobachtende Abstand zwischen Anspruch und Wirklichkeit von organisierter Veränderung hat noch weitere Gründe: Zum Anspruch zählen langfristige Planbarkeit, klare Ziele und uneingeschränkt mitziehende Mitarbeiter. Zur Wirklichkeit gehören schneller Prioritätenwechsel, unscharfe Vorgaben und Erklärungs- und Verständnisnotstände bei den Mitarbeitern. »Veränderungen zu steuern gleicht einer Abenteuerreise in den Dschungel mit risikoreichem Vorwärtskommen und ungewissem Ausgang.«[68]

Für PriceWaterhouseCoopers sind die wesentlichen Change-Strategien »Leadership-Engagement« und »klare, prägnante und eindeutige Kommunikation«. Das heißt, die Führungskräfte müssen Vorbild sein, wenn es um Veränderung geht, sie müssen hinter dem Prozess stehen, und die kommenden Veränderungsprozesse müssen den Mitarbeitern verständlich und präzise erklärt werden.[69]

Warum einige Ideen der Vergangenheit, die gewaltige gesellschaftliche Veränderungsprozesse in Gang setzten, so erfolgreich waren und sich letztlich durchgesetzt haben, versuchte Dee Hock, Vater der Idee der chaordischen Organisation, die noch Thema sein wird, durch das Studium der Lebensumstände von Persönlichkeiten wie Mahatma Gandhi, Mutter Teresa oder Martin Luther King jr. zu ergründen. Hock stellte zunächst fest, dass diese Ideen weder einzigartig noch besonders innovativ, sondern eher traditionell waren, und fragte sich, warum die Verbreitung ihrer Überzeugungen dann eine derart tiefgreifende Wirkung haben konnte. »Was ich entdeckte, war etwas, das meiner Meinung nach universale Gültigkeit besitzt. Sie untersuchten wirklich, was um sie herum geschah, sie untersuchten alle bestehenden Institutionen und hatten einen klareren Blick. Sie machten sich selbst nichts vor. Darüber hinaus hatten sie die Fähigkeit, sich selbst in der Zukunft vorzustellen und mit den vier Aspekten umzugehen, von denen ich meine, dass sie für jedes Verständnis wesentlich sind: wie die Dinge waren (Geschichte), wie sie heute sind, wie sie werden könnten oder worauf sie hinführen und wie sie sein sollten.«[70] Hier klingt ein Aspekt an, der auch für mich von entscheidender Bedeutung ist, wenn ich von systemischer Führung spreche: Selbsterkenntnis und Selbstverantwortlichkeit der Führungspersönlichkeit.

Veränderung als Projekt?

Change Management steht heute auf der Agenda der meisten Führungskräfte, freiwillig oder notgedrungen. Im Sinne einer kontinuierlichen Optimierung arbeiten Führungskräfte tagtäglich daran, ihr System, ihre Strategie, ihre Organisation, ihre Prozesse und ihre Ressourcen zu verbessern oder besser zu nutzen. Sie besitzen die Fähigkeit, von der Zukunft aus zu denken, und bereiten sich auf alle absehbaren und auch auf unvorhersehbare Veränderungen vor – im Idealfall.

In der Realität findet dieser Prozess meist nicht als Aktion, sondern als Reaktion darauf statt, dass sich die Rahmenbedingungen verändern. Unter Überschriften wie »Innovationsmotor«, »Qualitätsoffensive«, »Kostenoptimierungsprozess« oder »Personalanpassungsinitiative« starten Unternehmen und ihre Entscheidungsträger in aller Eile Projekte, weil die Konkurrenz eine technische Revolution vorstellt, weil die Rohstoffpreise entweder explodieren oder wieder implodieren oder weil von heute auf morgen die Liquidität des Unternehmens wegschmilzt.

Solche Projekte haben per Definition einen offiziellen Anfang und ein offizielles Ende. Die Projektmanager erhalten einen konkreten Auftrag und einen Termin, an dem sie eine Lösung vorlegen sollen. Sie öffnen ihre hochwertig gefüllten Werkzeugkästen, analysieren das Problem, entwickeln Lösungsalternativen und präsentieren zum Stichtag der Geschäftsführung ihre Ergebnisse. Die Geschäftsführung kommuniziert nun die Ergebnisse die Führungskaskade herunter. Doch die erhofften Erfolge bleiben auch Monate später noch aus, oder das Projekt verläuft im Sande.

Veränderungen können nicht wie die Entwicklung eines neuen Produktes oder eine Marketingkampagne in Auftrag gegeben werden. Selbst wenn die von den Entscheidungsträgern berufenen Veränderungsmanager in ihrem Projekt ausgefeilte und evaluierte Instrumente verwenden, bewegen sich ihre Analysen mit diesen Instrumenten meist auf einzelnen Ebenen. Innerhalb der gewählten Ebene stellen sie »Wenn-dann-Beziehungen« her und vernachlässigen dabei, dass ein so komplexes System wie ein Unternehmen eben nicht auf einzelne Ebenen zu reduzieren ist, sondern immer als Ganzes betrachtet werden sollte. Nur in seltenen Fällen finden sich die Ursachen auf der gleichen Ebene wie die Symptome.

Die Mitarbeiter und noch immer viel zu viele Unternehmenslenker betrachten Veränderungsprojekte als genau das, als was sie offiziell ins Leben gerufen wurden, als Task Force, die sie zusätzlich zu ihrem Alltag bewältigen müssen. Solche zusätzlichen Aufgaben sind per se erst einmal unbequem. Die Mitarbeiter empfinden sie als lästig, denn sie stellen Gewohntes in Frage, verunsichern und bringen mehr Arbeit, ohne der Masse der Betroffenen einen unmittelbaren individuellen Nutzen zu bieten.[71] So wehren sich die jeweiligen Mitarbeiter nicht nur innerlich oder sogar offen gegen Veränderungen, sondern sitzen sie oft einfach aus und freuen sich auf die Zeit »back to normal business«.

Projekte sind sinnvoll und notwendig, um Neuem die notwendige Energie, Arbeitskraft, eine kreative »Spielwiese« und die Zeit zu geben, die Innovationen brauchen. Doch Veränderung beginnt nicht in einem Projekt. Projekte sind weder der erste noch der entscheidende Schritt für eine Veränderung, sondern lediglich ein Instrument unter vielen im Werkzeugkasten einer erfolgreichen Führungskraft. Der eigentliche Motor für eine erfolgreiche Veränderung ist die Führungskraft selbst. Sie initiiert tiefgreifende und nachhaltige Veränderungen im Inneren ihres Systems.[72]

Vision und Kommunikation

Führungskräfte haben Vorbildfunktion, deshalb müssen sie sich erstens klar zum Veränderungsprozess bekennen und zweitens offen Verantwortung übernehmen. Dazu gilt es, eine verständliche »Change-Vision« zu skizzieren, diese gemeinsame Vision und die Umsetzungsaufgaben gekonnt zu vermitteln und sich als Teil des für die Veränderung arbeitenden Teams zu präsentieren – und zu fühlen. Weiter müssen Leader alles dafür tun, um den Wandel nachhaltig im Unternehmen zu verankern. Auch Bernhard

Rosenberger, Geschäftsführer der Unternehmensberatung Rosenberger & Partner, belegte anhand einer Umfrage von Arthur D. Little, dass es um die Praxis des Change Management bisher nicht besonders gut bestellt ist: Als das größte Hemmnis eines erfolgreichen Veränderungsmanagements sahen 88 Prozent der Befragten mangelnde Führungskompetenz, dicht gefolgt von fehlender Bereitschaft der Mitarbeiter mit 87 Prozent. Dabei ist genau dies das vorrangige Ziel bei der Steuerung von Veränderung: alle im Unternehmen tätigen Menschen zu motivieren und zu befähigen, den Wandel zu akzeptieren, weiterzugeben und umzusetzen.[73]

Das wichtigste Instrument dabei, das zeigt auch eine Studie von Bain & Company zu den Gründen des Gelingens oder Scheiterns von Fusionen, ist die Kommunikation. Sie muss ganz oben auf der Liste stehen, verständlich, transparent und vor allem motivierend sein, so dass den Mitarbeitern die Veränderungsvorhaben nicht nur einleuchten, sondern sie auch dahinterstehen und sich engagieren. Fusionen sind Großprojekte in Sachen Veränderung, und die Bain-Studie ist nur eine von mehreren Untersuchungen, die gezeigt haben, dass Fusionen genau daran oft scheitern: an der mangelhaften Kommunikation mit den Mitarbeitern und an ungenügender Integration in den fusionierten Firmen.

Wie man es richtig macht, zeigte die Übernahme der auf Hypothekengeschäfte spezialisierten Bank Woolwich durch die Universalbank Barclays im Jahr 2000: Der bekannte Name Woolwich musste nicht dem Namen Barclays weichen, sondern wurde beibehalten. So stärkte Woolwich das Hypothekengeschäft seines Käufers, und nach der Übernahme konnte der Finanzdienstleister seinen Marktanteil von 4 auf 10 Prozent erhöhen. Der Erfolg der Übernahme resultierte jedoch vor allem aus der schnellen und authentischen Kommunikation über die danach zu erwartenden Veränderungen, auch über den nötigen Abbau von Arbeitsplätzen und die Schließung von Filialen. Beides wurde dann zügig von einem eigens aufgestellten Integrationsteam durchgeführt.

Der unvermeidlichen Atmosphäre von Unsicherheit und Angst, die sich bei grundlegenden Veränderungen in Unternehmen einstellt, müssen Führungskräfte mit Verständnis und Offenheit begegnen. Ihre Kommunikationsmaßnahmen sollten sich durch Stringenz, Aufrichtigkeit und Glaubwürdigkeit auszeichnen. Es ist bekannt, dass Menschen bei klaren Ansagen besser mit Schwierigkeiten oder schlechten Nachrichten umgehen können, als wenn diese aus Feigheit oder falsch verstandener Rücksichtnahme kleingeredet oder ganz verschwiegen werden. Denn Aufrichtigkeit signalisiert dem Adressaten, dass man ihn ernst nimmt. Sie drückt Respekt aus. Individuelle und persönliche Informationsaktionen senden klare Signale an die ganze Organisation, dass, warum und wie sich die Dinge künftig ändern werden. Dabei kann Kommunikation natürlich nicht eindimensional nur von der Führungs- zur Mitarbeiterebene verlaufen: Die Möglichkeit, ihrerseits Befürchtungen und Hoffnungen, Vorschläge und Meinungen mit den Verantwortlichen besprechen zu können, muss selbstverständlicher Teil der Veränderungskommunikation sein.

Und so plädiert auch Roger L. Martin, Dekan der Rotmann School of Managment in Toronto, für die Zusammenführung der oft noch getrennt gedachten Entwicklung und Umsetzung einer Veränderungsstrategie für ein Unternehmen. Denn selbst die beste Idee wird scheitern, wenn ihre Umsetzung nicht von Anfang an mit gedacht und geplant wird. Die Führungskraft sollte das »Konzept der Entscheidungskaskade verfolgen«, zu der Martin vier Elemente zählt: Erklären Sie die Hintergründe einer Veränderungsstrategie, diskutieren Sie mit Ihren Mitarbeitern den nächsten Schritt, helfen Sie den Mitarbeitern, selbst zu entscheiden, und seien Sie vor allem bereit, Entscheidungen, die sich als nicht praktikabel erweisen, auch zu revidieren.[74]

Herausforderung Change Management

Change Management stellt eine riesige Herausforderung an die Unternehmenswelt und ihre Führungskräfte dar. Es ist nicht übertrieben, gelungenes Verändern in Betrieben eine Kunst zu nennen, wenn man sich die vielfältigen Hürden und Problembereiche vor Augen hält, in denen die Lenker des Wandels manövrieren müssen. Sie bewegen sich in den Spannungsfeldern

- zwischen Sach- und Beziehungsaspekten,
- zwischen Tradition und Wandel,
- zwischen visionären Vorgaben von »oben« und Bedürfnissen von »unten«,
- zwischen Anpassung und Widerstand,
- zwischen Irritation und Integration,

- zwischen Angst und Freude sowie
- zwischen Psychologie und Betriebswirtschaft.

Gutes Change Management erfordert sehr differenziertes Know-how: Führungskräfte brauchen neben Fachwissen auch Kenntnisse in Psychologie und Soziologie und müssen viel von Kommunikation verstehen. Veränderungsprozesse haben nur dann eine Chance auf Erfolg, wenn die folgenden Punkte berücksichtigt werden:

- Das rechtzeitige Informieren, Beteiligen, Einbinden aller Betroffenen ist unabdingbar.
- Radikale Umstürze anzustreben oder zu erwarten ist sinnlos – vielmehr brauchen alle Vorgänge ihre Zeit; es gilt, sukzessive Neues zu lernen und das Obsolete parallel zu verlernen.
- Der Weg gehört zum Ziel – und manchmal ist er das Ziel (etwa bei Veränderungen auf der Personen-, Beziehungs- und Kulturebene).
- Die Selbsterneuerung und Selbstorganisation von Mitarbeitern dient den Prozessen mehr als Anordnungen von oben.
- Gegen Angst und Unsicherheit und bei Konflikten und Widerständen ist die Authentizität der Führungskraft das wirksamste Mittel.
- Rückschläge sind normal. Das muss allen klar sein und von vornherein einkalkuliert werden, um auch die nötige Kraft zum Durchhalten zu haben.

Das Change Management wird weiter an Bedeutung zunehmen in der Unternehmensorganisation der Zukunft, die auf die rasanten Veränderungen im Globalisierungsprozess mit einem schwierigen Spagat aus Flexibilität und Stabilität, aus kurzfristiger Anpassung und dauerhafter Verlässlichkeit reagieren muss. Hinter dem abstrakten Begriff »Unternehmen« stehen reale menschliche Individuen als wichtigste Komponente: Sie entscheiden über Erfolg oder Misserfolg von Veränderung, indem sie sie bejahen oder ablehnen, betreiben oder hintertreiben, voranbringen oder bremsen. Erfolgreiches Change Management ist deshalb vor allem erfolgreiche Führung. Ein Leader des 21. Jahrhunderts stellt die Mitarbeiter in den Mittelpunkt, weil sein Ziel lautet, das Unternehmen in den Erfolg zu organisieren. Und das funktioniert nur über den richtigen Umgang mit dem wahren Kapital der Firma, das viel unberechenbarer und heterogener ist als bewegliches oder unbewegliches Gut: den Menschen.

Zukunft mit System

Der Ansatz der systemischen Führung sieht eine Führungskraft vor allem als Teil eines komplexen Systems, das sich fortwährend verändert.[75] Jedes System, und so auch jedes Unternehmen, hat nicht nur alles, was es braucht, um zu überleben, sondern verfügt auch über die notwendige Energie, um Innovationen voranzutreiben und im Wettbewerb mit anderen Systemen, mit anderen Unternehmen zu bestehen. Ein System steuert sich nicht nur selbst, sondern zielt immer auf Balance und Selbsterhalt. Die zentrale Aufgabe der Führungskraft ist es, Veränderungen in diesem System anzustoßen.[76]

Die Eigendynamik von Systemen ist so groß, dass eine Führungskraft niemals in der Lage sein wird, ihr jeweiliges System zu kontrollieren. Wer darum als Führungskraft Veränderungen einleiten will, kann nur mittelbar Einfluss auf sein System nehmen, indem er es beobachtet, analysiert und durch Impulse in Bewegung versetzt. Die Kunst des Führens besteht folglich nicht darin, ein System zu managen, sondern dessen Beziehungen.

Dazu richtet eine systemisch denkende Führungskraft ihre Aufmerksamkeit ganz bewusst weg von den oberflächlichen Symptomen ihres Systems. Sie fragt nicht: »Welche Experten brauche ich für mein Veränderungsprojekt?« Sie beginnt einen Schritt früher und steigt eine Ebene tiefer ein. Sie analysiert, welche sachlichen, sozialen und zeitlichen Muster und Prozesse dem System zugrunde liegen, und fragt: »Welche Impulse muss ich dem System geben, um Kurs auf das neue Ziel zu setzen?« Mit diesen Erkenntnissen führt sie die Mitarbeiter indirekt und aus dem Inneren des Systems heraus – anstatt direkt und von oben.

Am Anfang ist das Ich

Voraussetzung dafür ist, dass eine Führungskraft in der Lage ist, den zentralen Menschen in diesem Prozess zu führen: sich selbst. Nach Peter

Drucker, dem Vater der modernen Managementlehre, ist diese scheinbar banale Tatsache unabdingbare Grundlage für den Erfolg. Nur wer seine eigenen Handlungsmuster erkennt und versteht, kann sein Verhalten bewusst steuern und sich selbst führen. Erst wer sich selbst führen kann, kann auch lernen, andere Menschen zu führen. Und wer in der Lage ist, andere Menschen zu führen, kann lernen, ein Unternehmen zu führen.[77]

Bedeutsam ist hier auch das Konzept der lernenden Organisation von Peter M. Senge. Er definiert fünf Faktoren, die für die Entwicklung einer lernenden Organisation notwendig sind:

- die individuelle Reife der Mitarbeiter,
- mentale Modelle zur Erklärung unserer Sicht auf die Welt,
- die Verinnerlichung gemeinsamer Visionen und Ziele,
- das Lernen im Team und
- das Denken in Systemen, um Wirkmechanismen und typische Verhaltensmuster zu erkennen und zu nutzen.[78]

Dies sind Faktoren, die auch beim Ansatz der systemischen Führung eine entscheidende Rolle spielen.

Am Anfang eines Veränderungsprozesses sollte immer die Selbstreflektion der Entscheidungsträger stehen. Damit diese Entwicklung stattfinden kann, muss die Führungskraft ihrer Umwelt gegenüber offen, wertschätzend und partnerschaftlich eingestellt sein, ihre Einstellungen und Werte sollten klar und transparent sein, und sie sollte bereit sein, ihr eigenes Verhalten und ihre Handlungsmuster zu reflektieren, zu verändern und fortwährend weiterzuentwickeln.[79]

Für Führungskräfte der unteren und mittleren Hierarchieebenen gibt es mittlerweile zahlreiche standardisierte und validierte Feedbackinstrumente. Unternehmen setzen sie gern als objektives Mittel ein, um Performancegespräche zu führen und die Entwicklung von Führungskräften zu planen. Ausgeschlossen von diesem persönlichen Entwicklungsprozess sind in der Regel aber gerade die zentralen Personen für eine Veränderung: die Köpfe einer Organisation, ihre Entscheidungsträger. Sie stehen aus der Sicht dieser Methode »über allen anderen« an der Spitze des Systems und erhalten aufgrund dieser Position nur in großen Ausnahmefällen ein offenes, persönliches und konstruktives Feedback. So kann es passieren, dass die Führungskräfte trotz bester Absichten in eingefahrenen Handlungsmustern steckenbleiben und durch ihr eigenes Verhalten die Veränderungsprozesse im System blockieren, die sie selbst anstoßen wollten.

Die Grundfrage ist: Wenn ich systemisch führe, welche Organisationsform ist dann von Vorteil? Welche Faktoren muss ich in mein Handeln einbeziehen, um in der heutigen globalen und vernetzten Welt mein Unternehmen erfolgreich führen zu können?

Expertenforum: Prof. Dr. Dirk Baecker

Prof. Dr. Dirk Baecker ist Soziologe und einer der führenden deutschen Systemtheoretiker. Seit 2006 ist er Inhaber des Lehrstuhls für Kulturtheorie und -analyse an der Zeppelin University in Friedrichshafen. Baecker promovierte und habilitierte bei Niklas Luhmann, einem der bedeutendsten Gesellschaftstheoretiker des 20. Jahrhunderts. Von 1996 bis 2006 war Baecker Professor für Unternehmensführung und gesellschaftlichen Wandel an der Universität Witten/Herdecke. Seine Forschung beschäftigt sich mit Gesellschafts- und Kulturtheorien sowie mit Organisation und Management.

In welchen Bereichen hat sich die betriebswirtschaftliche Organisation des Wirtschaftsgebildes »Unternehmen« Ihrer Beobachtung nach in den letzten Jahrzehnten am deutlichsten verändert, und wie beurteilen Sie diese Veränderungen?

Die auffälligste, anspruchsvollste und sicherlich auch schwierigste Veränderung der letzten Jahrzehnte ist vermutlich die weitgehende Umstellung der Organisation eines Unternehmens von einer vertikalen und hierarchischen auf eine eher horizontale und heterarchische Organisation. Früher war es so, dass die Spitze einer Unternehmensorganisation die Außenkontakte hielt und sicherstellte, dass man innerhalb des Unternehmens weitgehend geschützt vor störenden Einflüssen seiner Arbeit nachgehen konnte. Das ging seit dem 19. Jahrhundert mit beachtlichen Erfindungen auf dem Feld der arbeitsteiligen und dennoch (durch »Management«) koordinierbaren Organisation einher.

Heute hingegen ist es so, dass ein Unternehmen nur noch arbeitsfähig ist, wenn es sich auf möglichst allen Ebenen mit seiner Umwelt vernetzt, mit Lieferanten und Abnehmern, Kunden und Partnern, Aufsichtsorganen und öffentlichen Medien. Das hatte die Organisationsspitze zunächst überrascht, weil sie keine Aufgaben mehr zu haben schien. Aber dann entdeckte man, dass es einen Kapitalmarkt gibt, der Wert darauf legt, dass der »Shareholder Value« gepflegt wird, dass man das eigene Unternehmen nach wie vor beeindrucken kann, wenn man es mit allfälligen »Mergers & Acquisitions« unter Reintegrationsdruck setzt – und dass man schließlich, wenn nichts anderes mehr hilft, von oben Ideen der »Corporate Identity, Sustainability und Responsibility« ausgibt, von denen man unten überrascht ist, dass man sie überhaupt braucht. Die Bewegung in Netzwerken war früher das Privileg der Spitze. Heute gehört sie zum unverzichtbaren Geschäft jedes einzelnen Mitarbeiters.

Begriffe wie »Unternehmenskultur« oder »Human Resources« waren den großen Nachkriegspatriarchen der Wirtschaft unbekannt, ihr Verhalten aber oft vorbildlich auf selbstverständliche Art. Heute scheint es, als werde – zum Beispiel mit Verhaltenskodizes – viel Lärm um wenig gemacht. Trügt dieser Eindruck?

Im Wesentlichen teile ich diesen Eindruck. Allerdings muss man sich auch anschauen, woher die alten Konzernlenker ihr Verantwortungsbewusstsein und Führungswissen hatten: Es stammte im Großen und Ganzen aus einer eigentümlichen Kombination von Erfahrungen im Militär (vor allem: aus Erfahrungen mit der Notwendigkeit der Abstimmung unter den Kameraden vor Ort), in der Familie (vor allem: im Umgang mit Frau und Kind, deren Eigensinn man nur auf eigenes Risiko negieren konnte) und im Beruf (vor allem: im Umgang mit einem Expertenwissen, zu dem es immer ein besseres Wissen gibt). Im Nachhinein muss man das schon fast bewundern: Die Erfahrungen im Militär vermittelten ein Wissen um Strategie, Taktik, Timing und Gegnerschaft, die Erfahrungen in der Familie ein Wissen um überraschende soziale Dynamik und die Erfahrungen im Beruf ein Wissen um die Mehrdeutigkeiten der sogenannten Sachlogik. Was wir heute erleben, ist der Versuch, dieses noch nicht einmal hinreichend reflektierte Wissensbündel auch dem Rest der Organisation zur Verfügung zu stellen, wo es sich auf zuweilen unheimliche Art und Weise mit dem Wissen um die Möglichkeiten des Unterlaufens von Hierarchie verbindet. Ein Teil der Unsteuerbarkeit, aber auch Lebendigkeit und Überlebensfähigkeit von Unternehmensorganisationen stammt sicherlich aus dieser Entwicklung. Aber auch grundsätzlich gilt, dass unter dem Stichwort »Unternehmenskultur« die Unternehmensorganisation begonnen hat, die bislang unerfragten gesellschaftlichen Voraussetzungen und Ressourcen gleichsam in Eigenregie zu übernehmen und zur Variablen der eigenen Unternehmensgestaltung zu machen. Das geht natürlich nur begrenzt und wird auch vielfach sofort bestraft. Den Respekt vor der Gesellschaft müssen Unternehmen mühsam immer wieder neu lernen.

Welches sind die wichtigsten Probleme heutiger Unternehmensorganisation in Bezug auf die Mitarbeiterführung?

Eines der größten Probleme ist vermutlich, dass sich Unternehmen heute alle erdenkliche Mühe geben, den Mitarbeitern jene Verfügung über ihre eigene Motivation zurückzugeben, die sie ihnen in den vergangenen 200 Jahren – und auch hier wieder mit einem hochambivalenten Rückgriff auf die Usancen des Militärs – abgewöhnt haben. Auch das war ja ebenso raffiniert wie erfolgreich: Man unterstellte die Mitarbeiter wie die Rekruten dem Befehl der Führung und verlangte dann, dass sie die Augen offen hielten und die alltägliche Routine, aber auch die schnelle Reaktion auf ungewöhnliche Störungen aus eigenem Antrieb heraus bewältigten. Bis heute sind Unternehmen froh, dass ein Großteil der Mitarbeiterausbildung über Training läuft, also fast unbemerkt. Wollte man diese Ausbildung in der Form einer bewussten Erziehung leisten, wäre diese unter ihren eigenen Widersprüchen vermutlich schon längst zusammengebrochen.

Aber die Probleme setzen sich heute fort. Wie fordert man einen Mitarbeiter zur Eigenmotivation auf, ohne dadurch diese Motivation erstens in Abrede zu stellen und zweitens ihre letzten Reste zu zerstören? Es ist sicherlich eine kluge Idee, jedem Mitarbeiter deutlich zu machen, dass er im Unternehmen etwas lernt, was er bei der Bewerbung um einen noch besseren Job bei der Konkurrenz gut gebrauchen kann. Aber wer schafft es, sich an diese Idee zu halten?

Kann ein Unternehmer heute von der »natürlichen« Organisation für die Zukunft seiner »künstlichen« im Betrieb lernen? Und wenn ja, was?

Die Antwort auf diese Frage hängt von dem Begriff ab, den man sich von der Natur macht. Wir haben uns hier ja von Ideen der Unterwerfung der Natur unter die Ausbeutung durch die Menschen ebenso entfernt wie von Ideen einer in sich harmonischen Idylle, die man durch jedes laute Wort nur stören kann. Unsere »Natur« ist spätestens seit den Entdeckungen der Thermodynamik und der Quantenmechanik eine Natur, in der Zerstörung und Wiederaufbau so selbstverständlich zusammen auftreten wie elementare Ungewissheit und robuste Emergenz. Wir orientieren uns nicht mehr nur an den Eigengesetzen der Bewegung der Sterne über uns noch an den einfachen Kräfteverhältnissen zwischen Ursache und Wirkung, die die Mechanik Newtons entwarf. Wir haben es mit den spontanen Dynamiken der Biologie zu tun, über die sich bereits Aristoteles unter dem Begriff der Frage nach der ersten, also unbewegten Bewegung den Kopf zerbrach. Und wir haben es mit dem Gefühl zu tun, dass man das Vertrauen auf die robusten Selbstheilungskräfte der Natur auch dramatisch überschätzen kann. Wir haben ganz vorsichtig begonnen, eine Unternehmensorganisation vom Grundgedanken der Routine auf den Grundgedanken der Evolution umzustellen. Aber wenn es darum geht, Variationen in einer Unternehmensorganisation nicht nur hinzunehmen, sondern zu pflegen, zeigen sich die meisten Organisationen nach wie vor überfordert. Immerhin müsste man ja lernen, das Nein zu bisherigen Entscheidungen und Abläufen zu begrüßen und differenziert zu behandeln. Wo ist das bereits gelungen?

Wie könnte eine »Organisationskultur« von morgen aussehen?

Ich bin ein Anhänger der Idee von Tom Peters, dass man nur dafür sorgen solle, dass 50 Prozent der Belegschaft eines Unternehmens, einer Behörde, eines Krankenhauses oder eines Orchesters aus Frauen bestehen – dann brauche man sich um die Veränderung und die passende Gestaltung einer neuen Organisationskultur keine Sorgen mehr zu machen. McDonald's praktiziert eine ähnliche Idee: In jeder Küche und an jedem Tresen steht grundsätzlich eine multikulturelle Mannschaft. Das Thema Kultur ist damit so gut bewältigt, dass es kein Thema mehr zu sein braucht.

»Die Unternehmensorganisation von morgen« – Ihre ganz persönliche Idealvorstellung vom wesentlichsten Bereich?

Mir gefällt die Idee der Kleeblattorganisation, die Charles Handy entwickelt hat: Auf einem ersten Blatt stehen hochengagierte Profis, die dem Produkt, der Technologie und der Führung 90 Prozent ihrer Zeit widmen (aber dies nicht unbedingt ihr Leben lang). Auf einem zweiten Blatt stehen Zulieferer aller Art, die sich mit Spezialaufgaben beschäftigen, in die sie ihre ganze Leidenschaft und Findigkeit investieren, ohne sich dafür an den Abnehmer binden zu müssen. Und auf dem dritten Blatt – wir haben es nicht mit dem viel zu seltenen Glücksklee zu tun – steht eine Vielzahl unterschiedlicher Jobs, die von Teilzeitkräften erledigt werden können und die Vätern und Müttern, Studenten, Globetrottern und Künstlern die Möglichkeit bieten, Geld zu verdienen, ohne dafür den ganzen Tag, das ganze Jahr und ihr ganzes Leben lang arbeiten, also ihre Seele verkaufen zu müssen.[80]

Anmerkungen zu diesem Kapitel

1 Vgl. auch hierzu Pinnow, Daniel F. (2005): *Führen – Worauf es wirklich ankommt.* Wiesbaden.

2 Vgl. Korsten, Peter u. a.: *IBM GLOBAL CEO STUDY 2008.*

3 Ebda.

4 Ebda.

5 Vgl. Engeser, Manfred: »Aufbrechen, bevor das Denken zementiert«. In: *Wirtschaftswoche* 22.11.2010.

6 Korsten, Peter u. a.: *IBM GLOBAL CEO STUDY 2008.*

7 Handy, Charles (1994): *The Age of Paradox.* Boston.

8 Korsten, Peter u. a.: *IBM GLOBAL CEO STUDY 2010.*

9 Moss Kanter, Rosabeth (1998): *Bis zum Horizont und weiter.* München.

10 »Die kalten Ritter.« In: *Spiegel* 10.10.1994.

11 Pinnow, Daniel F. (2007): *Elite ohne Ethik? Die Macht von Werten und Selbstrespekt.* Frankfurt am Main.

12 Vgl. Henrich, Anke: »Es geht auch anders.« In: *Wirtschaftswoche* Nr. 13, 23.03.2009.

13 Vgl. Pinnow, Daniel F. (2005): *Führen – Worauf es wirklich ankommt.* Wiesbaden.

14 Vgl. BCG: *Creating People Advantage.* 2010. http://www.bcg.de/documents/file61338.pdf.

15 Ebda.

16 Ebda.

17 Vgl. Allensbach-Umfrage: »Vereinbarkeit von Beruf und Familie unzureichend.« In: *FAZ* 31.08.2010.

18 BCG: *Creating People Advantage.* 2010.

19 Interview mit Charles Handy. In: *Wirtschaftswoche* 17.09.2007.

20 Vgl. BCG: *Creating People Advantage.* 2010.

21 Vgl. »Manche Jobs machen einfach krank.« In: *Stern* 23.03.2010.

22 Unger, Hans Peter; Kleinschmidt, Carola (2007): *Bevor der Job krank macht. Wie uns die heutige Arbeitswelt in die seelische Erschöpfung treibt – und was man dagegen tun kann.* München.

23 »Üble Chefs machen krank. Der Arbeitsmediziner Thomas Weber berät Firmen in der Region.« In: *FR* 12.02.2009.

24 Vgl. Pinnow, Daniel F. (2005): *Führen – Worauf es wirklich ankommt.* Wiesbaden.

25 Vogt, Markus (2006): »Naturverständnis in der Moderne – Zwischen Wertvorstellungen und Weltbildern.« In: *politische ökologie,* März 2006.

26 »Biorhythmus: Die unerbittliche innere Uhr.« In: *GEO online.*

27 Vgl. Krause, Donald G. (2007): *Die Kunst des Krieges für Führungskräfte. Sun Tzus alte Weisheiten, aufbereitet für die heutige Geschäftswelt.* Heidelberg.

28 Hüglin, Thomas O. (1991): *Sozietaler Föderalismus: Die Politische Theorie des Johannes Althusius.* Berlin.

29 Kieser, Alfred; Walgenbach, Peter (2007): *Organisation.* Stuttgart, S. 6.

30 Zingel, Harry (2007): *Budgetplanung.* Weinheim, S. 195.

31 Picot, Arnold (1990): *Organisation.* In: Bitz, M. (Hrsg.): *Vahlens Kompendium der Betriebswirtschaftslehre,* Band 2, München, S. 99.

32 *Gabler Wirtschaftslexikon.*

33 Vgl. Thommen, Jean Paul; Achleitner, Ann-Kristin (2007): *Allgemeine Betriebswirtschaftslehre. Umfassende Einführung aus management-orientierter Sicht.* Wiesbaden.

34 Ebda.

35 Ebda.

36 Ausführlich zu den nachfolgend dargestellten Organisationstheorien: Kieser, Alfred; Ebers, Mark (2006): *Organisationstheorien.* Stuttgart.

37 Ausführlich zu den Hawthorne-Experimenten u. a. Kieser, Alfred; Ebers, Mark (2006): *Organisationstheorien.* Stuttgart.

38 Vgl. Weber, Max (1922): *Wirtschaft und Gesellschaft.* Tübingen.

39 Vgl. Warner, Malcolm; Witzel, Morgen (2004): *Managing in Virtual Organizations.* Liverpool, S. 109. Zu Chandlers These ausführlich u. a. Kräkel, Matthias (2007): *Organisation und Management.* Tübingen, S. 80 f.

40 Vgl. Plickert, Philip (2010): »Ronald Coase wird 100.« In: *FAZ 29.12.2010.*

41 Vgl. Kieser, Alfred; Walgenbach, Peter (2007): *Organisation.* Stuttgart.

42 Vgl. Schreyögg, Georg. In: Staehle, W. H. (1994): *Management. Eine verhaltenswissenschaftliche Perspektive,* 7. Aufl., München, S. 512–540.

43 Kieser, Alfred; Kubicek, Herbert (1992): *Organisation.* Berlin, S. 207.

44 Vgl. Mintzberg, Henry; Lampel, Joseph; Quinn, James B. (1997): *The Strategy Process.* Harlow, Essex/GB.

45 Vgl. Brecht, Ulrich (2005): *BWL für Führungskräfte: Was Entscheider im Unternehmen wissen müssen.* Wiesbaden.

46 Scherer, Andreas; Beyer, Rainer (1998): »Der Konfigurationsansatz im Strategischen Management. Rekonstruktion und Kritik.« In: *Die Betriebswirtschaft* 58, S. 332–347.

47 Vgl. Macharzina, Klaus; Wolf, Joachim (2010): *Unternehmensführung: Das internationale Managementwissen. Konzepte, Methoden, Praxis.* Wiesbaden.

48 Vgl. Macharzina, Klaus; Wolf, Joachim (2010): *Unternehmensführung: Das internationale Managementwissen. Konzepte, Methoden, Praxis.* Wiesbaden.

49 Ebda.
50 Ebda.
51 Vgl. Kutschker, Michael; Schmid, Stefan (2008): *Internationales Management*. München.
52 Vgl. Macharzina, Klaus; Wolf, Joachim (2010): *Unternehmensführung: Das internationale Managementwissen. Konzepte, Methoden, Praxis*. Wiesbaden.
53 Vgl. Probst, Gilbert J. B.; Büchel, Bettina (1998): *Organisationales Lernen: Wettbewerbsvorteil der Zukunft*. Wiesbaden, S. 78–79.
54 Vgl. Macharzina, Klaus; Wolf, Joachim (2010): *Unternehmensführung: Das internationale Managementwissen. Konzepte, Methoden, Praxis*. Wiesbaden.
55 Ebda.
56 Jung, Hans (2006): *Allgemeine Betriebswirtschaftslehre*. München, S. 294.
57 Vgl. Friederichs, Peter (2004): »Weisheit und Wut.« In: *Personalführung* 11/2004, S. 76–77.
58 Ebda.
59 Vgl. Helpman, Elhanan; Verdier, Thierry; Marin, Dalia (Hrsg.) (2008): *The Organization of Firms in a Global Economy*. Cambridge/London.
60 Park, Andreas (2008): *Wie Globalisierung die Unternehmen verändert*. In: LMU – Einsichten 2008 – Newsletter 03 – Rechts-, Wirtschafts- und Sozialwissenschaften. München.
61 Ebda.
62 Ebda.
63 Schein, Edgar (1995): *Organizational Culture and Leadership*. New York.
64 Vgl. Rosenzweig, Phil (2008): *Der Halo-Effekt: Wie Manager sich täuschen lassen*. Offenbach.
65 Akademie für Führungskräfte der Wirtschaft (1999): Studie: Warum Veränderungsprojekte scheitern. Bad Harzburg 04/1999.
66 Interview mit Notker Wolf. In: *Lufthansa Exclusive* 06/08.
67 Hofmann, Katrin (2007): »Jeder dritte Veränderungsprozess ist zum Scheitern verurteilt.« In: *IT-Business* 22.06.2007.
68 Rosenberger, Bernhard (2005): »Change Management: Realisieren Sie Visionen.« In: *InSight* 03/2005.
69 Vgl. Leckebusch, Holger; Lohmann, Till (2008): »Der Faktor Mensch wird unterbewertet.« In: *FAZ* 7.3.2008.
70 Dee Hock im Interview. In: *Enlightenment Issue* 22/ Herbst-Winter 2002.
71 Vgl. Frey, Dieter; Schulz-Hardt, Stefan (Hrsg.) (2000): *Vom Vorschlagswesen zum Ideenmanagement: zum Problem der Änderungen von Mentalitäten, Verhalten und Strukturen*. Göttingen.
72 Vgl. Chell, E. (2000), a.a.O.; Knippenberg, v. D.; Hogg, M. A. (2003), a.a.O.;

Hambrick, D. C. et al. (1997), a.a.O. (Die entsprechenden Bibliografien sind im Literaturverzeichnis zu finden.)

73 Rosenberger, Bernhard (2005): »Change Management: Realisieren Sie Visionen.« In: *InSight* 03/2005.

74 Vgl. Martin, Roger L. (2010): »Der Fluss der Entscheidungen.« In: *Harvard Business Manager,* Oktober 2010.

75 Vgl. Pinnow, Daniel F. (2005): *Führen – Worauf es wirklich ankommt.* Wiesbaden.

76 Vgl. Neuberger, Oswald (2002): *Führen und führen lassen: Ansätze, Ergebnisse und Kritik der Führungsforschung.* Stuttgart.

77 Vgl. Drucker, Peter F. (1956): *Die Praxis des Managements.* Düsseldorf.

78 Vgl. Senge, Peter M. (1996): *Die fünfte Disziplin: Kunst und Praxis der lernenden Organisation.* Stuttgart.

79 Vgl. Kirsch, Werner; Esser, Werner-Michael; Gabele, Eduard (1979): *Das Management des geplanten Wandels von Organisationen.* Stuttgart.

80 Handy, Charles (1993): *Understanding Organizations.* New York, S. 346.

2. Organisation im Zeitalter des Wissens

2.1 Warum brauchen wir neue Organisationsformen?

»Organizations have to be the mirrors of our societies however much
we may regret that fact and yearn for other times and other places.«[1]

Charles Handy

Organisationen als Spiegel ihrer Zeit – ein treffendes Bild, wenn es darum geht, zu erklären, warum wir im heutigen Zeitalter der Information und Globalisierung über neue Formen von Organisation nachdenken müssen. Als Unternehmenslenker oder Manager steht man im Sinne der systemischen Führung in engem Kontakt mit der Umwelt, nimmt gesellschaftliche Rahmenbedingungen und Entwicklungen wahr und bezieht diese in Entscheidungen zur Unternehmensentwicklung mit ein.

Eine Führungskraft optimiert – mit Blick auf Veränderungen – Prozesse und Strukturen, um die Leistung des Unternehmens zu erhöhen. Sie ist sich über die Stärken und Schwächen, Chancen und Risiken des Unternehmens und des Marktes bewusst und geht strategisch vor, indem sie regelmäßig das Soll und Ist auf den Prüfstand stellt. Sie trägt Verantwortung (1) für den Markt, in dem sie agiert, (2) für die Kunden, denen sie eine Leistung anbietet, (3) für die Lieferanten und Dienstleister, mit denen sie zusammenarbeitet, und (4) natürlich für ihre Mitarbeiter. Nun muss man sich mit neuen Organisationsformen befassen, denn die klassischen Organisationsstrukturen werden den Ansprüchen der heutigen Zeit und denen, die die Zukunft an Unternehmen stellen wird, nicht mehr ausreichend gerecht.

Der Grund: Die Märkte sind schnelllebiger als früher, und die Kunden wollen Variantenvielfalt statt Massenfertigung. Der Einfluss der Organisationsstruktur auf die in Zukunft dringend benötigte Flexibilität und schnelle Anpassungsfähigkeit eines Unternehmens ist groß. Dabei wird es immer wichtiger sein, die bestehenden Strukturen kritisch zu hinterfragen und, wenn nötig, anzupassen.

Durch die Schaffung dezentraler Autonomie kann die Unbeweglichkeit hierarchischer, zentraler Organisationen umgangen werden, ohne dabei im organisatorischen Chaos zu versinken.[2] Kreativität ist die Bedingung für Innovation, und Innovation bedeutet Zukunft für Unternehmen.[3] Richard Florida, US-Ökonom und Kreativitätsvordenker, stellt heraus, dass jeder einzelne Mensch kreativ ist, »(…) man muss aber ein günstiges Umfeld schaffen, damit sich diese Kreativität frei entfalten kann«.[4] Individuelle Einzelaktivitäten werden nicht durch starre Weisungsstrukturen, sondern durch Kommunikation und Dialog koordiniert.[5] Kreativität ist heute mehr denn je ein entscheidender Motor für Wissenschaft, Wirtschaft und Kultur.[6] Es müssen also flexible und innovative Organisationsformen geschaffen werden, die die Ressourcen der Mitarbeiter fördern und sich der Umwelt schnell anpassen können.

Der Wert des Einzelnen

Die Menschen sind die wichtigsten »Werte« in Unternehmen. Von ihrer Einstellung zur Arbeit und von ihrem Einsatz hängen die Ergebnisse ab. Nur wenn sie sich als Mitarbeiter, als Teil »ihrer« Firma wohlfühlen und wertgeschätzt werden, bringen sie volle Leistung. Der Arbeitgeber gewinnt auf dem Arbeitsmarkt an Attraktivität, und der Zulauf von qualifizierten Fachkräften erhöht den Wert des Unternehmens. Personalmanagement ist damit auch Wertemanagement und sozusagen das Betriebssystem für einen nachhaltigen Geschäftserfolg.

Da die Work-Life-Balance in der Bewertung gegenüber Karriere und Geld aufholt, bleiben Fachkräfte aus Überzeugung, wenn sie sich in einem Unternehmen gut behandelt fühlen. Die Voraussetzungen dazu, dass sich ein Mitarbeiter wohlfühlt und eine hohe Arbeitszufriedenheit empfindet, haben sich mit der neuen Generation Y jedoch verändert.

Ende 2006 stellte Forrester Research in einer Studie fest, dass in Europa bereits 11 Prozent der Bevölkerung der neuen Generation der High Potentials, den sogenannten Millennials (auch Generation Y oder Digital Natives), zuzurechnen sind. Die zwischen 1980 und 2000 geborenen künftigen

Arbeitskräfte zeichnen sich durch eine hohe Technik- und Medienaffinität aus. Sie erwarten eine flexible Arbeitsumgebung, sehen Teamwork als Selbstverständlichkeit und bewerten eine gute Work-Life-Balance höher als eine steile Karriere.[7]

Dieser Befund bestätigt sich immer wieder. Das wissenschaftliche Team der Ashridge Business School um Carina Paine Schofield und Sue Honoré untersuchte in einer Studie, die im Sommer 2009 erschien, Ansichten der »Generation Why« zu Leben und Arbeit.[8] Eine Erkenntnis: Die jungen Menschen von heute lernen anders als früher. Sie sind in einer Welt mit einer enormen Vielfalt visueller Eindrücke aufgewachsen, nehmen Dinge anders wahr, haben in der Regel eine wesentlich kürzere Aufmerksamkeitsspanne und eine Abneigung gegen Routinen. Der Trend geht hin zu einem »problembasierten Lernen« und noch mehr als heute zu einem »training/learning on the job«. Die Maxime des »one best way«, wie sie Taylor propagierte, gilt heute nicht mehr. Es gibt meist nicht nur einen Weg zum Ziel, sondern mehrere, und je nach Persönlichkeit und Fähigkeiten erreicht man das Ziel auf unterschiedlichen Wegen.[9]

Ein Unternehmen ist dafür verantwortlich, beim Einstieg neuer Mitarbeiter die Sinnhaftigkeit des Unternehmens und die Motive der Bewerber abzugleichen. Eine Führungskraft muss den Mitarbeitern Visionen bieten, sich auf die Generation Y in der Arbeitswelt einstellen und ihre speziellen Fähigkeiten für das Unternehmen nutzbar machen. Und dafür braucht es Führungskräfte, die systemisch führen.

Eine moderne »Organisation der Werte auf zwei Beinen« ist mit den veralteten Gepflogenheiten der traditionellen Personalabteilungen kaum mehr vergleichbar: Früher wurden Personalakten verwaltet. Heute geht es um das Organisieren eines produktiven, kreativen Miteinanders, bei dem die Kommunikation im Dauerbetrieb läuft, und zwar bereichs-, wenn nicht firmen- oder gar länderübergreifend zwischen Beteiligten auf gleicher Augenhöhe. Das Präfix »mit« im Wort »Mitarbeiter« erfährt eine Aufwertung und damit auch der Mensch dahinter: Ein Mitarbeiter ist auch ein Mitwisser, Mitreder, Mitträger und Mitverantworter bei allen wesentlichen Entscheidungen. Bekommen die Mitarbeiter einen neuen Stellenwert im Unternehmen, verändert das auch die Organisationsstrukturen.

Die Natur als Vorbild

Neue Organisationsmodelle und ihre Bezeichnungen basieren oft auf Phänomenen in der Natur: Das bekannteste Beispiel eines Holons, eines Ganzen, das Teil eines anderen Ganzen ist, ist die menschliche Zelle in einem Organ. Die »Amöbenorganisation« verdankt ihren Name den Parallelen ihrer Struktur zu der einer Amöbe. Das Konzept der »Ursuppe« beschreibt eine Hypothese zur Entstehung organischer aus anorganischen Molekülen und somit den Beginn allen Lebens auf der Erde. Nach aktuellem Erkenntnisstand findet eine heterarchische Organisation, also ein gleichberechtigtes Nebeneinander von Teilen ohne Hierarchie, auch in der Kommunikation zwischen Neuronen in unserem Gehirn statt.

Organisationsprinzipien in der Natur haben sich entweder durch Milliarden Jahre lange Evolutionsmechanismen herausgebildet oder sind einfach physikalisches Faktum. Erst langsam beginnt der Mensch die Prinzipien der Natur zu verstehen und zu begreifen, dass die Natur, von der wir Menschen nur ein kleiner Teil sind, uns in ihrer Komplexität und »Intelligenz« weit überlegen ist. Mit dieser Erkenntnis beschäftigt sich zum Beispiel das Forschungsfeld der »Bionik«.[10]

Es besteht eine Parallele zwischen dem von Charles Darwin in seiner Evolutionstheorie[11] beschriebenen biologischen Evolutionsprozess und der Entwicklung eines Wirtschaftsunternehmens: Sowohl das Leben eines Organismus als auch das Bestehen einer Firma in der Welt der Wirtschaft ist ein ständiger Prozess der Weiterentwicklung und der Selektion: Ein Organismus muss gesund sein, um genügend Kraft zu haben, sich gegenüber Feinden zu behaupten. Auf Dauer überlebt nur der starke bzw. der intelligente Organismus, der sich seine Nische sucht. Durch eine schnelle Eigenkoordination steigert er seine Anpassungs- und Aktionsfähigkeit gegenüber seine Umwelt. In Analogie dazu sind nur die flexiblen und gut geführten Unternehmen auf Dauer erfolgreich und können ihre Position auf ihrem Markt, in ihrem Segment, behaupten. Schlecht geführte und organisierte Firmen verschwinden über kurz oder lang aus dem Wirtschaftskreislauf. Um zu überleben, muss das Unternehmen eine transparente, innovative und anpassungsfähige Organisationsstruktur aufweisen. Durch die Auswahl und Förderung der richtigen Mitarbeiter wird ein Unternehmen zukunftsfähig und kann sich im Konkurrenzkampf behaupten.

Was der Mensch von der Tierwelt lernen kann, beschreibt anschaulich Peter Miller, leitender Redakteur bei *National Geographic,* in seinem Buch »Die Intelligenz des Schwarms«.[12] Auch Matthias Nöllke gibt in seinem Ratgeber »Von Bienen und Leitwölfen: Strategien der Natur im Business nutzen« Ratschläge für die Organisation von Unternehmen nach Prinzipien in der Natur.[13] Ob Ameise, Honigbiene oder Heuschrecke: Für sich allein genommen ohne nennenswerte Intelligenz, entwickeln diese Insekten im Schwarm ein effizientes Verhalten, das in der Welt der Menschen seinesgleichen sucht. Ohne Führung sind sie in der Lage, komplexe Entscheidungen richtig zu fällen. Führung in großen Gruppen ist nicht nötig, solange die Interaktion bestimmten Regeln folgt (wie bei Ameisen). Gruppen treffen dann die optimalen Entscheidungen, wenn sie die Vielfalt des Wissens nutzen und ein Ideenwettbewerb stattfindet (wie bei den Bienen). Man erkennt, wie viel der Einzelne leisten kann, wenn er auf der Arbeit des anderen aufbaut (wie die Termiten) und auf den Nachbarn achtet (wie auch Vögel). Tiere zeigen uns, dass man sich wunderbar in eine Gruppe einbringen kann, ohne seine Individualität zu verlieren.[14]

Die Unternehmensberatung »1492« des Österreichers Michael Hengl hat einen »Schwarmpilot« entwickelt, bei dem Gruppen von Menschen gemeinsam die kollektive Intelligenz entdecken können. Mithilfe von Karten mit grüner oder roter Farbe steuern die Mitspieler – egal ob 30 oder 500 – gemeinsam ein Spiel. Eine Kamera registriert die Veränderungen der Farbwahl, steuert so den Computer und macht die Gruppe zu einem großen Joystick.[15]

2.2 Amöbenorganisation und chaordische Organisation

Zunächst möchte ich die Organisationsstrukturen vorstellen, die sich die Natur und ihre Prozesse zum Vorbild nehmen.

Unabhängig und doch eingebunden

Als der ungarische Autor und Philosoph Arthur Koestler 1967 in seinem Buch *Das Gespenst in der Maschine* das Holon-Konzept prägte, wusste er noch nichts von der Möglichkeit, Holons auch in Unternehmensstrukturen wiederzufinden. Er beschrieb das Holon als grundlegende Organisationseinheit in lebenden Organismen und sozialen Verbänden. Koestler beobachtete, dass es in biologischen und sozialen Systemen keine sich gänzlich selbst erhaltenden und miteinander in keiner Wechselwirkung stehenden Einheiten gibt.[16]

1995 übernahmen McHugh, Merli und Wheeler diese Idee des Holons und beschrieben erstmals die Holarchie als Organisationsform. Das Wort Holon bedeutet »ein Ganzes, das wiederum Teil eines Ganzen ist«. Als Beispiel dient eine Zelle unseres Körpers, die wiederum Teil eines Organs ist. Die Holon-Organisation gleicht einer Netzwerkorganisation mit Fokus auf einer ganzheitlichen Perspektive: Es besteht die Tendenz der Organisationsmitglieder, also der Holons, ihre Autonomie zu behalten. Jedoch ist sich jede Organisationseinheit bewusst, dass sie auch einen Beitrag zur Erhaltung der gesamten Organisation leisten muss und somit nicht nur sich selbst, sondern auch dem Ganzen verpflichtet ist.[17]

Die eigenständigen Einheiten besitzen in der Holarchie ein großes Maß an Unabhängigkeit und können somit Aufgaben, Probleme und Fragestellungen ohne Einbeziehung der übergeordneten Holons lösen. Die Koordination zwischen gleichgeordneten Holons geschieht nicht-hierarchisch und durch Selbstregulierungsprozesse. Dennoch erhalten untergeordnete Holons auch Weisungen von übergeordneten, um einen effektiven Betrieb der ganzen Organisation zu gewährleisten. Auf diese Weise ist es mit der Holarchie möglich, äußerst komplexe Systeme zu konstruieren, die die zur Verfügung stehenden Ressourcen wirksam und zielführend einzusetzen wissen. Die Holarchie ist äußerst widerstandsfähig und stabil und kann schnell und effizient auf Umweltveränderungen reagieren[18] – eine Fähigkeit, die heute enorme Bedeutung hat.

Nach innen stabil, nach außen anpassungsfähig

Die W. L. Gore & Associates GmbH ist ein 1958 von Bill Gore gegründetes Unternehmen, das neue Anwendungsbereiche für den Kunststoff Polytetrafluorethylen (PTFE) entwickelt und dadurch Weltmarktführer im Einsatz von PTFE geworden ist. So findet der Kunststoff mittlerweile Anwendung in atmungsaktiven Schuhen, Implantaten für die plastische Chirurgie oder in Dichtungen für Rohre, Ausgleichsmembranen für

Abbildung 6: Holarchie-Organisation

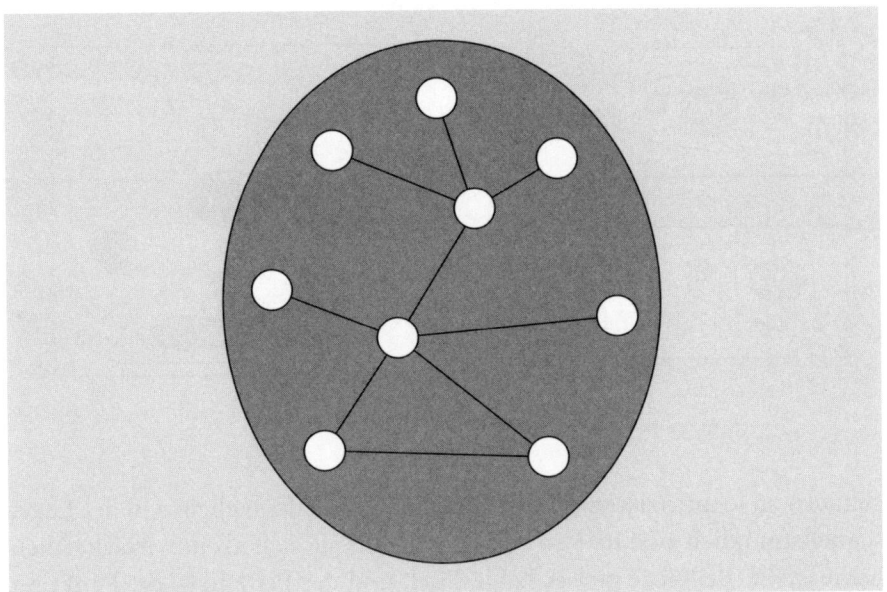

Brennstoffzellen und in wasserdichten Jacken. Der Erfolg von Gore basiert auf der hohen Produktivität und der starken Innovationskraft des Unternehmens. Bill Gore verfolgte von Beginn an einen in der Wirtschaft neuen Weg des Organisationsaufbaus, um dieses hohe Maß an Kreativität und Beweglichkeit bei den Mitarbeitern zu fördern: die »Amöbenorganisation«.

Die Amöbe ist ein nach innen sehr stabiler und nach außen extrem anpassungsfähiger Organismus, der in der Lage ist, sich an fast jede Umwelt anzupassen. Mit seinen sogenannten »Scheinfüßchen« tastet sich der Einzeller an Nahrungspartikel heran und untersucht sie. Ist das Nahrungspartikel genießbar, wird es umschlossen und in das Zellinnere absorbiert. Ist das Nahrungspartikel ungenießbar, kann die Amöbe ihre Scheinfüßchen schnell wieder einziehen und lässt davon ab. Zudem teilt sich die Amöbe ab einer gewissen Größe, und es werden zwei neue Einzeller bzw. Amöben aus ihr. Eine extrem effektive und schnelle Art der Vermehrung.

Der Amöbe entsprechend, zeichnet sich die W. L. Gore & Associates GmbH unter anderem durch eine flache Hierarchie von lern- und entscheidungsfähigen Teams aus, was die hohe Flexibilität des Unternehmens gewährleistet. Die Organisationsstruktur ist darauf ausgerichtet, Markt-

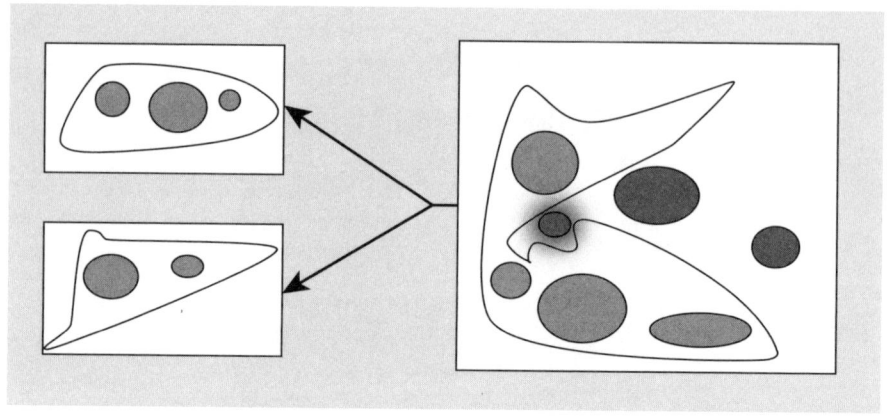

chancen zu identifizieren und zu nutzen. Sie ist jedoch ebenso in der Lage, schnellstmöglich eine Idee zu verwerfen, falls sie sich als unwirtschaftlich herausstellt. Bei Gore gibt es keine Titel, und der Platz bzw. die Funktion der Mitarbeiter im Unternehmen wird nach dem Partnermodell bestimmt. Die Mitarbeiter heißen »Associates« und die Vorgesetzten »Sponsoren« oder »Leader«, die sich durch ihre besonderen Fähigkeiten und Erfahrungen auszeichnen und deshalb vom Team gewählt werden. Die Mitarbeiter profitieren über einen Beteiligungsplan vom Wachstum ihres Unternehmens. Die Associates arbeiten an Projekten, die ihren Fähigkeiten und Interessen entsprechen. So soll der maximale Nutzen für das Unternehmen mit der größtmöglichen Zufriedenheit jedes Mitarbeiters einhergehen. Um eine Anonymität zwischen den Mitarbeitern zu vermeiden, teilt sich ein Werk des Unternehmens Gore – genau wie die Amöbe – ab einer gewissen Größe, und es entstehen neue, unabhängige Gewinn-und-Verlust-Einheiten. Ab einer gewissen kritischen Firmengröße und der damit verbundenen steigenden Anonymität funktioniert das System der direkten Kommunikation nicht mehr, und das freiwillige Engagement fällt den Mitarbeitern schwerer.[19] Die netzwerkartige Kommunikationsstruktur ermöglicht den Organisatoren eines Projekts, sich unkompliziert Denkanstöße zu holen und sich die Mithilfe von anderen Mitarbeitern zu sichern. Auf der Website des Unternehmens heißt es: »All dies findet in einer Umgebung statt, die Freiheit mit Zusammenarbeit und Autonomie mit Synergie kombiniert.«[20]

Erfolg mit Prinzip

Um den Fortbestand dieses Organisationsgefüges zu garantieren, müssen die Mitarbeiter vier von Bill Gore aufgestellte, für alle verbindliche Unternehmensprinzipien befolgen: Selbstverpflichtung, Fairness, Freiheit und die Beachtung der sogenannten »Waterline«. Der Mitarbeiter hat die Fähigkeit zur Übernahme von Verpflichtungen und deren Einhaltung. Fairness ist die Grundlage für Teamarbeit und herrscht sowohl untereinander als auch gegenüber jedem Externen, mit dem man in Kontakt kommt. Man hat die Freiheit, eigenen Ideen nachzugehen, und gewährt den Kollegen die Toleranz und die Ermutigung, sich Wissen, Fähigkeiten und Verantwortung anzueignen. Das vierte Unternehmensprinzip stellt eine Analogie zu einem Schiff dar, an dem noch gebaut wird, obwohl es sich schon im Wasser befindet: Falls man unter der Wasserlinie (Waterline), also im existenziellen Bereich, ein Loch in den Rumpf bohrt, dringt Wasser ein, und das Schiff droht zu sinken. Übertragen bedeutet dies, dass man sich vor dem Ergreifen von Maßnahmen, die dem Wohl des Unternehmens schaden könnten, mit anderen Associates berät, um die Verantwortung zu teilen. Oberhalb der Wasserlinie dagegen sind neue Ideen, Initiative und Eingenverantwortung ausdrücklich erwünscht.[21]

Die Amöbenorganisation der W. L. Gore & Associates GmbH genießt international großes Ansehen: 2006 wurde die Firma von der *Sunday Times* als bester britischer Arbeitgeber gewählt und von *Capital* und dem Great-Place-to-Work-Institute zu Deutschlands bestem Arbeitgeber. Zudem belegt das Unternehmen im *Fortune Magazine* stets einen der Plätze unter den 100 besten Arbeitgebern in Amerika.[22] Die Organisationsform der W. L. Gore & Associates GmbH hat dabei auch andere Firmen überzeugt, wie zum Beispiel Kyocera, dessen Gründer Kazuo Inamori das Amöbenkonzept übernahm.[23]

Die Organisation des Terrors

Dass der Erfolg einer neuen Organisationsform wie der Amöbenorganisation auch negative Auswirkungen, in diesem Fall vor allem für die demokratisch geprägte westliche Welt, haben kann, zeigt Al-Qaida. Die Terrororganisation ist ein Beispiel für einen zwar erzwungenen, aber trotz allem erfolgreichen Wandel von einer Organisationsform zur anderen. Helmut Albert, Direktor des saarländischen Landesamtes für Verfassungsschutz, schreibt in einem Aufsatz über den Wandel der Terrororganisation Al-Qaida: »Organisationsentwicklungen lassen sich [...] nicht nur bei Wirtschaftsunternehmen und Verwaltungen, sondern auch bei Terrororganisationen feststellen: Auch Terrororganisationen müssen auf ein verändertes Umfeld – so etwa auf neue Fahndungsmethoden der Sicherheitsbehörden, bestimmte Erwartungen im Sympathisantenumfeld, vorsichtige Verhandlungsangebote des angegriffenen Staates – reagieren, wenn sie ihre politischen Ziele erreichen oder ihre Zerschlagung verhindern wollen.«[24]

Die Terrorgruppe Al-Qaida wurde 1988 gegründet und hatte ursprünglich das Ziel, die Besetzung Afghanistans durch die Sowjetunion zu beenden. Vor den Anschlägen vom 11. September 2001 war die Organisationsstruktur von Al-Qaida streng hierarchisch aufgebaut. Osama Bin Laden und seine rechte Hand Aiman Az-Zawahiri bildeten mit weiteren 100 Männern die Führungsriege, der etwa 20000 Mann unterstellt waren. Auf der untersten Stufe der Rangordnung standen die Terrorzellen in den einzelnen Ländern. Die Führung organisierte die Rekrutierung neuer Glaubenskämpfer, die Ausbildungscamps, die Finanzen, die Beschaffung von Sprengstoff, den Kontakt zu Zellen und Terrorgruppen in anderen Ländern sowie die Planung von Terroranschlägen.[25]

Mit dem Einmarsch der alliierten Truppen in Afghanistan ging die Zerschlagung der klassischen Organisationsstruktur von Al-Qaida einher. Eine hierarchische Neuformierung fand nicht statt, und Al-Qaida ist seitdem dezentral organisiert. Trotz fehlender zentraler Leitung umspannt Al-Qaida mit seinem weltweiten Netzwerk noch immer die lose miteinander verbundenen Terrorgruppen. Diese agieren heute selbstständig und übernehmen die Planung und Durchführung von Aktionen. Grundlage eines solchen Netzwerkes sind persönliche Bekanntschaften oder gemeinsam absolvierte Trainingslager. Das gemeinsame Fundament bilden die von dem im Mai 2011 von einer US-Spezialeinheit (Navy Seals) getöteten Al-Qaida-»Chef« Bin Laden geprägte Ideologie und die vorgegebenen Ziele. Al-Qaida bevorzugt ganz bewusst dieses autonome Netzwerk, um einzelnen Glaubenskämpfern Eigeninitiative und Verantwortung zu übertragen. Außerdem gibt es keinen Kommandostab und keine Zentrale mehr, die eliminiert werden könnten.[26]

Abbildung 8: Die Organisationsstruktur von Al-Qaida früher (links) und heute (rechts)

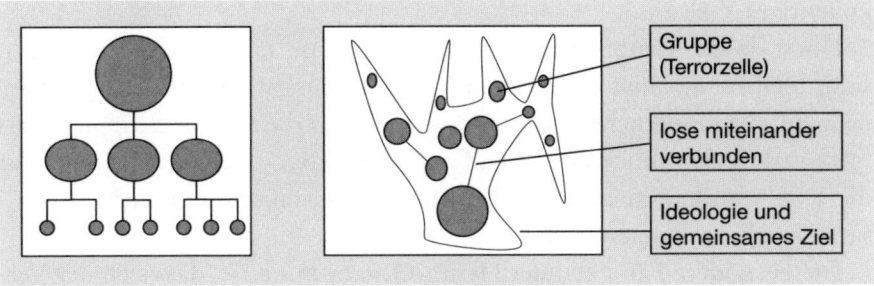

Die Hydra

Daher wird Al-Qaida in der Literatur in Analogie zur griechischen Mythologi als »Hydra« bezeichnet.[27] Die unterschiedlich großen Terrorzellen sind lose miteinander verbunden. Jedoch befinden sich alle Gruppen innerhalb eines ideologischen Gefüges und verfolgen somit auch ein gemeinsames Ziel. Selbst wenn man eine Terrorzelle bzw. einen »Kopf« der Hydra vernichtet hat, ist die Terrorgruppe Al-Qaida noch funktionsfähig. Diese Organisationsform gibt Al-Qaida eine dynamische, flexible und anpassungsfähige Struktur, die es ihr ermöglicht, trotz internationaler Verfolgung terroristische Anschläge auf der ganzen Welt zu verüben.[28]

Obwohl das Taliban-Regime, das Al-Qaida maßgeblich unterstützt hat, seine Macht in Afghanistan verloren hat und obwohl die Hälfte aller Führer von Al-Qaida verhaftet oder ermordet worden sind und viele Anschläge bereits im Vorfeld durch die Geheimdienste vereitelt werden konnten, stellt die Hydra Al-Qaida noch immer eine sehr konkrete Bedrohung für die Welt dar, und ihr wachsen im Verborgenen ständig neue »Köpfe«.[29]

Ein modernes Unternehmen?

Dem ersten Anschein nach haben die Organisation von Al-Qaida und die Strukturen der Unternehmen der Zukunft einige Gemeinsamkeiten: Es besteht ein dezentral organisiertes Netzwerk, in dem die Gruppen selbstständig agieren können. Dies bietet ein hohes Maß an Flexibilität und

Anpassungsfähigkeit. Eine gemeinsame Ideologie bzw. gemeinsame Werte umspannen dieses Netzwerk und geben den Organisationsmitgliedern ein kollektives Ziel.

Doch da die Gruppen bei Al-Qaida nur lose miteinander verbunden sind, bleiben sie auch ohne Interaktion handlungsfähig. In einem Unternehmen mit moderner Organisationsstruktur arbeiten die Gruppen eines Netzwerkes zwar auch eigenständig an Projekten, sind aber dennoch auf die Kommunikation und den Informationsaustausch zwischen Organisationseinheiten angewiesen.

Die besondere Fähigkeit der Hydra-Organisation ist, dass sich der Verlust von Zellen nicht negativ auf die Stabilität der Organisation auswirkt. Der Grund liegt in den nur sehr lose miteinander verbundenen und eigenständig agierenden Einheiten. Wollte man diese Fähigkeit in das Organisationsmodell eines Unternehmens implementieren, wäre eine wichtige Voraussetzung, dass die Organisationsmitglieder nicht voneinander abhängig sind und der Verlust von Organisationsteilen kompensiert werden könnte. Dies wäre beispielsweise in einem großen Konzern mit seinen vielen unabhängigen Unternehmen der Fall.

Organisation ohne Führung?

Marc Sageman, Senior Fellow am Foreign Policy Research Institute, ist Terrornetzwerkspezialist und war lange Jahre Mitarbeiter der CIA. Er untersucht seit 2001 Al-Qaida und ihre Strukturen. Auch er belegt in seinem Buch den radikalen Wandel Al-Qaidas »von einer zentral geführten Organisation zu einem fragmentierten Pseudo-Kollektiv ohne Kerngruppe und Regeln«.[30] Doch wie funktioniert eine solche Organisation ohne Führung?

Als eine wesentliche Veränderung der letzten Jahre beschreibt Sageman den Wandel der Art der Al-Qaida-Anhänger. Waren zu Beginn die Mitglieder Teil einer Elite, sind die meisten Sympathisanten heute »Straßenmuslime«. Die wenigen Mitglieder der Kernorganisation, nur wenige Dutzend Personen, sind in ihrer Bewegungsfreiheit stark eingeschränkt. Sie können nicht mehr – wie früher – reisen, sondern müssen sich verstecken. In den letzten Jahren wurde niemand mehr festgenommen, der Kernmitglied von Al-Qaida war. Sageman ist der Ansicht, dass die Beschreibung

Al-Qaidas als Verbund einzelner Zellen nicht zutreffend ist. »Es handelt sich vielmehr um eine lose Aggregation von Menschen, die zu einem bestimmten Zeitpunkt bereit sind, gemeinsam eine Operation, einen Anschlag durchzuführen. Es ist mehr eine fluide Szene als eine Organisation. Die Konfiguration dieser Szene ändert sich dabei ständig.«[31]

Diese Art von fluiden Strukturen lässt sich laut Sageman auch bei der Entwicklung von Beziehungen zwischen Studenten an Universitäten oder bei Menschen in neuen Nachbarschaften beobachten. Das Internet ermöglicht es heute, diese eigentlich geografisch begrenzten Netzwerke auszuweiten und sich mit Menschen zu treffen, die man sonst nie getroffen hätte. Für die alte Führung der Al-Qaida bedeutet dies einen Verlust von Kontrolle. Sie können zwar Einfluss geltend machen, aber keine Disziplin mehr durchsetzen.

Doch was bedeutet das nun für das Management »führungsloser« Strukturen? Die wichtigste Erkenntnis ist wohl, dass solche organisch gewachsenen Gruppen sich nicht von oben lenken lassen. Es geht nicht mehr um Anweisungen, sondern um eine Führung im Dialog: »Um derartige Organisationen zu beeinflussen, muss sich das ›Management‹ effizient in den Diskurs, in die Gespräche der Gruppen integrieren können. Es muss neue Ideen wachsen und sich verbreiten lassen und dabei verschiedene Meinungsführer gezielt beeinflussen.«[32]

Sageman nennt in seinem Buch »Leaderless Jihad« drei kritische Erfolgsfaktoren: Will man in einem virtuellen sozialen Netzwerk Einfluss gewinnen, muss man sich häufig zu Wort melden, die Beiträge müssen Resonanz auslösen und gemeinsame Werte thematisieren, und die Postings müssen einen Mehrwert bringen, sei es die exklusivere Information, die klarere Formulierung einer Idee oder die bessere Argumentation.[33] Wichtige Aspekte, die uns beim Thema Zukunft der Vernetzung noch beschäftigen werden.

Umweltveränderungen haben sowohl bei Al-Qaida als auch bei Wirtschaftsunternehmen einen Organisationswandel nötig gemacht. Auch wenn es einige Parallelen zwischen der Hydra-Organisation von Al-Qaida und modernen Unternehmensstrukturen gibt, wäre eine Firma, die eine reine Hydra-Organisation ist, nicht lange existenzfähig. Denn kein Unternehmen kann ohne Führung existieren, da es sonst das Risiko eingeht, im Chaos zu versinken. Dies zeigt sich besonders in wirtschaftlich schwierigen Zeiten.[34]

Spontane Selbstorganisation

Eine weitere Organisationsform, die sich an Vorgänge in der Natur anlehnt, ist das »Konzept der chemischen Ursuppe«. Es beschreibt das spontane Entstehen immer neuer Kombinationen und Strukturen aufgrund von Selbstorganisation in Analogie zu autokatalytischen Prozessen, wie sie zum Beispiel in der chemischen Evolution vorgekommen sind.[35] Grundlage dieser Theorie ist, dass komplexe Systeme, hier also die Organisation, »[...] erfolgreich darin sind, in einer veränderlichen Welt sich so zu organisieren, dass sie überleben«.[36]

Diese Eigenschaft komplexer Systeme, sich unter wechselnden Umweltbedingungen immer wieder selbst herzustellen, wird als »Autopoiesis« bezeichnet. Ein Beispiel hierfür sind die aus der Chemie bekannten autokatalytischen Prozesse: Hierbei können Moleküle in bestimmten Reaktionen als Katalysator wirken, sie liegen also nach der Reaktion unverändert vor und stehen somit wieder als Katalysator zu Verfügung. Ist die Anzahl an reagierenden und katalytisch wirkenden Molekülen in der Ursuppe hinreichend groß, können sich geschlossene Reaktionskreisläufe bilden, und es

Abbildung 9: Konzept der chemischen Ursuppe

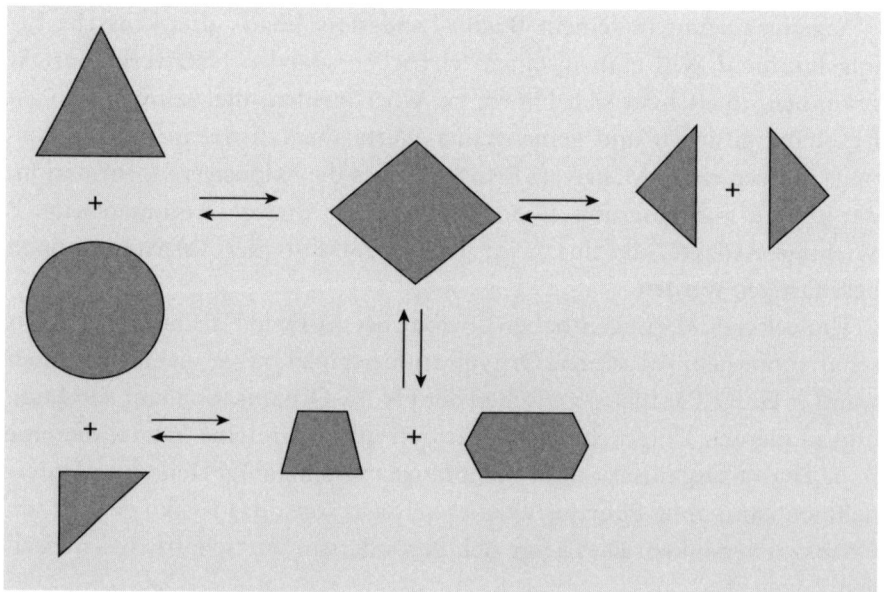

entsteht eine Selbstorganisation. In der chemischen Evolution haben sich über lange Zeiträume hinweg immer stabilere und komplexere Moleküle aufgrund von zufälligen Kombinationen ergeben.

Übertragen auf Organisationen besagt dies, dass komplexe Bedingungen ausreichend für eine autokatalytische Selbstorganisation in der jeweiligen dynamischen Umwelt sind. Arbeitsgruppen können gegenseitig als Katalysator von zum Beispiel Gedanken und Kreativität wirken und sich dynamisch organisieren, formieren und auch wieder zerfallen.[37] »Ein operational und informational geschlossenes System […] kann die Umwelt an sich nicht ›erkennen‹, sondern nur auf Impulse, Störungen, Pertubationen aufgrund der eigenen Struktur reagieren. Hat nun das System die Fähigkeit, seine Struktur zu ändern, und ändert sich tatsächlich die Struktur des Systems so, dass das System seine Autopoiesis fortsetzen kann, dann sieht das für einen Beobachter so aus, als ob das System sich an seine Umwelt ›angepasst‹ hat. […] Strukturelle Koppelung erklärt die ›Übereinstimmung‹ zwischen System und Umwelt oder auch zwischen verschiedenen Systemen.«[38]

Chaos und Ordnung

Als letztes Beispiel soll eine Organisationsform vorgestellt werden, die Chaos und Ordnung – ebenfalls ein Prinzip der Natur – miteinander verbinden will. Moderne Unternehmen, die sich als eine lernende Organisation verstehen, welche sich andauernd verändern muss, sollten sich »chaordisch« organisieren – davon ist Dee Hock, »Erfinder« der Visa-Card, schon seit über zehn Jahren überzeugt. Seine Theorie der chaordischen Organisation stellte er 1999 in seinem Buch *The Birth of Chaordic Age* vor. Die chaordische Organisation »verbindet Chaos und Ordnung harmonisch miteinander«.[39] Die Chaosforschung habe gezeigt, dass am Rande des Chaos eine sublime Art von Ordnung entstehe. »Mit Chaord meine ich jeden selbst organisierten, anpassungsfähigen, nichtlinearen komplexen Organismus. Im Verhalten dieses Organismus zeigt sich sowohl Chaos wie Ordnung.«[40]

Die Ordnung in einer chaordischen Organisation entsteht also ganz von selbst, sofern man in diesen Prozess nicht eingreift, etwa durch Controlling. Eine nach diesem Prinzip organisierte Unternehmensführung schafft die Hierarchie ab und orientiert sich nicht mehr vorrangig an Finanzquartalsberichten und Kostencontrolling, sondern stellt die Menschen in den Mittelpunkt und organisiert sich als Gemeinschaft, in der selbstbestimmt und selbstverantwortlich gearbeitet wird. »Organisationen sind nichts als mentale Konstrukte. Sie haben keinerlei Wirklichkeit außerhalb des menschlichen Geistes. Jede Institution ist eine Variante der uralten Idee von Gemeinschaft. Unsere Organisationen entsprechen unseren mentalen Konstrukten von der Welt.«[41]

Solche Konstrukte errichten Menschen zur Erreichung eines gemeinsamen Ziels. Und wenn mehrere Personen zusammen dasselbe Ziel verfolgen, sollten sie dies ohne Kontrolle und Überwachung angehen können. Hock hält nichts von der »Top-down-Perspektive« der Führungskräfte, weil das die falsche Perspektive sei. Er empfiehlt ihnen vielmehr, mindestens 50 Prozent ihrer Zeit für die Arbeit an sich selbst zu verwenden, am eigenen Charakter und der eigenen Ethik, 25 Prozent für das Führen der Vorgesetzten durch Verstehen, Überzeugen, Motivieren und Informieren, also genau wie beim Führen der Mitarbeiter, und 20 Prozent für das Führen der Gleichgestellten. »Die übrige Zeit kann man dazu nutzen, um diejenigen, für die man arbeitet – fälschlicherweise werden sie als Untergebene bezeichnet –, dazu zu bringen, dies ebenfalls zu verstehen und zu praktizieren. Kurz: Führe dich selbst, führe deine Vorgesetzten und Gleichgestellten und lass deinen Leuten freie Hand, dasselbe zu tun. Alles andere ist Blödsinn!«[42] Der Grundsatz, sich zunächst selbst zu erkennen und zu führen, bevor man andere führen kann, ist der entscheidende Grundsatz meines Konzeptes der systemischen Führung.

Ein Topf Spaghetti

Nach einem ähnlichen Prinzip wie die durch Chaos entstehende Ordnung funktioniert die sogenannte »Spaghetti-Organisation«. Das Bild: Man wirft alle Spaghetti in einen Topf, und die einzelnen Teile ordnen sich nach dem Zufallsprinzip an und bilden am Ende eine funktionierende Einheit – eine gute Mahlzeit auf meinem Teller. In der Unternehmenswirklichkeit wird bei dieser Form der Organisation die Hierarchie in einer Firma vollständig aufgelöst.

Ein Beispiel für den Versuch, eine solche Organisationsstruktur in der

Praxis umzusetzen, ist der dänische Hörgerätehersteller Oticon, der 1994 quasi über Nacht die gesamte Struktur der 120-köpfigen Firmenzentrale in Kopenhagen aufgelöst und neu organisiert hat. Individuelle Arbeitsplätze und Arbeitsmittel wurden abgeschafft, es gab keine eigenen Büros oder Schreibtische und auch keine eigenen PCs mehr. Ein Zustand, der für viele heute kaum mehr vorstellbar ist, denn fast jeder hat seinen eigenen kleinen Computer in Form eines Handys immer dabei. Oticon implementierte ein neues Architekturkonzept, eine innovative technische Infrastruktur und neue Formen der Zusammenarbeit. Bezugspunkt ist stets der Kunde, und für diesen entwickeln die Mitarbeiter ein ganzheitliches Projekt von der Produktentwicklung bis hin zur Marktreife.[43]

Doch ganz ohne Struktur geht es auch bei dieser Organisationsform nicht: Für jedes Projekt gibt es im zehnköpfigen Führungsteam einen verantwortlichen Manager und einen Promoter, die das Projektteam bei der Arbeit unterstützen, Kontakte vermitteln und Türen öffnen. Die Mitarbeiter genießen ein hohes Maß an Flexibilität und Eigenverantwortung. Es gibt keine festen Arbeitszeiten oder eine Anwesenheitspflicht. Jeder wird nur nach der Erreichung der gesetzten Ziele beurteilt, nicht danach, wie lange er dafür gebraucht hat. Die Mitarbeiter sind in einem Ressourcenpool versammelt, und jeder kann sich für die Projekte innerhalb der Firma bewerben, die ihn interessieren. Gewünscht ist zudem eine Erweiterung des Horizonts, indem der Ingenieur auch an der Marketingstrategie mitarbeitet und für die Kundenkorrespondenz zuständig ist. Besonders wichtig bei Oticon ist die Nähe der Projektmitarbeiter zueinander und die große Bedeutung, die der Face-to-Face-Kommunikation beigemessen wird.[44]

Zunächst positiv aufgenommen und gemessen an der Vielzahl neuer Produkte und Innovationen sehr erfolgreich, stellte sich im Laufe der Zeit jedoch heraus, dass diese »Spaghetti-Organisation« auf Dauer nicht funktionieren konnte. Durch die fehlenden Hierarchien war den Mitarbeitern die Wichtigkeit ihrer Arbeit nicht mehr vermittelbar. Der große Entscheidungsspielraum reichte allein als Motivation nicht aus. Den Mitarbeitern fehlten zudem monetäre Leistungsanreize, und die Verwerfung vieler Projekte wirkte ebenfalls eher demotivierend. Oticon zog daraus seine Lehren und erweiterte das Organisationsprinzip um »Competence-Center«, die zwischen den Projekten agieren. Auch die Beständigkeit von Projektteams wurde wieder gesteigert und diese in einen hierarchischen Rahmen eingeordnet.[45]

Dieses Beispiel zeigt, dass Organisationsstrukturen sich stetig verändern müssen, wenn sie den Zweck, für den sie geschaffen wurden, nicht mehr erfüllen. Außerdem wird klar, dass eine Organisation ganz ohne Hierarchien und Menschen mit Führungskompetenz, die Visionen weitergeben, den Mitarbeitern zuhören und diese unterstützen, nicht existieren kann. Welche Probleme flache Hierarchien durch starke Dezentralisierung von Unternehmen mit sich bringen können, hat Stefan Kühl in seinem Buch *Wenn die Affen den Zoo regieren* anhand von Beispielen anschaulich dargestellt.[46]

Heterarchien

Wenn man sich mit der Verringerung von Hierarchien in Unternehmen und deren Sinnhaftigkeit beschäftigt, muss auch das Organisationsprinzip der Heterarchie näher beleuchtet werden. Hier spielen sowohl Merkmale, die in den Organisationsformen der Natur wiederzufinden sind, als auch die für Netzwerkorganisationen entscheidenden Merkmale eine Rolle.

Geprägt wurde der Begriff der »Heterarchie« als Gegenteil von »Hierarchie« 1945 von dem amerikanischen Neurophysiologen und Kybernetiker Warren McCulloch im Zusammenhang mit neuronalen Netzwerken: Eine Theorie zur Signalweiterleitung zwischen Neuronen in neuronalen Netzwerken geht von einer heterarchischen Kommunikationsstruktur aus.[47]

Gilbert Probst, Professor für Unternehmensorganisation an der Universität Genf, griff 1992 das Prinzip der Heterarchie auf und machte sich über eine heterarchische Organisationsstruktur Gedanken: Er entwickelte das Prinzip der selbststeuernden Organisation, in der jeweils einer der lose miteinander gekoppelten und spezialisierten Organisationsbereiche für eine bestimmte Zeit eine Steuerungsfunktion übernimmt. Die direkte Abstimmung der Einheiten untereinander geschieht durch moderne Kommunikationstechnologie und auf Basis geteilter Werte und Normen. Hierbei trifft es diejenige Gruppe im Organisationsgefüge, die je nach Situation und Aufgabe die höchste Qualifikation und die meisten Ressourcen mitbringt.

Somit gibt es in einer Heterarchie kein dauerhaftes Macht- und Koordinationszentrum, sondern viele Entscheidungszentren. Die Koordination übernehmen unterschiedliche Unternehmenseinheiten. Dies setzt eine umfassende Informationsvernetzung voraus, um eine Informations-

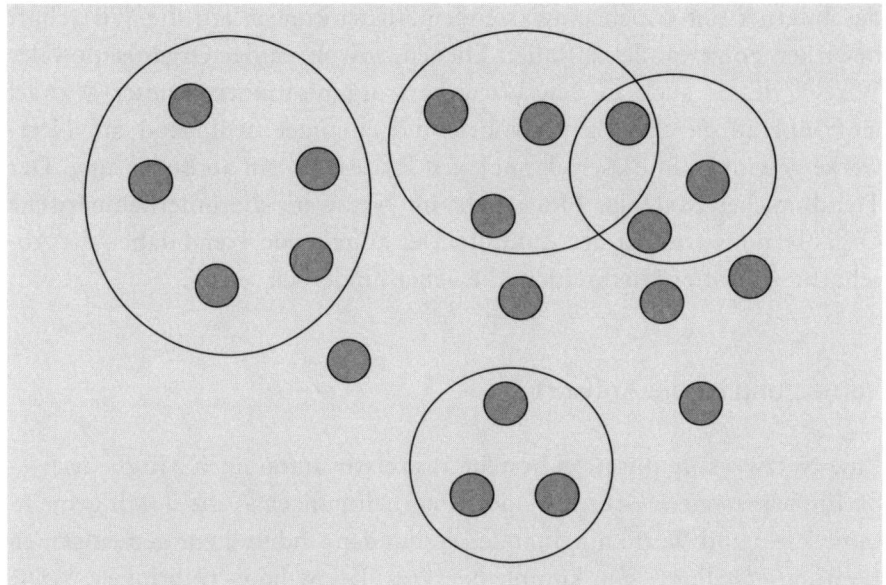

teilung (das heißt geteiltes Wissen über die zentralen Strategien und Ziele) über die gesamte Organisation zu erreichen. Das Gefüge entwickelt sich problemorientiert, in Abhängigkeit von der Aufgabenstellung auch mit unternehmensexternen Akteuren. Dadurch weist diese Organisationsform einen sehr hohen Grad an Flexibilität auf und kann sich schnell veränderten Umweltbedingungen anpassen.[48] Fischer schreibt: »Heterarchie ist als funktionale und temporäre, als fluktuierende Hierarchie begreifbar, deren Autorität nicht selbstlegitimiert ist wie bei der Hierarchie, sondern sich aufgrund von besserer Information konstituiert.«[49]

In heterarchischen Organisationen gibt es keinen formellen Chef, sondern einen spirituellen Führer. Ein Beispiel dafür ist Al-Qaida mit den vielen einzelnen Terrorzellen dieser Organisation.

2.3 Kleeblattorganisation und virtuelle Unternehmen

Ein wesentliches Merkmal von Organisationsformen, die sich an der Natur orientieren, sind ihre Netzwerkeigenschaften. Die sich ständig wandelnden und komplexen Rahmenbedingungen im weltweiten Handel und das Internet mit seinen umwälzenden Auswirkungen auf die Wirtschaft bewirken Folgewandel auf allen Ebenen, sowohl in der Organisation der Wirtschaft als auch in den Wirtschaftsorganisationen. Dieser Wandel läuft überall gleichzeitig verwoben und einander bedingend ab. Netzwerke gewinnen in diesem komplexen Prozess enorm an Bedeutung. Der Trendforscher Matthias Horx sieht im Netzwerk die unternehmerische Organisationsstruktur der Zukunft. Der anhaltende Trend dabei: die Abschaffung straffer Hierarchien, die »eher hinderlich seien«.[50]

Vernetzung ist die Antwort

Eine Netzwerkorganisation besteht aus relativ autonomen Mitgliedern – ob Einzelpersonen, Gruppen oder Unternehmungen –, die durch gemeinsame Ziele und Werte miteinander verbunden sind und zur gemeinsamen Leistungserstellung ein komplementäres Know-how einbringen.[51] Die Zwecke und Ziele dieser unternehmerischen Form der Zusammenarbeit sind denen sozialer Netzwerke vergleichbar. Wesentliche Unterschiede: Die rein wirtschaftliche, sprich materielle Beschaffenheit und die Stringenz, mit der ökonomische Netzwerke auf effektives Funktionieren und Resultate ausgerichtet sind.

Netzwerkorganisationen sind die Antwort auf die veränderten Wirtschaftsbedingungen. Die globalisierte Wirtschaft ist eine weltweit zusammenhängende, in vielfältigen Abhängigkeiten verflochtene Wirtschaft, in deren Folge der Kosten- und Wettbewerbsdruck immer weiter zu- und die Marktchancen gleichzeitig abnehmen. Also müssen die Unternehmen reagieren, mit Veränderung und Anpassung: mehr Flexibilität, mehr Investition in Innovation und Nutzung neuer Chancen der regionalen Konzentration, die im Fahrwasser der Globalisierung entstehen. Die Etappenziele lauten Abbau der traditionellen Hierarchiestrukturen, Analyse von Produktionsabläufen und -kosten, gebündeltes Know-how auf interner und externer Ebene – sprich: die konzentrierte Wirtschaftsorganisation mit Vor-Ort-Vernetzung.

Eines der Mittel auf diesen Wegen der Weiterentwicklung ist die Netzwerkorganisation, die intern und extern umgesetzt wird. Ein internes Netzwerk setzt sich zusammen aus organisatorischen Einheiten der Firma.

Es gibt keine hierarchische Über- oder Unterordnung im formell organisatorischen Sinn; das interne Netz lebt durch direkte und intensive Beziehungen zwischen den Mitgliedern gleicher und unterschiedlicher Ebenen. Die Teamarbeit steht im Vordergrund.

Externe Netzwerke

Externe Netzwerke sind Zusammenschlüsse aus mehreren rechtlich selbstständigen Unternehmen zur effektiveren und kostengünstigeren Erfüllung von Aufgaben auf verschiedenen Ebenen. Manche ergeben sich aus einer anfänglich einfachen Kooperation zwischen zwei Firmen. Die Beteiligten vereinbaren vertraglich eine Zusammenarbeit auf Zeit, wobei jedes der Unternehmen seine Kernkompetenz einbringt. Der Mehrwert eines solchen Zusammengehens besteht darin, dass die gemeinsame Leistungsfähigkeit größer ist als die Summe der Einzelleistungen, weil die einzelnen Stärken zusammenwirken können, aber gleichzeitig die Autonomie jedes der Partner gewahrt wird. Nicht nur die gemeinsame Verwertung von Know-how, sondern auch Risikominimierung oder die Durchsetzung von Standards sind Ziele solcher »interorganisationalen« Netzwerke.

Man unterscheidet außerdem zwischen stabilen und dynamischen Netzwerken. Beispiele für die stabile Variante gibt es in der Automobilindustrie: Eine führende Herstellerfirma vernetzt sich mit Zulieferern zu langfristig angelegten Partnerschaften. Eine Untervariante hierbei sind strategische Netzwerke, die sich auf bestimmte Bereiche beschränken, zum Beispiel Marketing oder Forschung und Entwicklung. Dynamische Netzwerke bilden sich auftrags- oder projektbezogen. Sie werden auch als »virtuelle Organisation« bezeichnet, die später noch Gegenstand dieses Buches sein wird. Die Zusammenarbeit basiert auf dem Wissen, dass die gemeinsame Nutzung der diversen Know-how-Pools sich zum ökonomischen Vorteil aller Beteiligten potenziert.

Netzwerkorganisationen haben Systemcharakter: Es entsteht jeweils ein neues soziales System mit einer ihm eigenen Entwicklungsdynamik und einer gewissen Unberechenbarkeit. Solche Zusammenschlüsse können nur funktionieren, wenn die Beteiligten zur offenen Kommunikation und zum vertrauensvollen Austausch von Wissen und Informationen bereit sind. Der große Koordinations- und Kommunikationsaufwand erfordert den Einsatz von modernen Technologien und deren Kompatibilität: leistungsfähige Datennetze, gemeinsame Datenbanken und Verwendung der gleichen Software.

Der wichtigste Grund, eine Netzwerkorganisation zu bilden, ist auf einen schlichten Nenner zu bringen: Gemeinsam sind wir stärker. Konkret profitieren die Partner unter anderem in Form von Kostensenkungen, schnellerer Anpassungsfähigkeit, Risikominderung durch die Verteilung auf mehrere »Schultern«, Know-how-Zuwachs und besserer Kapazitätsauslastung. Und im Fall einer erfolgreichen Bilanz der Zusammenarbeit kommt auf der »Habenseite« die Rückgriffmöglichkeit auf zuverlässige Partner beim nächsten Projekt dazu.

Aber auch mögliche Nachteile der externen Netzwerkorganisation müssen in die Planung einer solchen Kooperation einbezogen werden. Es entstehen Extrakosten und zusätzlicher Zeitaufwand durch die notwendige laufende Abstimmung der Beteiligten. Das Unternehmen ist abhängig von Qualität und Zuverlässigkeit der Partner. Zudem besteht die Gefahr eines Know-how-Verlustes und unfreiwilligen Technologietransfers bis hin zum Technologiediebstahl. Auch können Differenzierungsmerkmale einer Firma verloren gehen, beispielsweise bei Systembauteilen, die von Zulieferern mehreren Unternehmungen parallel geliefert werden.[52]

Lebendige Systeme

Netzwerke, intern oder extern, sind Gebilde besonderer Art: lebendige, soziale, offene Systeme, die gerade wegen ihrer erwünschten Flexibilität auch zur Instabilität neigen. »Networking« ist das Herstellen einer sozialen Infrastruktur, und die Hauptaufgabe der Führungskräfte solcher Netzwerkorganisationen ist die Beziehungsorganisation: die Pflege des Miteinanders der beteiligten Akteure. Dabei verändern sich Netzwerke laufend und lassen sich nicht bis ins Detail planen und mittels starrer Pläne dirigieren. Die Verantwortlichen sollten daher unbedingt über Erfahrung, Professionalität und Geduld verfügen und selbst flexibel handeln können.

Die Errichtung und Erhaltung dieser sozialen Infrastrukturen erfordern, ähnlich wie bei materiellen Netzwerken, einen beträchtlichen Aufwand und Einsatz von Ressourcen. Große und komplexe Netzwerke werden daher nicht von einzelnen Akteuren errichtet, sondern brauchen das langfristige und komplexe Zusammenspiel einer Vielzahl und Vielfalt von Beteiligten. Netzwerke benötigen für ihr Entstehen sehr viel Zeit. Die Verbindung zwischen den Gliedern des Netzwerks ist loser als in Kooperationen, die Verbindlichkeit geringer. Doch gleichzeitig bilden Netzwerke gerade aufgrund ihrer besonderen Eigenschaften einen Nährboden für die Gründung neuer Unternehmen und Unternehmenskooperationen. Sie sind sowohl flexibel als auch instabil, erfordern und fördern eine offene Kommunikation und einen regen Informations- und Wissensaustausch. Sie ermöglichen Trial-and-Error-Verfahren, bieten neue Erfahrungen mit Lerneffekten und die Aufhebung üblicher Hierarchiestrukturen.

Das Kleeblatt

Managementdenker Charles Handy, Professor für Managementpsychologie an der London Business School, stellte in seinem 1989 erschienenen Buch *The Age of Unreason* seine Kleeblattorganisation vor, die ebenfalls mit einer Netzstruktur arbeitet und bereits eine Vielzahl der Merkmale einer Netzwerkorganisation aufweist. Handy verwendete als Symbol das irische Nationalemblem, das Shamrock (dreiblättriges Kleeblatt), welches für die Iren die heilige Dreifaltigkeit symbolisiert: »A shamrock, I pointed out, was three leaves that still remained one leaf, which was why St. Patrick used it to describe the Christian doctrine of the Trinity – three Gods in one God.«[53]

Das erste Blatt bezeichnet den professionellen Kern der Organisation, bestehend aus Facharbeitern, Technikern und dem Management. Hier konzentrieren sich nach Handy die differenzierenden Kenntnisse und Fähigkeiten des Unternehmens. Die sehr gute Entlohnung der Mitarbeiter wird hier begleitet von einer Forderung nach außerordentlichen Leistungen, Flexibilität und Einsatz.[54]

Das zweite Blatt repräsentiert die Spezialisten, deren Leistungen über den Markt kostengünstiger beschafft werden können, also Mitarbeiter in Unternehmen, die über vertragliche Bindung, aber nicht mehr in Vollzeit für das Unternehmen oder andere tätig sind. Dies umfasst Materialien, aber auch Dienstleistungen wie zum Beispiel Schulungen, die Verpflegung der Mitarbeiter in einer Kantine, die Reinigung von Maschinen und Wartungs- und Instandhaltungsarbeiten für das Unternehmen. Die Entlohnung dieser Material- und Dienstleistungen findet nach Aufgabenstellung und nicht nach Zeit statt.

Das dritte Blatt repräsentiert für Handy die flexiblen Arbeitskräfte, bei uns zum Beispiel die sogenannten Zeitarbeiter, die von den Unternehmen nur bei Bedarf und für die Dauer des Bedarfs angeworben werden. Das Management darf diese Gruppe trotzdem nicht als belanglos und leicht ersetzbar betrachten, da sich sonst die Kosten unter anderem in Form von Qualitätsmängeln niederschlagen können.

Handy erwähnt noch ein viertes Blatt, das sich im Wachsen befindet, und meint damit den Kunden, der ein Produkt erwirbt, aber auch Dinge selbst tut, die ebenfalls als Dienstleistung existieren. Der Mensch, der seine Banküberweisungen selbst tätigt, die Einkäufe im Laden allein verpackt und an der Tankstelle selbst das Benzin zapft, ist nach Handy Mitglieder des vierten wachsenden Blattes seiner Kleeblattorganisation.[55]

Föderalismus

Die Macht ist bei der Kleeblattorganisation nicht in der Zentrale konzentriert. Handy beschreibt das Entstehen von föderalen Organisationen, in denen sich Wissen und Kenntnisse in den Teilorganisationen, den Kleeblättern, konzentrieren. In diesen wird auch über die Strategie und zukünftige Investitionen entschieden. Die Zentrale übernimmt nur noch unterstützende Funktionen für die Teilorganisationen, wenn es zum Beispiel um die Entscheidung über Großinvestitionen, Entwicklungsinvestitionen oder die Ernennung von Spitzenkräften geht. Das Zentrum hat vor allem die Aufgabe, eine Vision zu formulieren und diese zu erhalten.

Als Beispiel für eine föderale Organisation nennt Handy Universitäten, die auf der einen Seite eine zentrale Verwaltung besitzen und auf der anderen einzelne Fachbereiche haben, die jeweils selbstständig agieren. Für das Gelingen einer solchen Organisationsstruktur sind zwei Faktoren verantwortlich: Subsidiarität und Erweiterungsdrang. Es ist zunächst ein großes Vertrauen der Zentrale in ihre föderalen Teile notwendig. Kontrollfunktionen müssen an die Teilorganisationen abgegeben werden, und man muss ihnen genügend Zeit lassen, um die erforderlichen Kenntnisse und Fähigkeiten zu entwickeln.

Die föderalen Teilorganisationen müssen zudem stets danach drängen, ihren Aufgabenbereich zu erweitern und auszudehnen. Handy verwendet als Bild einen invertierten Donut. Das heißt, ein Mitarbeiter und seine Stellenbeschreibung symbolisieren die gefüllte Mitte des sonst mit einem Loch versehenen Donuts. Diese ist umgeben von einer Art Ring, dem sogenannten Torus. Dieser »Rettungsring« symbolisiert den freien Raum, in den hinein sich der Mitarbeiter entfalten kann, indem er Aufgaben außerhalb seines Jobprofils übernimmt.[56] Während traditionelle Unternehmen durch enge Aufgaben- und Arbeitsbeschreibungen charakterisiert sind, kennzeichnen sich Handys föderale Organisationen durch entsprechend flexible Aufgaben- und Arbeitsstellungen aus.

Virtuelle Kooperation

Der Begriff des virtuellen Unternehmens, ebenfalls eine Form der Netzwerkorganisation, ist in Anlehnung an die virtuelle Speichertechnik in der Informatik entstanden: Durch das geschickte Steuern von Informationsflüssen zwischen dem vorhandenen Hauptspeicher und einzelnen Pagingbereichen auf den Platten können durch den virtuellen Speicher zusätzliche Ressourcen im System gespart werden. Bei den virtuellen Unternehmen will man – in Analogie zum virtuellen Speicher – den Aufbau zusätzlicher Institutionen vermeiden.[57]

Aus einem Pool verschiedener, rechtlich unabhängiger Betriebe schließen sich geeignete Firmen zu einem virtuellen Unternehmen zusammen, um sich bietende Wettbewerbschancen zu nutzen. Gemeinschaftlich produzieren die kooperierenden Firmen das Produkt für die Kunden. So kann jedes Mitglied, also jeder Betrieb des virtuellen Unternehmens, seine Stärken, sein Wissen und seine Technologie einbringen, um auf den Märkten flexibel agieren zu können. Dies klingt zunächst genauso wie bei einer Kooperation verschiedener Firmen. Der Unterschied beim virtuellen Unternehmen ist, dass man keine Infrastruktur in Form von Gebäuden oder Ähnlichem benötigt. Entscheidend für den Erfolg ist allein die hochtechnologisierte Informations- und Kommunikationinfrastruktur zur Koordination der einzelnen Firmen. Ändert sich der Markt oder ist das Produkt für den Kunden erstellt worden, kann sich die Organisationsallianz rasch wieder auflösen, ohne dass reale Verwaltungsstrukturen abgeschafft werden müssen.[58]

Abbildung 11: Virtuelles Unternehmen

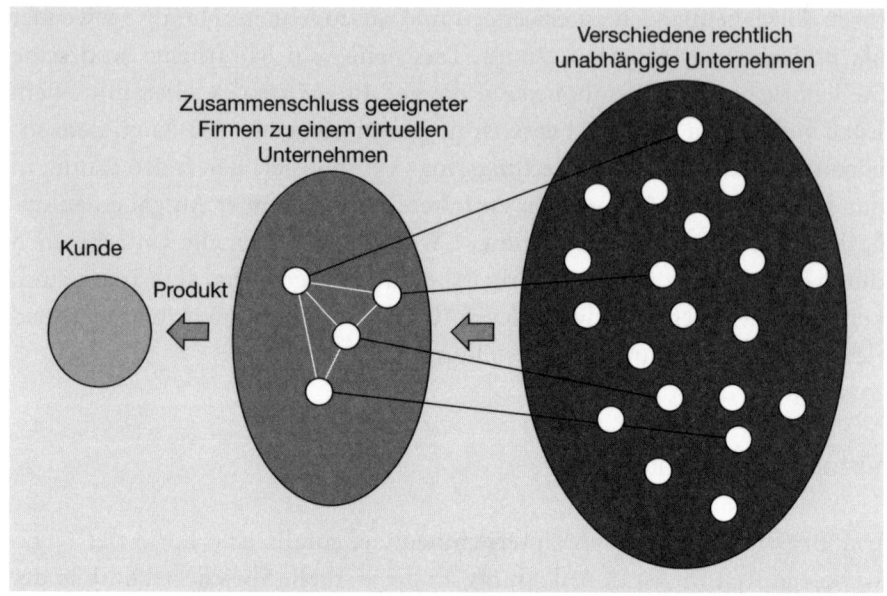

John A. Byrne stellt das hohe Maß an Flexibilität eines virtuellen Unternehmens wie folgt dar: »It will neither have central office nor organization chart. It will have no hierarchy, no vertical integration. Instead proponents say this new, evolving corporate model will be fluid and flexible – a group of collaborators that quickly unite to exploit a specific opportunity.«[59] Für ein einzelnes Unternehmen wäre es problematisch, durch Übernahmen oder Fusionen das notwendige Know-how zu erlangen, da dies mit hohen Kosten und Risiken verbunden wäre. Durch den virtuellen Zusammenschluss mit anderen Firmen hingegen können die Kosten, die Risiken und das Wissen geteilt werden. Jedoch müssen in einem virtuellen Unternehmen leistungsstarke Kontrollmechanismen integriert werden, um eine zielgerichtete und effiziente Koordination zu erreichen.[60]

Der Zusammenschluss von unterschiedlichen Firmen zu virtuellen Unternehmen ermöglicht es, durch die Kombination von Ressourcen (materiellen und immateriellen) eine umfassende und qualitativ hochstehende Leitung zu erbringen. Die gemeinsame Nutzung von Ressourcen verspricht zudem ein großes Einsparungspotenzial. Deshalb sieht David Brütsch die Virtualisierung von Unternehmen als einen vielversprechenden Weg, in einem dynamischen Umfeld zu handeln.[61] Grundsätzlich kann zum Beispiel bei Open-Source-Projekten wie Linux oder Open Office, Konkurrenzprodukten zu Microsofts Betriebssystem und seiner Office-Software, von virtuellen Unternehmen gesprochen werden.

Jörg Riske weist auf das Problem hin, dass mit der virtuellen Unternehmensorganisation teilweise sehr unrealistische und jeglicher betriebswirtschaftlichen und volkswirtschaftlichen Realität entbehrende Zielsetzungen und Erwartungen in Verbindung gebracht werden. Er zitiert Semich und William, die träumen: »Wäre es nicht wunderbar, wenn Sie ein wirklich gewinnträchtiges Unternehmen betreiben könnten, ohne die Arbeit zu tun? Sie würden sich damit begnügen, ein großartiges neues Produkt auszudenken oder eine Idee zu kaufen, und dann nur noch den ganzen Prozess orchestrieren. Die Arbeit würden Konstruktionsbüros, Komponentenlieferanten, Montagebetriebe, Distributoren verrichten, die sich am Bedarf der Kunden orientieren.«[62] So einfach dürfte es wohl nicht sein. Auch wenn man eine gute Geschäftsidee hat und sich im World Wide Web die Menschen sucht und zusammenbringt, die diese in die Tat umsetzen, so ist es noch immer erforderlich, die Kommunikation entsprechend zu unterstützen, mit den Mitarbeitern in Kontakt zu bleiben, Fortschritte zu prüfen und die betriebswirtschaftliche Seite der Kosten im Auge zu behalten.

Zusammenarbeit ohne Grenzen

Erfolgreiche virtuelle Netzwerke zeichnen sich durch ein offenes, transparentes Miteinander aus. Ihre Basis ist der freie Austausch und Zugang zum gegenseitigen Know-how. Diese Eigenschaften bergen ein riesiges Potenzial für die Weiterentwicklung von Wirtschaft und Gesellschaft. Der Internetvisionär Don Tapscott und sein Kollege Anthony D. Williams beschreiben in ihrem Buch *Wikinomics. Revolution im Netz,* wie das Internet die Zusammenarbeit zwischen Menschen untereinander und zwischen Organisationen revolutioniert: »Wir treten in ein neues Zeitalter ein, wo die Menschen in einer Weise am Wirtschaftsgeschehen teilnehmen wie nie zuvor. Noch nie hatten Einzelne die Macht und die Gelegenheit, in losen Netzwerken Gleichgestellter und Gleichgesinnter (›Peers‹) zu kooperieren und Waren und Dienstleistungen kontinuierlich und in konkret fassbarer Form herzustellen.« Diese neue kooperative Weltökonomie auf der Grundlage des Internets nennen die Autoren »Wikinomics«.[63]

Die Botschaft ist altbekannt: Gemeinsam mit anderen schaffst du mehr als allein. Doch Wikinomics geht noch darüber hinaus. Hier lernt man voneinander und hilft sich gegenseitig, sogar wenn man Konkurrent oder Mitbewerber ist. Gemeinsames Tun und das Zusammengehen für ein bestimmtes Ziel stehen im Vordergrund. Der Grundgedanke ist die Teilhabe der Menschen an der Wirtschaft. Die Vision beschreiben Tapscott und Williams so: »Wir werden unsere eigene Volkswirtschaft: ein großes, globales Netzwerk spezialisierter Produzenten, die Dienstleistungen in den Bereichen Unterhaltung, Versorgung und Lernen hin und her schieben und untereinander austauschen. Eine neue ökonomische Demokratie entsteht, in der wir alle eine Führungsrolle einnehmen.« Und damit sind wir wieder beim Managementvordenker Peter F. Drucker, der bereits in den 50 Jahren geschrieben hat, dass wir in der Wissensgesellschaft alle »Unternehmer unserer selbst« werden.[64]

Crowdsourcing – der Hype um Begriffe

Immer neue Begriffe für Kommunikations- und Organisationsstrukturen tauchen auf, sei es die Hybride Organisation, das Virtuelle Unternehmen, Begriffe wie Crowdsourcing und Web 2.0, gefolgt von Enterprise 2.0 und dem neuesten Trend in Sachen Namensgebung: Cloud-Computing. Allein über das »Enterprise 2.0« sind seit 2008 mehr als 20 Bücher erschienen, die diesen Ausdruck oder auch den des »Web 2.0« in ihrem Titel tragen.

Seit Jahren bekannt ist der Begriff des Outsourcing. Unternehmensteile oder Aufgaben werden ausgelagert, um Kosten zu sparen. Wie bei Handys Kleeblattorganisation werden bestimmte Leistungen nicht mehr selbst produziert bzw. ausgeführt, sondern zugekauft.

Ein neues Phänomen bzw. eine neue Wortschöpfung aus dem Begriff Outsourcing ist das sogenannte »Crowdsourcing«. Geprägt wurde der Begriff 2006 von Jeff Howe und Mark Robinson, Autoren des *Wired Magazine*. Christian Papsdorf definiert Crowdsourcing als »die Strategie des Auslagerns einer üblicherweise von Erwerbstätigen entgeltlich erbrachten Leistung durch eine Organisation oder Privatperson mittels eines offenen Aufrufes an eine Masse von unbekannten Akteuren, bei dem der Crowdsourcer und/oder die Crowdsourcees frei verwertbare und direkte wirtschaftliche Vorteile erlangen«.[65]

Ulrich Winkler kritisiert in seinem Buch *Effiziente Grenzen der Unternehmung* den Hype um neue Organisationsformen, die teilweise allein durch ihre neue Bezeichnung populär geworden sind. Willian H. Davidow und Michael S. Malone hatten den Begriff des »virtuellen Unternehmens« mir ihrem Buch 1993 bekannt gemacht, doch Winkler stellt fest: »Am Rande sei bemerkt, dass alle Grundgedanken der Arbeit von Davidow und Malone (vielleicht mit Ausnahme des Fokus auf die Informationstechnologie) sich bereits bei Charles Handy drei Jahre früher finden und bei ihm unter dem Begriff der ›Shamrock Organziation‹ firmieren.«[66]

2.4 Die Vernetzung der Welt

Das World Wide Web, das größte und revolutionärste Kommunikationsnetzwerk, das die Welt je gesehen hat, bewirkt Umwälzendes: Es entsteht eine neue Lebenswelt, in der soziales Miteinander und Emotionalität besondere Bedeutung haben. Das Networking im Internet wird zur Überlebensstrategie im Informationszeitalter für Handel, Business und Wirtschaft ebenso wie für das private Dasein – davon ist man im Zukunftsinstitut des Trendforschers Matthias Horx überzeugt: »Eine neue Kultur des Teilens und der Teilhabe entsteht aufgrund der Innovationsdynamik des Web 2.0 – sie findet aber nicht nur in der virtuellen Welt statt. Die starken Partizipationsenergien des Web 2.0 sind längst keine isolierten Medienphänomene mehr, sondern verändern Wirtschaft und Gesellschaft.«[67]

Die Psyche und mit ihr das Fühlen sind die Basis jeden Handelns, jeder Entscheidung und somit auch der sozialen Tätigkeit des Netzwerkens. Jeder Beteiligte erfährt unterschiedlichen Profit durch die Beziehungspflege in Form von Kommunikation und Austausch im weitesten Sinn. Wenn ein Pionier des virtuellen Networking wie Andreas Lutz findet, es sei nicht ratsam, Privates und Berufliches beim Networking streng zu trennen; wenn er seiner Überzeugung Ausdruck gibt, dass die Beziehung im Vordergrund stehe und dass das auch entscheidend sei, dann spricht er von den emotionalen Aspekten des Networking. Ganz richtig hat er in einem Interview formuliert: »Ein Netzwerk bietet uns Sicherheit, die an anderen Stellen verloren gegangen ist.«[68]

Das virtuelle Networking mag immer mehr zunehmen, doch letztlich ist der persönliche Kontakt unverzichtbar, wenn man bestmögliche Resultate der Netzwerkarbeit erzielen will. Dies gilt vor allem auch für die Führung von sozialen Netzwerken und virtuellen Unternehmen.

So alt wie die Menschheit

Das Leben privat und beruflich zu organisieren bedeutet zuallererst, Kontakt zur Umwelt aufzunehmen. Der Mensch kann nur »vernetzt« existieren, auf materieller ebenso wie auf geistiger Ebene. Sein Gedeihen ist bereits im Mutterleib abhängig vom Verhalten der Schwangeren, nach der Geburt jahrelang von der physischen und psychischen Versorgung durch die Bezugsperson(en) und später von der Integration als Individuum in das gesellschaftliche Gesamtnetzwerk. Ein Mensch kann sich seines »Ich« nur bewusst werden durch die Wahrnehmung des anderen, der Mit-Menschen. Wir sind grundsätzlich sozial konzipierte Wesen, jeder von uns braucht Kontakte, Beziehungen und Verbindungen zu seinesgleichen. Soziale Netzwerke begleiten den Einzelnen von Anfang an: erst die Familie, später dann auch die Spiel- und Schulkameraden, Kommilitonen, Kollegen und Mitarbeiter, Geschäftspartner und natürlich Freunde.

Die soziale Verbindungsform des Netzwerks ist also so alt wie das Leben, auch wenn sich die Bezeichnung dafür der Gesellschaftsentwicklung anpasst. Was man früher mit »gute Beziehungen«, »Kontaktpflege« oder abwertend mit »Vitamin B«, »Klüngel« oder »Vetternwirtschaft« bezeichnete, nennt man heute »Netzwerk(en)« oder »Networking«. Kommunikation und das Knüpfen von Beziehungen verändern sich rasant, weil sich die Welt in unglaublichem Tempo verändert.

Veränderung durch Technologie

Wer kann sich heute noch die Kommunikationsbedingungen und -zeiträume vorstellen, die vor der Erfindung des World Wide Web galten? An die scheinbar Lichtjahre entfernten Tage, da Informationen nur umständlich über aufwendige und zeitraubende Wege zu bekommen waren? Als man nicht eben mal einen Begriff »googeln« konnte, um nach Sekunden ein tausendfaches Linkangebot auf dem Bildschirm zu haben, sondern sich höchstpersönlich in eine Bibliothek bemühen oder Adressen herausfinden musste, zu denen man dann telefonisch oder per Brief Kontakt aufnahm mit der Bitte um Unterlagen, die dann Tage oder Wochen später per Post kamen?

Das Faxgerät erschien revolutionär, weil es eine unglaubliche Zeitersparnis brachte. Ein Nachteil der ersten Kommunikation per Fax: Sie funktionierte lange nur mit Thermopapier, das man nicht archivieren konnte. Das hieß gegebenenfalls Zeit, Geld und Platz für Fotokopien aufwenden, wobei deren Qualität ebenso wie die der späteren Papierfaxdokumente aus heutiger Sicht unannehmbar erscheint. Inzwischen fragen wir uns: Wie konnten wir je ohne Internetanschluss auskommen? Mit dem Internet veränderte sich auch die Kommunikation an sich, nicht nur in Bezug auf die Geschwindigkeit, sondern auch mit Blick auf Qualität, Quantität und Modalität. Kaum einer hätte gedacht, dass man im Geschäftsleben und auch im privaten Bereich lieber eine E-Mail tippen als telefonieren würde.[69] Im Privatleben häufig eine Alternative zur E-Mail ist die SMS. Laut des Hightech-Verbandes Bitkom versandten die Deutschen 2009 pro Sekunde rund 1 100 SMS, was jährlich durchschnittlich 420 SMS pro Person bedeutet.[70]

Die beschleunigte und verkürzte digitale Kommunikation bietet viele Chancen und Vorteile, birgt jedoch auch Risiken. Täglich müssen wir aus der Daten- und Mitteilungsflut auf PC, Handy, iPad oder Organizer das Wichtige herausfiltern. E-Mail und SMS werden schnell zu gefährlichen Zeitfressern und können ein Gefühl der »Überflutung« auslösen. Mit der Medienvielfalt muss auch die Medienkompetenz wachsen. Darüber hinaus können Datenströme keine Emotionen transportieren. Ein schlechter Ersatz für Blickkontakt und Mimik sollen Emoticons sein. Doch sie können die Botschaft zwischen den Zeilen oder Zeichen nicht annähernd so gut transportieren wie ein Lächeln, ein Stirnrunzeln oder ein Händedruck.

Gefangen im virtuellen Netz?

»Freakonomics«, ein Blog der *New York Times,* beschäftigt sich mit ökonomischen Vorgängen im Alltag. Die sozialen Netzwerke im Internet gehören inzwischen dazu, daher setzten die Freakonomics im Februar 2008 einen Eintrag unter der Überschrift: »Ist MySpace gut für unsere Gesellschaft?« ins Netz. Darin erklären Internetexperten, Psychologen und Soziologen ihre Ansichten zu der Frage, ob diese sozialen Netzwerke unsere Gesellschaft dauerhaft positiv verändern oder ihrer Ansicht nach die Nachteile überwiegen.[71]

Alle Blogeinträge zeigten Einigkeit darüber, dass soziale Netzwerke im Internet die Kontaktaufnahme und -pflege erleichtern. Gleichzeitig verändern sich aber auch die Beziehungen: Die Zahl der Kontakte nimmt zu, nicht aber deren Qualität. Virtuelle soziale Netzwerke schaffen und fördern demnach ein neues Modell sozialen Lebens, das menschliche Beziehungen quantitativ verbessert. Mit der höheren Anzahl an Kontakten geht aber die abnehmende Intensität dieser sozialen Bindungen einher. Das Wort »Freund« erfährt eine Entwertung: Bevor es Internet-Kontaktplattformen gab, war ein Freund etwas Besonderes, weil mit hohen Ansprüchen verknüpft. Diese Bezeichnung verdiente ausschließlich, wer uneingeschränktes Vertrauen besaß, von dem man in jeder Lage Unterstützung erwarten durfte und mit dem man durch dick und dünn ging. Im Internet aber ist ein neuer »Freund« nur einen Klick weit entfernt: Man fügt ihn respektive seinen Namen, einfach dem eigenen Datenprofil hinzu. Muss man befürchten, dass solche Entwicklungen dazu führen werden, dass Oberflächlichkeit und Isolierung zunehmen, Abstumpfung und Gleichgültigkeit um sich greifen? Das ist die falsche Frage. Diese Probleme haben wir längst. Das oben beschriebene Phänomen ist ein Teilaspekt größerer Zusammenhänge, die jedem bekannt sind: Wir leben in einer globalisierten, komplexen, schnelllebigen Welt, das überfordert den Einzelnen natürlich von Zeit zu Zeit.

Frank Schirrmacher schrieb 2004 in seinem Buch *Payback* über die Überforderung durch das Informationszeitalter und die Reizüberflutung, der wir ausgesetzt seien und die unser Gehirn zerstöre. Schon der Untertitel des Buches *Warum wir im Informationszeitalter gezwungen sind zu tun, was wir nicht tun wollen, und wie wir die Kontrolle über unser Denken zurückgewinnen* spiegelt die Unsicherheiten und Ängste, die viele angesichts der rasanten technologischen Entwicklung – wie schon zu allen Zeiten neuer technologischer Erfindungen – befallen. Angesichts der Informationsflut, die auf allen Kanälen auf uns einströmt, fühlen sich viele Menschen zumindest zeitweise »überrollt«. Unmengen von E-Mails verstopfen täglich die virtuellen Postfächer. Das Handy klingelt, es kommt eine SMS, und jeder erwartet eine umgehende Antwort – ein Umstand, der durchaus als sozialer Stress bewertet werden kann.[72]

Auf eine einfache Frage erhalte ich von der Suchmaschine im Internet

Millionen von Treffern, aus denen ich mir dann einen für mich passenden aussuchen muss. Natürlich kann ich Zeitungen online lesen, die wichtige Informationen zum Tagesgeschehen für mich vorsortiert haben. Ich muss nicht die Twitter-Nachrichten irgendwelcher Menschen lesen, von denen ich nicht weiß, ob sie korrekt und objektiv sind oder nur subjektive Meinung. Hier wird vor allem deutlich: Es kommt heute nicht mehr darauf an, überhaupt an Informationen zu gelangen, sondern an die richtigen. Medienkompetenz wird zur neuen Kernkompetenz.

Der Psychologe Peter Kruse schreibt über Schirrmacher, dass er »die digitale Welt ausschließlich aus dem Blickwinkel einer Person, die das Geschehen als distanzierter und bewertender Beobachter erlebt« betrachte. »Wer sich nicht selbst in den Netzwerken bewegt und sie als eine schwer zu ertragende Kakophonie empfindet, der fühlt sich logischerweise schnell überfordert und vielleicht sogar aggressiv belästigt.«[73] Eine meiner Ansicht nach verkürzte Sicht auf das Buch, denn auch Schirrmacher sieht die Vorteile und mahnt lediglich einen anderen Umgang mit den digitalen Medien an. Entscheidend ist hier: Was für den einen zum Problem wird, ist für den anderen, in diesem Falle die Unternehmen, auch ein entscheidender Gewinn. Die neuen Möglichkeiten von Kommunikation, der schnelle und schrankenlose Austausch von Informationen in einer globalen Welt, bringt bei der Schaffung von Synergien und der Entstehung von Innovationen entscheidende Vorteile für das Unternehmen der Zukunft.

Dass Schirrmacher mit seiner Meinung bei weitem nicht allein steht und die tägliche Flut an Informationen die Unternehmen auch Geld und Ressourcen kosten kann, zeigt der Beitrag von Paul Hemp »Das Recht auf Ruhe«, in dem er Tipps für den Umgang mit der täglichen Informationsflut im Büro gibt. Er stellt zehn Regeln für den E-Mail-Nutzer auf, die unter anderem helfen sollen, die ständigen Unterbrechungen der Arbeit durch eingehende Nachrichten zu verringern, wichtige Nachrichten besser von unwichtigen zu unterscheiden und allgemein die Zahl der täglich eingehenden oder versandten E-Mails zu verringern.[74]

Verantwortungsvoller Umgang

Das Internet ist Chance und ist Risiko – je nachdem, was man daraus macht. Viele Seiten und Blogs und Medienkommentare zeigen: Dieses

Netzwerk wird durchaus verantwortungsbewusst genutzt und hat sogar eine Art »Selbstkontrolle« entwickelt. »Das neue Internet ist ein Tummelplatz der Infomaniacs, Zeithaber und Netzwerker – was sie antreibt: ein neues Gemeinschaftsgefühl. Die Folgen dieses neuen anti-hierarchischen Netzwerk-Wissens für die Offline-Welt sind bereits spürbar: kritische, aufgeklärte Verbraucher, Patienten, Bürger und Kunden. Der Autoritätsverlust der Ärzte, Rechtsanwälte, Lehrer, Journalisten, Professoren, Politiker – und auch des diktatorischen Markensounds – ist mittlerweile Alltagsgespräch. Die Autoritäten selbst müssen sich demzufolge immer mehr auf die Ebene des Netzwerk-Wissens begeben, im Informationshorizont des Kommunikationspartners erscheinen, um nicht erst in der Praxis, im Hörsaal oder an der Kasse mit ihnen zu kollidieren.«[75]

Networking – ein Muss?

Einzelkämpfer haben es in einer globalisierten, gesamtvernetzten Welt schwerer denn je. Sie müssen auf ihrem Karriereweg ungleich mehr Kraft, Zeit und Ausdauer aufbringen als ein früh und gut vernetzter Unternehmer oder Manager in spe. Das Zukunftsinstitut betrachtet die Fähigkeit, Netzwerke zu knüpfen, auch als eine der zentralen Voraussetzungen der vielen Start-ups im Web 2.0. Erfolgsfaktor Nummer eins sei es, im richtigen Moment den passenden Menschen zu kennen, der jemanden kennt, der wiederum weiß, wer sich im jeweiligen Fall genauer auskennt.[76] Doch die richtigen Kontakte kommen in der Regel nicht einfach auf uns zugeflogen, sondern wir müssen sie suchen und finden – durch gezieltes Netzwerken möglichst von Anfang an.

Die Online-Enzyklopädie Wikipedia informiert zum Thema: »Unter der Tätigkeit ›netzwerken‹ (Networking) versteht man den Aufbau und die Pflege eines Beziehungsgeflechts einer mehr oder weniger großen Gruppe von einander ›verbundenen‹ Personen, die sich gegenseitig kennen, sich informieren und manchmal unabhängig von ihren Leistungen zum Beispiel in ihrer Karriere fördern oder andere Vorteile verschaffen. Ein Netzwerk hilft nicht vor dem Verlust des Arbeitsplatzes, hilft aber, leichter einen neuen zu finden, da der Großteil der Stellen in den höheren Etagen über Kontakte besetzt wird und nicht allein durch Stellenausschreibungen. Das ändert nichts daran, dass die Kriterien eigene Ausbildung, Leistungsbereitschaft, Erfahrung und so weiter natürlich auch erfüllt sein müssen.«

Networking ist also nichts anderes als Beziehungspflege auf jede mögliche Art und Weise. Netzwerker sind Menschen, die aktiv ein Beziehungsgeflecht auf- und ständig weiter ausbauen. Netzwerker, die vor allem ihre Karriere im Blickfeld haben, sind meist besonders engagiert beim Kontaktesuchen, -knüpfen und -pflegen, um sie »gewinnbringend« einzusetzen. Es gibt sie zwar noch, die Netzwerke alter Schule: Man kennt sich schon seit frühester Jugend, aus der Schule, der Ausbildung, der gemeinsamen Studienzeit, und man pflegt die alten Kontakte oft mit gutem Erfolg für die Karriere. Doch (nicht nur) junge Karriere-Networker nutzen längst die kaum mehr überschaubaren Möglichkeiten des Internets, wo Online-Communitys das Social-Network-Konzept umsetzen.

Funktionieren Netzbeziehungen?

Einige Skeptiker melden allerdings Zweifel an: Beziehungen über das Internet? Können die funktionieren? Die Firma Digital Labz fasste im *Social Computing Journal* die zehn bekanntesten Vorurteile bezüglich der Nutzung von Social Networking im Internet zusammen, um zugleich damit aufzuräumen.[77] Die drei häufigsten Vorurteile in diesem Zusammenhang sind:

1. Beziehungen von Wert kann man online nicht aufbauen.
2. Soziale Medien bzw. Netzwerke sind nicht von Dauer.
3. Das Web 2.0 ist nur was für die Jugend.

Netzwerkerinnen

Frauen sind in Sachen Social Networking bereits lange aktiv. Schon 1919, als die Weltwirtschaft kaum weibliche Unternehmerinnen und Führungskräfte vorweisen konnte und vom Internet noch keiner auch nur träumte, beschlossen in den USA berufstätige Frauen, ein Gegengewicht zu den von Männern gegründeten Rotary-Clubs und Lions-Clubs zu schaffen, und gründeten Zonta International, das heute älteste Business-Frauennetzwerk der Welt. In Deutschland gibt es Zonta seit 1931. Im Jahr 2008 waren knapp 4 000 Frauen in 123 Clubs vernetzt, und weltweit zählten 2 500 Clubs in 71 Ländern 35 000 Mitglieder.

Der Name »Zonta« stammt aus der Symbolsprache der Sioux-Indianer und bedeutet: ehrenhaft handeln, vertrauenswürdig und integer sein. Er ist zugleich Ausdruck für den Anspruch der Gründerinnen an das eigene Handeln. Die Ziele des Frauennetzwerks gehen weit über die des oben beschriebenen Networking hinaus: Der Dienst am Menschen steht weit oben auf der Agenda. Die Mitglieder leisten auf lokaler, nationaler und internationaler Ebene persönliche, ideelle und finanzielle Hilfe. Als Serviceorganisation berufstätiger Frauen setzt Zonta International sich für die Verbesserung der Stellung der Frau in rechtlicher, politischer, wirtschaftlicher und beruflicher Hinsicht ein. Betont wird auch das Ziel »Freundschaft und gegenseitiges Verständnis«, um einen Beitrag zur gegenseitigen Toleranz und internationalen Verständigung zu leisten. Weiter arbeitet das Netzwerk für Menschenrechte, Gerechtigkeit und das Grundrecht auf Freiheit und unterstützt Friedensbemühungen.[78]

Bei der Europäischen Akademie für Frauen in Politik und Wirtschaft Berlin e. V. (EAF) steht der berufliche Erfolg seit mehr als zehn Jahren im Mittelpunkt. Dazu gehört nicht nur die Karriereplanung an sich, sondern auch die Vereinbarkeit von Familie und Beruf. Bei der EAF sind Männer nicht ausgeschlossen, denn das Netzwerk wurde 1996 von Frauen und Männern gemeinsam gegründet. »Wir engagieren uns für eine Gesellschaft, in der Frauen und Männer ihre Potenziale in allen Bereichen der Gesellschaft entfalten können«, heißt es auf der Webseite. »Die EAF verbindet ausgewiesene wissenschaftliche Expertise mit langjähriger Erfahrung in Beratung und Weiterbildung. Mit unseren innovativen Programmen fördern wir Frauen mit Führungspotenzial, unterstützen Frauen und Männer in ihrer Karriereplanung und in der Vereinbarung von Beruf und Familie. Wir beraten Wirtschaft und Politik zur Förderung von Chancengleichheit, Vielfalt und Work-Life-Balance und erstellen Studien zu diesen Themen. Die EAF agiert in einem breit gefächerten Netzwerk von Kooperationspartnern und Förderern. Sie will Frauen in Führungspositionen auf ihrem Weg ganz nach oben unterstützen.[79] Mit Ratschlägen, Kontakten, persönlichem Austausch und Weiterbildungsangeboten begleitet sie Frauen auf ihrem Karriereweg. Über Kooperationsverträge mit deutschen Unternehmen ist die EAF eng im Wirtschaftsleben integriert.«[80]

Die EAF hat 2001 zusammen mit der Technischen Universität Berlin ein weiteres Netzwerk gegründet: die Femtec.GmbH, ein Hochschulkarrierezentrum für Frauen mit dem Ziel, mehr junge Frauen für das Ergreifen technischer oder naturwissenschaftlicher Berufe zu ermutigen und sie zu fördern. 2003 startete die GmbH das Projekt Femtec.Network, ein bundesweites Kooperationsnetzwerk aus Technischen Universitäten, Hochschulen und Wirtschaftsunternehmen sowie Partnern aus der Wissenschaft. Die Förderprogramme starten zweimal jährlich. Die Teilnehmerinnen können dabei auch Kontakte zu älteren Femtec-Mitgliedern und vor allem zu den Unternehmensvertretern knüpfen.[81]

Aus Sicht der Netzwerkexpertin Kirsten Mennenga ist der größte Vorteil der Online-Netzwerke die Unabhängigkeit von Zeit und Raum. Sie beschreibt Online-Networking als großes, meist überregionales virtuelles Büro, in dem Menschen unterschiedlichster Kompetenzen an ganz verschiedenen Projekten zusammenarbeiten und sich gegenseitig unterstützen. Bei der Anzahl der Kontakte kommt für Mennenga die Qualität vor der Quantität, das heißt: Wer von seinen Kontakten etwas haben will, muss in sie investieren. Gute und erfolgreiche Beziehungspflege kostet Zeit und kann aufwendig sein.[82]

Wissen teilen und vermehren

Vernetzung ist das Gebot der Stunde und der Zukunft, die virtuellen Business-Netzwerke boomen, und mit dem Networking ist eine ganz neue Kommunikationskultur entstanden, die sich in der realen Geschäftswelt als Überlebensstrategie im Informationszeitalter erweisen könnte.[83] Eine Strategie der Vernetzung mit veränderten Vorzeichen: Während die Beziehungsgeflechte in früherer Zeit Abschottungstendenzen hatten, ist die neue Netzwerkkultur durch Transparenz und Durchlässigkeit gekennzeichnet. Dadurch bringt sie in den einzelnen Communitys einen riesigen Schatz hochwertiger Kontakte und vielfältigen Know-hows zustande.

So ist gerade dieser ausdrücklich gewollten Offenheit der Erfolg der neuen Netzwerke geschuldet. Die künftige Innovationskraft ist vom freien Zugang zum Wissen abhängig. Das Web steht unter der Losung »Open Innovation«. Die jungen kreativen Macher und Entwickler fühlen sich dem Open-Source-Gedanken verpflichtet, nicht dem schnellen materiellen Erfolg. Das Internet ist der Nährboden für eine neue Wissenskultur, die durch die Verknüpfung von Millionen Nutzern entsteht, die eigenes Denken und individuelle Ansichten einbringen. Der Wirtschaftsjournalist James Surowiecki widerlegt in seinem Buch *Die Weisheit der Vielen* die Mär von der grundsätzlich dumpfen Masse, die dem zielgerichtet und effektiv denkenden und entscheidenden Individuum gegenüberstehe.

Offenbar gilt genau das Gegenteil: Die besseren Erfolgsaussichten haben nicht Einzelne, sondern passend zusammengestellte und auf der richtigen Regelbasis entscheidende und handelnde Gruppen. Der Autor zeigt, dass Gruppen unabhängig voneinander agierender Individuen bessere Problemlösungen produzieren als einsame Entscheider. Dazu braucht es einen offenen und ungehinderten freien Wissensaustausch. Der abgeschottet im Elfenbeinturm forschende Einzelkämpfer, der sein erworbenes Wissen eifersüchtig hütet und nicht preisgibt, schon gar nicht Kollegen derselben Zunft, wird keinen Erfolg haben. Und so ist eine relativ neue Unterart des Netzwerkens auf dem Vormarsch: das Intranet.[84]

Kommunikation unternehmensintern – das Intranet

Wissen ist bekanntlich Macht – und Unwissen ist Ohnmacht. Die Bedeutung von ungehindertem, gefördertem und gezieltem Wissenstransfer und einem freien Zugang zum Wissenspool wird Unternehmern und Führungskräften allmählich klar. Getrennt arbeitende, untereinander zu wenig oder gar nicht kommunizierende, womöglich konkurrierende Abteilungen einer Firma müssen befürchten, im wirtschaftlichen Wettbewerb auf den hinteren Plätzen zu landen. Ein Unternehmen, das kein organisiertes Wissensmanagement betreibt, bremst sich selbst aus. Kluge Entscheider wissen, dass es ein weitreichender Fehler ist, wenn wesentliche Teile des Betriebsablaufs von Einzelnen abhängen. Sie leisten sich einen »Chief Learning Office«, zum Beispiel General Electric, die Deutsche Bank, die Unternehmensberatung Deloitte oder der Computer- und Softwareproduzent Sun Microsystems.[85]

Je mehr die Einheiten eines Teams oder eines Konzerns das Wissen untereinander austauschen und verbreiten, desto sicherer ist ihr Erfolg. Gekonntes Wissensmanagement erfordert jedoch die Abschaffung von strikten Hierarchien. Denn Wissen kann man nicht verordnen, es muss wachsen, sich entwickeln, muss mit Interesse und Engagement nicht nur erworben, sondern auch genutzt und weitergegeben werden. Weil das aber auch Zeit und Mühe kostet, neigen wir dazu, unser erarbeitetes Know-how für uns zu behalten und nicht einfach »herzuschenken«.

Ein wichtiges Werkzeug des Wissensmanagements, das Intranet, geht in die richtige Richtung. Mit der Umsetzung hapert es jedoch in vielen Fällen noch. Oft bleibt das Intranet ungenutzt, weil man nicht findet, was man sucht, weil es kompliziert zu bedienen ist oder weil es einfach uninteressant gestaltet ist und langweilt. Was nutzt die effektive Verbreitung eines Newsletters, den keiner liest?

Das Intranet ist ein Netzwerk, das sich dem Alltag seiner Nutzer, ihrem konkreten Bedarf an Informationen anpassen und entsprechend entwickeln muss. Dann wird es wesentlicher Teil der Organisation von morgen sein. Funktionierendes »Tagging« (to tag = markieren) ist der Schlüsselbegriff für ein effektives Intranet, ein soziotechnisches »Semantic Web«: Jeder Nutzer des Intranet findet anhand von Begriffen aus den verschiedensten Bereichen schnell und einfach das, was er sucht.

Das Deutsche Forschungszentrum für Künstliche Intelligenz (DFKI) befragte Mitarbeiter verschiedener Firmen, wie viel Zeit sie durch die Nutzung des Intranets sparen. Die meisten der befragten Siemens-Mitarbeiter beispielsweise schätzten die eingesparte Zeit jeweils auf bis zu zwei Arbeitstage oder mehr. In Zahlen wären das zweieinhalb Millionen Euro. Dieser Befund sollte jeden Unternehmer aufhorchen lassen.

InterNETworking

Netzwerke, egal welcher Art, werden weiter an Bedeutung gewinnen. Entscheidend für den Erfolg von Unternehmern und Führungskräften ist dabei, dass sie beides beherrschen: das virtuelle wie das reale Parkett der zwischenmenschlichen Beziehungen. Sie müssen virtuelle Teams ebenso führen können wie persönliche Mitarbeitergespräche. Gerade in schwierigen Situationen, etwa beim Change Management, bei der Personalauswahl oder bei Trennungsgesprächen, kann und darf das Internet nicht das direkte Gespräch ersetzen. Arend Oetker, geschäftsführender Gesellschafter der Dr. Arend Oetker Holding GmbH & Co, formuliert es so: »Mein Gesicht ist mein Bildschirm.« Auf dem Kongress »Digital, Life, Design« 2007 betonte der Präsident des Stifterverbands für die Deutsche

Wirtschaft: »Ich glaube immer noch daran, dass man sich im direkten Kontakt besser verständigt.«[86] Und zweifellos funktioniert Networking dann am besten, wenn die Beteiligten auch auf direkter Ebene kommunizieren und persönlich zusammenkommen.

Ein Beispiel für die Macht des virtuellen Networking war der Wahlkampf des US-Präsidenten Barack Obama. Wie konnte Obama diese massenhafte, positive Resonanz bei den Wählern erreichen? Mit Glaubwürdigkeit und Authentizität und indem er die Menschen mit ihren Wünschen und Ängsten ernst genommen hat und auf allen Kanälen den Kontakt zu ihnen gesucht hat. Obama hat im Wahlkampf vorgeführt, wie systemische Führung funktionieren kann.[87]

Er und sein Stab haben es verstanden, das Riesennetzwerk Internet äußerst effektiv und fast ohne materiellen Aufwand zu instrumentalisieren: Während seiner Kampagne zur Präsidentschaftswahl nutzte Barack Obama soziale Netzwerke wie Facebook, um ein Gefühl partnerschaftlicher Verbundenheit mit seinen Anhängern zu erzeugen.[88] Wie kein Machtpolitiker vor ihm mobilisierte Obama die Internetgemeinde für seine Wahl und verfügt nun außerdem über eine riesige Datenbank, die er jederzeit wieder nutzen kann. Einen Großteil der unglaublichen Summe von 640 Millionen Dollar, die der neue Präsident im Wahlkampf einsammeln konnte, generierte er über das Internet. My.BarackObama.com heißt sein eigenes virtuelles Netzwerk, das mehr als eine Million Mitglieder mit hoher Bereitschaft zum Engagement hat. Laut Umfragen wurden 32 Prozent der Wähler nicht durch TV-Spots oder sogenannte Robocalls, automatisierte Marketinganrufe, bei denen die Wähler am Telefon nur eine Computerstimme hören, erreicht, sondern durch Telefonate von Mensch zu Mensch, millionenfach vom Obama-Team geführt.[89]

2.5 Hybride Organisation – die Zukunft?

Die hohen Anforderungen an die Flexibilität und Anpassungsfähigkeit von Unternehmen setzen eine Form von Organisation voraus, die diesen gerecht wird. Die bisher vorgestellten Organisationsformen im Zeitalter des Wissens weisen alle einen hohen Grad an Dezentralisierung auf. Die Organisation erhält dadurch ein höheres Maß an Flexibilität und Handlungsorientierung und ist somit in der Lage, schnell auf veränderte Umweltbedingungen zu reagieren. Eine moderne Kommunikationsstruktur und -vernetzung der Mitarbeiter ist die Basis für die Abstimmung untereinander und den intensiven Informationsaustausch.

Gemeinsame Werte und Normen definieren die Unternehmenskultur und legen die groben »Spielregeln« im Unternehmen fest. Den Organisationsmitgliedern kann mehr Verantwortung übertragen werden, und somit kann die Förderung der Ressourcen der Mitarbeiter stärker in den Mittelpunkt rücken. Dies wiederum kann die Kreativität eines jeden Einzelnen und die Innovationskraft der Firma steigern.

Ende 2004 legte die Unternehmensberatung Roland Berger eine Studie über die Führung besonders erfolgreich wachsender Unternehmen vor, bei der rund 30 Prozent der befragten Manager erklärten, eine dezentrale Organisation sei die wichtigste Wachstumsbedingung. Die Gründe: Sie delegiere Verantwortung, fördere Unternehmertum, erleichtere die Kommunikation und ermögliche zügige Entscheidungen. Zwei Jahre später formulierten Burkhard Schwenker und Stefan Bötzel von Berger Strategy Consultants: »Eine dezentrale Organisation bietet nach unserer Auffassung den idealen Rahmen für das Wachstum eines Unternehmens, da ihre Strukturen eine schnelle und flexible Reaktion auf die sich wandelnden Anforderungen der Märkte ermöglichen. Darüber hinaus wirkt sich Dezentralität positiv auf eine wachstumsfördernde Kultur eines Unternehmens aus, weil sie die ideale Basis für das unternehmerische Handeln von Führungskräften und Mitarbeitern schafft. Indem sie die Bedingungen für Transparenz und Kommunikation verbessert, leistet sie auch einen entscheidenden Beitrag zur Etablierung einer Vertrauenskultur im Unternehmen.«[90]

Ein Beispiel für eine dezentrale Organisation ist der Benediktinerorden. Abtprimas Notker Wolf vertritt die Ansicht: »Zentralismus ist vom Teufel! Damit will ja immer jemand Macht über andere haben. Die Organisation der Benediktiner ist daher von unten her aufgebaut. Die gesamte Autorität liegt beim Abt und seinen Mitbrüdern und Schwestern. Die einzelnen Klöster sind wirtschaftlich selbstständig, aber zu Kongregationen zusammengefasst, die die angeschlossenen Klöster bei personellen, materiellen oder disziplinären Problemen unterstützen.«[91] Bei dem Benediktinerorden herrscht das Prinzip der Subsidiarität: »Alles muss auf der Ebene besprochen und gelöst werden, wo es hingehört. Deshalb ist bei uns der

Zentralzuständige derjenige, der für nichts zuständig ist.«[92] Doch in Wolfs Aussage wird auch deutlich: Obwohl Entscheidungen dezentral getroffen werden, gibt es eine Person, die den Orden nach außen vertritt und so eben doch eine Art Führungsrolle einnimmt.

Dezentralisierung: der Weisheit letzter Schluss?

Niels Pfläging plädiert in seinem Buch *Die 12 neuen Gesetze der Führung* für die komplette Abschaffung des Managements. Er sieht Führung als eine Form der Kommunikation, die das Ziel hat, Dinge zu verändern. Führungsarbeit sei für alle da, und jemand, der gar nicht führen wolle, der sollte durch eine Maschine ersetzt werden. Pfläging teilt die Wirtschaft in Alpha- und Beta-Unternehmen ein, wobei Alpha die alte hierarchische Organisation und Beta die neue informelle und lebendige Organisationsform der Zukunft symbolisiert. Er plädiert für eine dezentrale Organisationsform, für Netzwerke und eine Firma, die aus vielen kleinen Zellen besteht, die keinen Chef brauchen, aber einen ernennen könnten, wenn sie einen Sprecher benötigen. Führung ist bei Pfläging keine Position mehr, sondern eine Funktion, die verteilt werden kann. Außerdem gibt es »Spezialisten«, Zellen wie einen Organisationsshop und einen Informationsshop, die Expertenleistungen zu einem festgelegten Preis für alle anbieten. Pflägings Fazit führt wieder zu einem Aspekt, der meiner Ansicht nach eine besondere Rolle spielt, nämlich das eigene Ich: »Jede organisationale Transformation ist auch eine individuelle Veränderung. Nicht jeder ist bereit dazu. Es gab sicher auch Steinzeitmenschen, die das Feuer scheuten. Oder im 20. Jahrhundert Menschen, die das Telefon ablehnten.«[93]

Die Erfolgsgeschichten von Riesennetzwerken wie Google oder Wikipedia sind das eine. Auf der anderen Seite aber steht die Tatsache, dass viele Internet-Start-ups am Thema Führung und Hierarchie gescheitert sind. Das macht deutlich, dass Dezentralisierung und vereinfachte Entscheidungsstrukturen nicht gleichzusetzen sind mit der radikalen Abschaffung jeder Hierarchie. Das Gleichberechtigungsideal, das bei jungen Firmengründern am Anfang oft noch funktioniert, muss weichen, wenn sich die Einzelinteressen nicht (mehr) mit dem Geschäftsinteresse decken – was in der Wirtschaftsrealität der Normalfall ist.

Auch Ori Brafman und Rod A. Beckström schränken ein, dass es bei ihren Beispielen funktionierender Netzwerkorganisationen wie Wikipedia oder der Open-Source-Software Linux nicht um Profit geht. Die Lösung für profitorientierte Unternehmen ist eine Kombination von Spinne und Seestern: die hybride Organisation, die die Vorteile und Stärken beider Prinzipien nutzt. Neben gut funktionierenden, nicht hierarchischen Netzwerken braucht es konkrete Vorgaben wie Richtung, klar definierte Ziele und bestimmte Werte, die für alle gelten.

Spinne und Seestern

Ori Brafman und Rod A. Beckström nehmen sich für ihr Konzept der hybriden Organisation zwei Tiere zum Vorbild: Die Spinne symbolisiert das Prinzip der Zentralisierung, denn der Kopf bestimmt als Befehlszentrale, wohin sich der Rest des Körpers mit Hilfe der Beine bewegt. Ohne Kopf kann sich die Spinne nicht bewegen und damit nicht überleben. Der Seestern dagegen ist dezentral organisiert; er hat keinen Kopf bzw. kein Gehirn, das ihn führt. Hier sind es die Arme, die sich untereinander darüber einigen, in welche Richtung sich das ganze Tier in Bewegung setzt. Der Seestern hat außerdem eine erstaunliche Überlebensfähigkeit: Zerteilt man ihn in zwei Hälften, geht er nicht ein, sondern verdoppelt sich. Es entstehen zwei eigenständige Seesterne, bei denen sich die fehlenden Körperteile regeneriert haben.[94]

In Schnelligkeit, Flexibilität, Robustheit und dem effizienten Umgang mit Ressourcen sehen Brafman und Beckström die entscheidenden Stärken von Netzwerkorganisationen wie der Internetenzyklopädie Wikipedia oder Internetmusiktauschbörsen. Entsprechend lassen sich die Nachteile zentraler, auf strenger Hierarchie beruhender Organisationen auflisten: ausgebremste Mitarbeiter, die immer erst auf Weisung von oben warten müssen, und Entscheider, die zu weit weg vom Geschehen sind, vom Kunden, von den Produktionsmitteln und von den Gepflogenheiten des Landes, in dem die Auslandsniederlassung sitzt.

Die Leitlinien in einer hybriden Organisation sind nicht mit Vorschriften gleichzusetzen. Vorschriften sind »in Stein gemeißelt«; die Regeln, um die es hier geht, bilden dagegen nur einen Handlungsrahmen, der flexibel angewendet werden kann und den Menschen Entscheidungsfreiheit lässt. Ein Beispiel für eine solche Regel wäre: »Wo immer du etwas über unser Produkt erfährst, melde es zurück.«[95] Das Ziel ist ein breitgefächertes Feedback, das wertvolle Informationen über die Kundenbedürfnisse und Kundenzufriedenheit liefert. Die Mitarbeiter unterschiedlicher Abteilungen haben unterschiedliche Perspektiven bezogen auf das gemeinsam gefertigte Produkt – so können Marktveränderungen aus verschiedenen Blickwinkeln dokumentiert und kommuniziert werden. Dieser Perspektivenwechsel ist ein zentrales systemisches Prinzip und Werkzeug.

Schwarmintelligenz

Wie die hybride Organisation gelingen kann, wie also auch ohne Entscheidungen von einer Zentrale die synergetische Zusammenarbeit erfolgreich ist, demonstrieren in der Natur die Schwärme. Riesige Fisch- und Vogelgruppen sind dezentral organisiert – mit dem Ergebnis, dass sich Tausende Individuen absolut koordiniert bewegen. Die Schwarmregeln lassen sich auf hybride Organisationen übertragen als ein Mix aus Unternehmensleitlinien, strategischer Planung und spezifischen Verhaltensregeln für bestimmte Bereiche des Betriebs.

Wesentlich dabei: Dieser Mix muss als Gemeinschaftsprodukt von Unternehmensleitung und Bereichs- oder Netzwerkvertretern entstehen, denn für das Funktionieren müssen Erfahrungen und Meinungen der Mitarbeiter mit einfließen. Der Entstehungsprozess der unternehmerischen »Schwarm«-Regeln braucht seine Zeit. Wird sie gewährt, so ist der Effekt umso deutlicher: Hinterher läuft mit Hilfe des Regelwerks der weitere Prozess sehr viel schneller und zielgerichteter ab. Die Mitarbeiter wissen sofort, was zu tun ist, und vermeiden selbstständig den üblichen langen, zeitraubenden Weg die Hierarchiekaskade hinab.[96]

Ein weiterer Vorteil der hybriden Organisation ist, dass man von der Dezentralisierung auch schon durch ihre teilweise bzw. temporäre Anwendung profitieren kann. In manchen Unternehmen geben Führungskräfte den Mitarbeitern mehr Verantwortung und damit auch mehr Entscheidungsfreiheit. Firmen, die vor allem mit Projektarbeit beschäftigt sind, arbeiten dezentralisiert, indem nach Bedarf neue Teams mit neuen Projektleitern gebildet und nach Abschluss wieder aufgelöst werden.

Der Mix macht's

Das mittelständische Maschinenbauunternehmen Voith in Baden-Württemberg zieht aus der dezentralisierten Organisation großen Nutzen für die Zukunft.[97] In der Forschung und Entwicklung arbeitet ein Team von jungen Wissenschaftlern, die ausschließlich zu dem Zweck eingestellt wurden, sich intensive Gedanken über das Morgen der Firma zu machen: eine Art Dauer-Brainstorming zwischen Mitarbeitern ohne Ingenieursausbildung, frei von Vorgaben und unabhängig vom Tagesgeschäft. Liegen Ergebnisse vor, kommen die erfahrenen Ingenieure dazu. Daraus entstehen »Projekte von unten«, initiiert von Mitarbeitern statt von der Firmenleitung. Diese Art der Innovation nennt sich »Kontextsteuerung«: Weil man Dezentralität nicht verordnen kann, sorgt man für ein Umfeld, in dem dezentrales, innovatives und freies Denken und Handeln begünstigt wird, wie durch das Zusammenbringen von »frischen«, fachfremden Köpfen mit den erfahrenen Spezialisten der Firma.

Unternehmen können einen profitablen Wachstumskurs beschreiten, wenn sie die besten Eigenschaften der beiden Modelle der Dezentralisierung und der Zentralisierung auf ihre eigenen Bedürfnisse zugeschnitten kombinieren – davon ist auch das Beratungsunternehmen Roland Berger überzeugt.[98] Ein Unternehmen kann demnach nur dann profitabel wachsen, wenn es Größenvorteile voll ausschöpft und gleichzeitig Größennachteile vermeidet. Und das gelingt nur, »wenn große Organisationen nach den Qualitäten streben, die eher kleinen Organisationen nachgesagt werden, allen voran Schnelligkeit und Flexibilität«.[99] Dafür ist das Prinzip der hybriden Organisation sehr zu empfehlen.

Für die Erprobung neuer Konzepte durch Unternehmen gibt es mittlerweile eine Vielzahl von Beispielen in der Praxis: Der Schweizer Hersteller von Wander- und Skikleidung Mammut suchte zum Beispiel über die frei zugängliche Internetplattform Atizo, einen offenen Blog für Ideen und Innovationen, einen leichten, robusten und spritzwasserfesten Reißverschluss. Mehr als 200 Tüftler stellten innerhalb von nur vier Wochen 345 Vorschläge für die Firma online, und zwei Monate später hatten fünf Teilnehmer, die sich zuvor gar nicht kannten, einen funktionstüchtigen Prototypen entwickelt.[100] Die Bloggergemeinde von Atizo half zum Beispiel auch mit beim Verfassen des Buches über Crowdsourcing von Oliver Gassmann, Professor für Technologiemanagement an der Universität St. Gallen, das im Herbst 2010 erschien.

Merkmale von Netzwerkstrukturen

Brafman und Beckström fassen die Merkmale dezentraler Organisationen anhand von fünf Merkmalen zusammen. Diese Merkmale dienen jedoch lediglich als Anregungen, nicht als starre Vorschriften.[101]

1. Gleichberechtigte Mitglieder: In Netzwerkorganisationen sind Wissen und Macht gleichmäßig verteilt, sie werden nicht formalen Hierarchien zugeordnet. In der Wirtschaftswelt kann das beispielsweise bedeuten: Wer bei einem Projekt die beste Expertise hat, übernimmt temporär die Führung. Dabei kann es sowohl um fachliches als auch um regionsspezifisches Wissen gehen.

2. Starke Ideologie und Normen: Netzwerkorganisationen leben von einer starken Idee oder Ideologie. Hinzu kommen Normen, die das Rückgrat der Gruppen bilden. Als Mitglied hat man sich beim Beitritt bewusst für diese Normen entschieden und sie häufig sogar selbst mitentwickelt. Für Firmen kann das zum Beispiel bedeuten, stärker auf gemeinsam entwickelte Leitlinien und Ziele statt auf autoritäre Befehlsketten zu setzen.

3. Hohe Flexibilität: Netzwerkorganisationen sind extrem flexibel. Sie können sich um ihre Leitlinien und Ideologien herum immer wieder neu zusammensetzen. Durch die Freiheiten, die den Mitgliedern gewährt werden, können sie sich schnell an die Begebenheiten vor Ort anpassen. Für die Wirtschaftswelt bedeutet das: Vorgaben und Leitlinien sollten so formuliert werden, dass die Mitarbeiter Handlungsspielräume und sinnvolle Wahlmöglichkeiten haben.

4. Direkte Kommunikation: In Netzwerkorganisationen kommunizieren die Mitglieder in der Regel direkt miteinander. Es gibt keine Umwege über die Hierarchie, das ist durchlässiger und schneller. Um diesem Ideal näher zu kommen, können Firmen den Aufbau personaler Netze fördern. Ebenfalls interessant in diesem Zusammenhang: Firmenwikis, in denen Mitarbeiter über alle Hierarchieebenen hinweg Informationen über Projekte und Prozesse abrufen und ergänzen können.

5. *Kein Vorgesetzter:* Offene Systeme haben keinen Chef – zumindest nicht im traditionellen Sinne. Der Vorgesetzte wirkt laut den Netzwerkexperten Brafman und Beckström nicht als Befehlshaber, sondern als Katalysator, der in erster Linie seine Ideologie weitergibt, die Mitglieder inspiriert und ihnen als Vorbild dient. Für Firmen bedeutet das ein neues Führungsverständnis, das von den Führungskräften diese Eigenschaften und Kompetenzen fordert.

Systemisches Führen in Netzwerken

Die Netzwerkorganisation und die systemische Führung sind meiner Ansicht nach die Zukunft. In Netzwerken kommen die Prinzipien der Autonomie, der Eigenverantwortung, der Werteorientierung und der Kommunikation voll zum Tragen. Eine Netzwerkorganisation braucht meiner Ansicht nach auch zentrale Funktionsanteile und eine Führung, aber mit einer sehr flachen Hierarchie. Es existieren also nur einige wenige Zentralfunktionen, und der Rest kann sich autonom entwickeln und wird verstärkt über ein ideelles Commitment und über Vertrauen geführt.

Ob diese Form der Organisation gelingt, hängt jedoch auch immer von der Art des Unternehmens und vom Produkt ab. Klassische Produktionsunternehmen brauchen eine ganz klare Struktur, eine Stablinienfunktion und eine Matrixorganisation, weil diese einfach straffer organisiert sind. Die Dienstleistung oder das Produkt beeinflusst ebenfalls die Organisationsform, nach dem Prinzip »structure follows strategy«. Wenn ich ein Automobil bauen will, dann spielen ganz andere Prozesse eine Rolle als bei einem Beratungsunternehmen wie der Akademie für Führungskräfte.

Die Chance, die sich bietet, ist der relativ geringe Ressourcenaufwand. Dadurch kann man auf Anforderungen sehr flexibel reagieren. Finanzressourcen und Personalressourcen werden geschont, und man ist in der Lage, diese bei Bedarf zu aktivieren. Wenn das Projekt zu Ende ist, fallen die Kosten wieder weg. Dies verschafft eine relative Klarheit über Kostenstrukturen und eine enorme finanzielle Flexibilität, was für viele Unternehmen sehr wichtig ist. Als Mittelständler kann ich ein bestimmtes Wachstum nur erreichen, wenn ich auf eine Projektorganisationsstruktur zurückgreife, weil ich so viele Leute, wie ich zu Spitzenzeiten benötige, gar nicht dauerhaft fest anstellen könnte.

Durch schnellere Veränderungen ergeben sich in der heutigen Zeit ständig neue Anforderungen an Unternehmen. Die schnelle Anpassung an Umweltbedingungen und die Förderung der Ressourcen von Mitarbeitern spielen dabei eine maßgebliche und tragende Rolle. Durch die Darstellung unterschiedlicher Organisationsformen, sowohl klassischer als auch neuer Organisationskonzepte, hat sich gezeigt, dass all diese Organisationen eines gemeinsam haben: Durch einen mehr oder weniger starken Abbau von strengen Hierarchien soll eine höhere Flexibilität und Handlungsorientierung in Unternehmen geschaffen werden.

Expertenforum: Dr. Arend Oetker

Dr. Arend Oetker ist geschäftsführender Gesellschafter der Dr. Arend Oetker Holding GmbH & Co, in der er seine Unternehmensbeteiligungen an Hero, KWS Saat, TT-Linie und anderen zusammenfasst. Seit 1998 ist er Präsident des Stifterverbandes für die Deutsche Wissenschaft, dem er seit 1977 als stellvertretender Vorstandsvorsitzender angehört. Er ist Vizepräsident des BDI und Präsidiumsmitglied des BDA. Darüber hinaus bekleidet er eine Reihe von Mandaten in Aufsichtsräten. Er ist Aufsichtsratsvorsitzender der Cognos AG und hält weitere gesellschaftliche und wirtschaftliche Funktionen und Ämter inne. 2007 wurde ihm das Große Verdienstkreuz der Bundesrepublik Deutschland verliehen.

Der Begriff »Networking« ist im Deutschen noch relativ jung. Was sind die wichtigsten Unterschiede zwischen den früheren Berufskontakten und dem heutigen Networking?

Ich denke, Networking ist systematischer; die früheren Berufskontakte haben sich auch mal eher zufällig ergeben. Ein Beispiel: Auf dem Empfang zum 120-jährigen Jubiläum der Firma Bahlsen, ein großer und wichtiger Kunde, traf ich auch Leute aus Politik und Kultur, wie zum Beispiel den ehemaligen niedersächsischen Ministerpräsidenten Ernst Albrecht und eine Vertreterin des Sprengel-Museums (Hannover). Systematisches Networking hätte in diesem Fall bedeutet, unbedingt den direkten Kontakt nicht nur zu Herrn Bahlsen, sondern auch zu den genannten Gästen zu suchen und ein nettes, verbindliches Gespräch zu führen.

Veränderungen in den Makro- und Mikrowelten der Wirtschaft geschehen heute schneller als früher. Change Management verlangt mehr als nur betriebswirtschaftliches Know-how und Durchhaltevermögen. Welche Fähigkeiten braucht Ihrer Meinung nach eine Führungskraft heute, um mitzuhalten und um die Mitarbeiter mitzuziehen?

Beweglichkeit – besonders die innere. Voraussetzung dafür ist, mit seinen zwei Beinen fest auf dem Boden bestimmter Werte zu stehen. Und gleichzeitig muss man sich jeden Tag beim Aufwachen sagen: »Heute wird möglicherweise ein anderer Tag sein, als ich ihn mir vorstelle und geplant habe.« Sollte also ein Gesprächspartner eine halbe Stunde zu spät zum Treffen kommen, muss ich so beweglich sein zu sagen: Kein Problem, dann verschiebe ich eben meine anderen Termine um diese dreißig Minuten. Als Führungskraft muss ich flexibel sein, auf mögliche und unvorhergesehene Veränderungen stets gefasst und bereit sein, darauf zu reagieren. Gleichzeitig darf ich natürlich meine langfristigen Pläne und Ziele nicht aus den Augen verlieren. Aber auf dem Weg dorthin sind große Flexibilität und Anpassungsbereitschaft gefragt.

Kontaktmanagement und Change Management hängen in gewisser Weise zusammen. Wer seine sozialen und beruflichen Kontakte zu pflegen versteht, hat gute Voraussetzungen, auch beim Change Management zu reüssieren. Würden Sie dem zustimmen?

Nicht grundsätzlich. Change Management heißt, etwas Bestehendes zu verändern. Mit Bezug auf die Mitarbeiter bedeutet das, zu beobachten, ob man mit dem bestehenden Team beziehungsweise den einzelnen Individuen das vorgegebene Ziel erreichen kann und mit welchen nicht, um dann entsprechend zu handeln, also nötigenfalls das Team zu verändern. Dabei helfen Kontakte nicht unbedingt, sondern hier braucht man Menschenkenntnis, die man durch eigene Lebenserfahrung gewonnen hat.

Wie wird sich Ihrer Ansicht nach das heutige Networking, das zum großen Teil über das Internet organisiert wird, entwickeln? Wie könnte die Kommunikationskultur von morgen aussehen?

Die Organisation »Unternehmen« verdankt ihre Entwicklung vorrangig ihrem wichtigsten »Bestandteil«: den Menschen, die darin miteinander umgehen und arbeiten, also dem Beziehungsgeflecht, das dabei entsteht und sich stetig ändert. Durch das Internet weitet sich dieses Beziehungsgeflecht auf ein globales aus, und schon jetzt ist das World Wide Web als Instrument dieses überregionalen Geflechts unverzichtbar. Was diese Überhandnahme einer Kommunikation, die nicht mehr im persönlichen Kontakt Face to Face abläuft, für die Kommunikationskultur bedeutet, ist jetzt noch kaum abzusehen.

Glauben Sie, dass das eine vorübergehende Modeerscheinung ist?

Nein, das ist ein langfristiger Trend, Beziehungen und Kontakte verschiedenster Art übers Internet zu gestalten. Es hat natürlich auch Grenzen, weil die Flut der Kontaktmöglichkeiten den Menschen irgendwann überfordert.

Führen ist mehr als nur Managen. Es erfordert ganz ähnliche soziale und emotionale Kompetenzen, wie sie auch in anderen Bereichen, zum Beispiel den privaten Bereichen des sozialen Miteinanders, nötig sind. Wie stellen Sie sich das Führen von Menschen in 20 Jahren vor?

Nicht viel anders als heute. Das heißt, ich muss mir morgen genau wie heute einfach genug Zeit nehmen, um jedem gerecht zu werden: der Sekretärin, meinen persönlichen Mitarbeitern, meinen Geschäftsführern... Alle diese Beziehungen erfordern unterschiedliche Formen der Beziehungspflege. Übrigens werden sich meines Erachtens auch die betriebswirtschaftlichen oder geschäftlichen Grundlagen und Erfordernisse nicht wesentlich ändern – sie waren vor hundert Jahren dieselben wie heute und werden es auch in Zukunft bleiben.

Bitte schildern Sie Ihre persönliche Idealvorstellung von Führungskräften.

Für mich sind Führungskräfte grundsätzlich Partner – wir haben dieselben Interessen, vielleicht nicht zu hundert Prozent, aber doch im Wesentlichen. Wie erreiche ich es, dass die Führungskräfte mit mir, dem Unternehmer, an einem Strang ziehen? In erster Linie durch Beteiligung am Kapital, nicht nur durch Bonussysteme. Am besten sind langfristig angelegte, nachhaltige Vergütungssysteme. Gerade in Zeiten wie diesen, die schnelllebig und unsicher sind und dabei durch die Globalisierung immer komplexer werden, braucht man ein verlässliches Team und wenig Fluktuation, wenn man langfristig denken, planen und handeln will. Das gilt für die Top-Ebene ebenso wie für die darunter liegenden Ebenen – dieser Geist muss sich von oben nach unten durchziehen durch das ganze Unternehmen.

Abgesehen vom Bonussystem und von der Organisationsstruktur – wo wird es Ihrer Meinung nach größere Veränderungen geben? Wird das klassische hierarchische System Bestand haben, wird es sich verändern, oder werden ganz neue Formen kommen?

Die hierarchischen Systeme gibt es noch, allerdings immer weniger in den älteren und reichen Industrieländern des Westens, mehr noch in Osteuropa und im Nahen Osten, deren wirtschaftliche Entwicklung noch in einem früheren Stadium steckt. Nehmen Sie Indien: Das Riesenland ist zwar eine Demokratie, aber dennoch ist der Regierungschef Singh eine starke

Führungsfigur. Wie die Entwicklung weitergeht, ist schwer zu sagen, weil die neuen Kommunikationssysteme – Internet, Mobilfunk – die Informationsstrukturen und -inhalte sehr verändern. Nachrichten, Ereignisse, Meinungen, Beobachtungen, Bilder – alles ist in allen Sprachen in Sekundenschnelle in den letzten Winkel der Welt transportierbar; gleichzeitig wachsen die Einflussmöglichkeiten. Das könnte wiederum hierarchische Strukturen begünstigen. Auch im Hinblick auf die Organisation »Unternehmen« denke ich, dass die Zeit der Hierarchien nicht vorbei ist. Starke führende Autorität innerhalb von Teamstrukturen ist, davon bin ich überzeugt, ein Erfolgsrezept.

Wie stehen Sie Konzepten gegenüber, die von der Hierarchie zur Heterarchie kommen wollen, indem sie aufzeigen, wie man zugleich als Chef eines Unternehmens und als Mitglied eines Teams agieren kann? Welche Chancen trauen Sie solchen Konzepten zu?

Solche Strukturen können höchstens temporärer Natur sein. Aber ich sehe darin unter Umständen nützliche Instrumente für besondere Umstände, für Situationen, in denen eine Art Klausur sinnvoll ist. Das heißt, dass sich die Beteiligten physisch zurückziehen, um innezuhalten, nachzudenken, die Selbstidentifikation zu überprüfen und die Strategie zu retten. Für solche Zwecke halte ich heterarchische Konzepte für sinnvoll – auf Zeit. Es gibt zum Beispiel eine Gesellschaft, die macht organische Babynahrung. Das ist eine Gruppe von 40 Leuten, die sitzen da und denken, entscheiden und handeln gemeinsam auf einer Ebene. Das wird sich aber ändern, sobald diese Organisation Erfolg hat und wächst. Dann braucht auch sie eine andere Struktur.

Anmerkungen zu diesem Kapitel

1 Charles Handy (1993): *Understanding Organizations*. New York, S. 346.
2 Vgl. Fisch, Rudolf; Müller, Andrea; Beck, Dieter (Hrsg.) (2008): *Veränderungen in Organisationen: Stand und Perspektiven*. Wiesbaden.
3 Vgl. Baudson, Tanja Gabriele; Dresler, Martin (Hrsg.) (2008): *Kreativität und Innovation: Beiträge aus Wirtschaft, Technik und Praxis*. Stuttgart.
4 Rüdel, N.; Scheffler, S.; Winkelmann, M. (2008): »Arbeitgeber setzen auf kreative Köpfe.« In: *www.karriere.de*. 01.01.2008.

5 Fisch, Rudolf; Müller, Andrea; Beck, Dieter (Hrsg.) (2008): *Veränderungen in Organisationen: Stand und Perspektiven.* Wiesbaden.

6 Vgl. »Erfolg durch Kreativität.« In: *Focus* Nr. 39, 23.09.1996.

7 Vgl. Harris, Imogen u. a. (2006): *Is Europe Ready For The Millennials? Innovate To Meet The Needs Of The Emerging Generation.* Online-PDF der Ashridge Business School (UK).

8 Vgl. Honoré, Sue; Paine Schofield, Carina (2009): *Generation Y: Inside Out. A multi-generational view of Generation Y – Learning and Working.* Executive Summary, Frühjahr 2009.

9 Meinter, Sabine (2010): »Generation Y. Zwischen iPod und Learning 2.0.« In: *Financial Times Deutschland* 29.04.2010.

10 Blüchel, Kurt G. (2006): *Bionik: Wie wir die geheimen Baupläne der Natur nutzen können.* München.

11 Zur Evolutionstheorie ausführlich: Riedl, Rupert (2002): *Riedls Kulturgeschichte der Evolutionstheorie: Die Helden, ihre Irrungen und Einsichten.* Berlin.

12 Miller, Peter (2010): *Die Intelligenz des Schwarms.* Frankfurt am Main/New York.

13 Nöllke, Matthias (2008): *Von Bienen und Leitwölfen: Strategien der Natur im Business nutzen.* Freiburg.

14 Giersch, Torsten (2010): »Warum Ameisen die besseren Manager sind.« In: *DIE ZEIT* 31.08.2010.

15 Informationen unter: www.1492.at.

16 Vgl. Savage, Charles M. (1997): *Fifth Generation Management. Kreatives Kooperieren durch virtuelles Unternehmertum, dynamische Teambildung und Vernetzung von Wissen.* vdf Hochschulverlag AG an der ETH Zürich.

17 Vgl. Käfer, Timo (2007): *Dezentralisierung im Konzern. Eine Mehr-Ebenen-Analyse strategischer Restrukturierung.* Wiesbaden.

18 Vgl. Savage, Charles M. (1997), a.a.O.; Käfer, Timo (2007), a.a.O.

19 Zwirner, Heiko (2008): *Von der Amöbe lernen.* McK Wissen 08.

20 Statement zur Firmenkultur von W. L. Gore & Associates und Fröndhoff, Bernd (2006): »Flexibel wie die Amöbe.« In: *Handelsblatt* 18.09.2006.

21 Vgl. Zwirner, Heiko (2008) und Fröndhoff, Bernd (2006).

22 Vgl. Angaben bei W. L. Gore & Associates.

23 Vgl. Mitteilung der Geschäftsführung: http://www.kyocera.de/index/about_us/message.html.

24 Albert, Helmut (2005): »Al Qaida, eine transnationale Terrororganisation im Wandel.« In: *Die Kriminalpolizei,* Juni 2005.

25 Vgl. Kalic, Sean N. (2005): *Combating a Modern Hydra: Al Qaeda and the*

Global War on Terrorism. Global war on terrorism occasional paper, 8. Fort Leavenworth.

26 Vgl. Griesbaum, Rainer; Hannich, Rolf; Schnarr, Karl Heinz (2006): *Strafrecht und Justizgewährung: Festschrift für Kay Nehm zum 65. Geburtstag.* Berlin; Kalic, Sean N. (2005), a.a.O.

27 Vgl. Kalic, Sean N. (2005), a.a.O.

28 Ebda.

29 Ebda.

30 Marc Sageman im Interview. In: *OrganisationsEntwicklung* 2/2009.

31 Ebda.

32 Ebda.

33 Ebda.

34 Vgl. Klesse, Hans-Jürgen (2009): »Weshalb Krisen strategisches Denken und mutige Führung erfordern.« In: *Wirtschaftswoche* 10.01.2009.

35 Vgl. Junker, Thomas (2004): *Geschichte der Biologie. Die Wissenschaft vom Leben.* München.

36 Backhausen, Wilhelm; Thommen, Jean-Paul (2006): *Coaching: Durch systemisches Denken zu innovativer Personalentwicklung.* Wiesbaden, S. 71.

37 Vgl. Backhausen, Wilhelm; Thommen, Jean-Paul (2006), a.a.O.

38 Kerres, Andrea; Seeberger, Bernd (2005): *Gesamtlehrbuch Pflegemanagement.* Berlin und Heidelberg, S. 64.

39 Hock, Dee (2008): *Die chaordische Organisation.* Stuttgart.

40 Ebda.

41 Dee Hock im Interview. In: *brand eins,* Nr. 4/2001.

42 Ebda.

43 Vgl. Picot, Arnold; Reichwald, Ralf; Wigand, Rolf T. (2009): *Die grenzenlose Unternehmung: Information, Organisation und Management.* Wiesbaden.

44 Vgl. Picot, Arnold; Reichwald, Ralf; Wigand, Rolf T. (2009), a.a.O.

45 Ebda.

46 Vgl. Kühl, Stefan (1994): *Wenn die Affen den Zoo regieren.* Frankfurt am Main/New York.

47 Vgl. Gill, Richardson B. (2000): *The Great Maya Droughts: Water, Life, and Death.* University of New Mexico.

48 Vgl. Reihlen, Markus (1998): *Führung in Heterarchien.* Arbeitsbericht Nr. 98, Universität Köln, Seminar für Betriebswirtschaftslehre, Betriebliche Planung und Logistik, Köln; Blecker, Thorsten; Kaluza, Bernd (2004): »Heterarchische Hierarchie als Organisationsprinzip flexibler Produktionssysteme.« In: Wildemann, Horst (Hrsg.) (2004): *Organisation und Personal.* Festschrift für Rolf Bühner. München, S. 177–195.

49 Fischer zitiert nach Laßleben, Hermann (2002): *Das Management der Lernenden Organisation. Eine systemtheoretische Interpretation.* Wiesbaden, S. 145.

50 Vgl. Terpitz, Katrin (2008): »Mitarbeiter als kreative Intrapreneure.« In: *Handelsblatt* Nr. 09, 09.05.2008.

51 Vgl. Macharzina, Klaus; Wolf, Joachim (2010): *Unternehmensführung: Das internationale Managementwissen. Konzepte, Methoden, Praxis.* Wiesbaden.

52 Vgl. Thommen, Jean Paul; Achleitner, Ann-Kristin (2007): *Allgemeine Betriebswirtschaftslehre. Umfassende Einführung aus managementorientierter Sicht.* Wiesbaden.

53 Handy, Charles (2003): *The Elephant and the Flea: Reflections of a Reluctant Capitalist.* New York.

54 Vgl. Handy, Charles (1989): *The Age of Unreason.* New York.

55 Ebda.

56 Ebda.

57 Mertens, Peter (1994): »Virtuelle Unternehmen.« In: *Wirtschaftsinformatik* 36/1994 2, S. 169–172.

58 Vgl. Warner, Malcolm; Witzel, Morgen (2004): *Managing in Virtual Organizations.* London; Pinnow, Daniel F. (2005): *Führen – Worauf es wirklich ankommt.* Wiesbaden.

59 Byrne, John A.; Brandt, Richard (1993): »The Virtual Corporation.« In: *Business Week* 08.02.1993.

60 Vgl. Warner, Malcolm; Witzel, Morgen (2004): *Managing in Virtual Organizations.* London.

61 Vgl. Brütsch, David (1999): *Virtuelle Unternehmen.* vdf Hochschulverlag AG an der ETH Zürich.

62 Riske, Jörg (2002): *Internet und die Auswirkungen auf die Unternehmensorganisation aus Sicht der neuen Institutionenökonomik.* Hamburg, S. 166.

63 Vgl. Tapscott, Don; Williams, Anthony D. (2007): *Wikinomics: die Revolution im Netz.* München.

64 Ebda.

65 Papsdorf, Christian (2009): *Wie Surfen zu Arbeit wird. Crowdsourcing im Web 2.0.* Frankfurt am Main/New York.

66 Winkler, Ulrich (2004): *Effiziente Grenzen der Unternehmung.* Wiesbaden.

67 Haderlein, Andreas (2006): *Marketing 2.0: Von der Masse zur Community. Fakten und Ausblicke zur neuen (Online-)Kommunikation.* Kelkheim.

68 Interview mit Andreas Lutz. In: *SZ* 06.04.2008.

69 Vgl. Shea, Virginia (1994): *Netiquette.* San Francisco.

70 Vgl. Hemmerich, Lisa (2010): »2009 Kurzmitteilungen im Wert von 2,5 Milliarden Euro verschickt. Deutschland: 1 100 SMS pro Sekunde.« Abrufbar unter: www.netzwelt.de/news/82907-deutschland-1-100-sms-prosekunde.html.

71 Vgl. Dubner, Stephen J. (2008): »Is MySpace Good for Society? A Freakonomics Quorum.« In: *Freakonomics* 15.02.2008.

72 Vgl. Schirrmacher, Frank (2004): *Payback. Warum wir im Informationszeitalter gezwungen sind zu tun, was wir nicht tun wollen, und wie wir die Kontrolle über unser Denken zurückgewinnen.* München, S. 32 f.

73 Interview mit Peter Kruse. In: Süddeutsche Zeitung 26.11.2009.

74 Vgl. Hemp, Paul (2009): »Das Recht auf Ruhe.« In: *Harvard Business Manager,* Dezember 2009.

75 Haderlein, Andreas (2006): *Marketing 2.0: Von der Masse zur Community. Fakten und Ausblicke zur neuen (Online-)Kommunikation.* Kelkheim.

76 Ebda.

77 Vgl. »Don't Buy Into These 10 Social Media Myths.« In: *Social Computing Journal* 19.11.2008.

78 Vgl. www.zonta-union.de.

79 Vgl. Pinnow, Daniel F. (2010): »Die Frauenquote fördert Nieten im Kostümchen.« In: *Welt Online,* 12.11.2010.

80 Vgl. www.eaf-berlin.de.

81 Vgl. www.femtec.org

82 Vgl. Mennenga, Kirsten (2005): *Join in! Virtuelle Netzwerke für Frauen, die schneller Karriere machen wollen.* Saarbrücken.

83 Haderlein, Andreas (2006): *Marketing 2.0: Von der Masse zur Community. Fakten und Ausblicke zur neuen (Online-)Kommunikation.* Kelkheim.

84 Vgl. Surowiecki, James (2005): *Die Weisheit der Vielen. Warum Gruppen klüger sind als Einzelne und wie wir das kollektive Wissen für unser wirtschaftliches, soziales und politisches Handeln nutzen können.* München.

85 Vgl. Balzter, Sebastian (2008): »Wissen, wo das Wissen sitzt.« In: *FAZ* 05.07.2008.

86 Borchers, Detlef (2007): »Internet-Netzwerke. Die verlinkte Gesellschaft.« In: *Focus online* 22.01.2007.

87 Pinnow, Daniel F. (2005): *Führen – Worauf es wirklich ankommt.* Wiesbaden.

88 Vgl. Qualman, Erik (2010): *Socialnomics: wie Social Media Wirtschaft und Gesellschaft verändern.* Heidelberg.

89 Vgl. Moorstedt, Tobias (2008): »US-Wahl im Internet. Basis ersetzt Elite.« In: *Süddeutsche Zeitung* 06.11.2008.

90 Schwenker, Burkhard; Bötzel, Stefan (2006): *Auf Wachstumskurs. Erfolg durch Expansion und Effizienzsteigerung.* Berlin.

91 Interview mit Notker Wolf. In: *Lufthansa Exclusive* 06/08.

92 Edda.

93 Pfläging, Niels (2010): *Die 12 neuen Gesetze der Führung: Der Kodex: Warum Management verzichtbar ist.* Frankfurt am Main/New York.

94 Vgl. Brafman, Ori; Beckström, Rod A. (2007): *Der Seestern und die Spinne: Die beständige Stärke einer kopflosen Organisation.* Weinheim.

95 Otto, Klaus-Stephan; Nolting, Uwe; Bässler, Christel (2006): *Evolutionsmanagement. Von der Natur lernen: Unternehmen entwickeln und langfristig steuern.* München.

96 Ebda.

97 Vgl. Bittelmeyer, Andrea (2008): »Die hybride Organisation. Dezentrale Unternehmensführung.« In: *managerSeminare,* Heft 121, April 2008.

98 Vgl. Schwenker, Burkhard; Bötzel, Stefan (2006): *Auf Wachstumskurs. Erfolg durch Expansion und Effizienzsteigerung.* Berlin.

99 Ebda.

100 Vgl. Engeser, Manfred (2010): »Aufbrechen, bevor das Denken zementiert.« In: *Wirtschaftswoche* 22.11.2010.

101 Vgl. Brafman, Ori; Beckström, Rod A. (2007): *Der Seestern und die Spinne. Die beständige Stärke einer kopflosen Organisation.* Weinheim.

3. Organisation und Gehirn

3.1 Die Macht der Gefühle

»Drei Dinge treiben den Menschen zum Wahnsinn: die Liebe, die Eifersucht und das Studium der Börsenkurse.«

John Maynard Keynes

Keynes war bekanntlich kein Sozialpsychologe, sondern Ökonom. Aber mit diesem Satz hat er indirekt ausgedrückt, was hinter all unserem Treiben steckt: Selbst an der Börse hat alles Handeln nur zum kleineren Teil mit Vernunft, also trockenen Zahlen und Bilanzen zu tun, und zum größeren Teil mit Gefühlen und Emotionen. Die Überzeugung, dass sich der Mensch bei seinen Entscheidungen in erster Linie von seinem Verstand und rationalen Überlegungen leiten lässt und Gefühle eher ausblendet, hat allerdings eine lange Tradition. Zu behaupten, dass Gefühle wichtig, ja entscheidend sind, traf in der Vergangenheit häufig auf Abwehr. Das sichere Terrain des vernunftgelenkten Entscheidens und Handelns zu verlassen und Gefühle zuzulassen, ist für viele noch immer schwer, vor allem in der Wirtschafts- und Geschäftswelt.

Doch die neuen Erkenntnisse der Hirnforschung beweisen auch empirisch: Nicht der Verstand, sondern die Gefühle lenken unser Denken, Wünschen und Handeln. Und dieses Denken und Handeln zielt wiederum nur auf eines ab: auf Gefühl, konkret auf das Wohlbefinden. Der Mensch braucht Glücksempfinden und Zufriedenheit. Und so stimmt es eben nicht, dass Verstand und Vernunft allein verlässliche und universelle Werkzeuge sind. Vielmehr ist die genaue Kenntnis der menschlichen Psyche, zuallererst der eigenen, die Voraussetzung dafür, die besten Entscheidungen zu treffen, auch und vor allem bei Führungskräften.

Innenleben

Die *Psyche* (griechisch: Hauch, Atem, Seele) ist der nichtkörperliche Teil des Menschen, der ihn neben seiner Physis, seiner körperlichen Beschaffenheit, ausmacht und lenkt. Der Duden führt unter dem Stichwort »Psyche« die Synonyme »Gefühlsleben«, »Gefühlswelt«, »Gemüt«, »Innenleben«, »Innenwelt«, »Inneres« und »Seele« auf. Dirk Hartmann umschreibt die menschliche Psyche mit der Gesamtheit seiner Regungen, seines Innen- oder Seelenlebens.[1]

Die Forschung belegt, dass die Gefühle das Denken beherrschen und nicht umgekehrt. Unserem Tun liegen immer Hoffnungen und Ängste, Sympathie oder Antipathie zugrunde. Unsere innere Reaktion auf Erfahrungen sind Gefühle wie Freude oder Neid, Wohlwollen oder Ablehnung, und diese Gefühle bestimmen unsere äußere Reaktion und unser Handeln viel mehr als sachliches Abwägen. Organisieren beginnt immer im Kopf, wo auf der Bewusstseinsebene Vernunft und Gefühl zwar oft streiten, Entscheidungen aber tatsächlich zuerst von der Psyche und erst dann von der Vernunft gelenkt werden, ohne dass es uns bewusst ist. Die Vorstellung, rein rational entscheiden zu können, ist nach den Erkenntnissen von Hirnforschern wie Gerhard Roth ein Mythos: »Das unbewusste Emotionale entscheidet in letzter Instanz. Es sagt mir, wo es langgeht.«[2] Jede Entscheidung ist demnach eingebettet in das Gesamtrepertoire unserer neuronalen Prozesse, denn dies ist Voraussetzung für gute Entscheidungsprozesse; andernfalls käme es schnell zu irrationalen Entscheidungen.[3]

Wir entscheiden, handeln und organisieren, weil wir Bedürfnisse und Wünsche haben. Wir »brauchen« oder »wollen« etwas und setzen entsprechende Ziele, werden aktiv. Ein Ziel zu erreichen heißt, Erfolg zu haben. Und erfolgreich zu sein, also Bedürfnisse zu befriedigen und Wünsche zu erfüllen, führt zu Wohlgefühl unterschiedlicher Intensität: von Zufriedenheit über Glücksgefühl bis zur Euphorie. Wohlgefühl ist das Höchste, was wir erreichen können, denn während dieser flüchtigen Empfindung erleben wir eine Art uneingeschränkte Vollkommenheit, die die sonst unüberbrückbaren Grenzen zwischen dem isolierten Ich und dem Rest der Welt überwindet.

Beim Erreichen eines mit Einsatz und Anstrengung verfolgten Ziels wird unser Gehirn überschwemmt mit Neurotransmittern, das heißt mit Belohnungsbotenstoffen wie Dopamin, Noradrenalin, Serotonin und Endorphinen.[4] Wenn die Glücksbotenstoffe wieder abgebaut sind, machen wir uns auf zum nächsten Ziel, denn wir sind darauf gepolt, diesen groß-artigen Zustand so oft wie möglich zu erleben. Die Gründerväter der USA waren keineswegs abgehobene Idealisten, sondern durchaus auf dem Boden der biologischen Tatsachen, als sie ihren Landsleuten ein Recht auf das Streben nach Glück in die Verfassung schrieben.

Das Streben nach Glück

Ganz gleich, was wir uns wünschen und zu erreichen suchen – Anerken-nung, Geld, Liebe, Nachwuchs, Selbstverwirklichung oder nur den letzten freien Platz in der S-Bahn: Letztlich geht es darum, dass wir uns gut und zufrieden fühlen wollen. Wir sehnen uns nach Befriedigung, also nach er-füllendem Frieden für den inneren Aufruhr der Wünsche und Sehnsüchte, von denen wir getrieben werden. »Das individuelle Leben ist ebenso obli-gater Wettbewerb, wie die Evolution als Ganze obligater Wettbewerb ist. Menschen leben in einer Art hedonistischer Tretmühle, immer angetrieben durch die Aussicht auf kurzfristige Belohnung, ohne Aussicht allerdings auf einen finalen Höhepunkt.«[5]

Dem grundsätzlichen Streben nach Glücksgefühlen widmet sich die noch junge Fachrichtung der Wohlbefindensforschung. Den Grundstein für die Psychologie des Wohlbefindens legte 1984 der Psychologe Ed Die-ner mit seinem Beitrag über Subjective Well-Being.[6] Alle vier Jahre dis-kutieren seither Tausende von Fachleuten den Stand der Forschung beim Weltkongress für Psychologie, der zuletzt 2008 in Berlin stattfand. Die Glücksforscher unterscheiden zwischen momentaner und längerfristiger Lebenszufriedenheit, zwischen aktuellem und habituellem Wohlbefinden. Dabei spielt offenbar ein individueller Set-Point eine Rolle, der teilweise genetisch bestimmt ist, wie die amerikanischen Psychologen David Lyk-ken und Auke Tellegen in Studien mit getrennt aufgewachsenen eineiigen Zwillingen herausfanden. Deren Lebenszufriedenheit erwies sich als ziem-lich ähnlich, auch wenn sie in gänzlich verschiedenen sozialen Umfeldern sozialisiert worden waren.[7]

Die 2008 in Berlin vorgestellten neueren Forschungsergebnisse zeigen, dass sich der persönliche Wohlgefühl-Sollwert im Laufe des Lebens durch emotionale Ereignisse verändern kann. Zwar pendelt sich dieser Wert nach einem heftigen positiven oder negativen Gefühlserlebnis bald wieder auf das Normalmaß ein, aber schwere Krisen können ihn auf Dauer ins Minus verschieben. Umgekehrt wirkt eine gesunde Seele wie eine Dauer-Wellnessbehandlung auf den Körper: Sonja Lyubomirsky, Psychologin an der University of California Riverside, legte Forschungsergebnisse vor, nach denen glückliche Menschen nicht nur länger leben als weniger glückliche, sondern auch gesünder, kreativer, produktiver und beruflich erfolgreicher sind, sich gesellschaftlich stärker engagieren und überdies befriedigende soziale Beziehungen haben.[8]

Das hört sich nicht sonderlich kompliziert an und ist doch das Gegenteil: Mit Glück, Zufriedenheit und Wohlgefühl sind nämlich höchst unterschiedliche, individuell definierte und bewertete Zustände gemeint. Diese Definitionen sind abhängig von Charakter und Prägung. Psychische Probleme, die in der Regel in der Kindheit angelegt und oft ein Leben lang mitgeschleppt werden, beeinflussen Wünsche, Sehnsüchte, Verhalten und Handeln. So schrieb schon Immanuel Kant in seiner *Kritik der reinen Vernunft*, dass jede Erkenntnis, die wir erlangen, mit unseren Erfahrungen anfängt, »denn wodurch sollte das Erkenntnisvermögen sonst zur Ausübung erweckt werden, geschähe es nicht durch Gegenstände, die unsere Sinne rühren und teils von selbst Vorstellungen bewirken, teils unsere Sinne rühren und teils unsere Verstandesfähigkeit in Bewegung bringen [...]«.[9] Mit zunehmendem Lebensalter und Erfahrungsschatz verändern sich die Vorstellungen davon, was Glück bedeutet und mit welchen Mitteln es zu erreichen sei.

Wir fällen unsere Entscheidungen nach den neuesten Erkenntnissen der Hirnforschung nicht aus dem sogenannten »freien Willen«, weil es den gar nicht gibt. Deutsche Hirnforscher fanden heraus, dass das Gehirn schon zehn Sekunden vor einer bewussten Entscheidung aktiv wird.[10] Die Psyche steuert unser Wünschen, Wollen und Handeln. Die Richtung dieser Steuerung, also die Art unserer Wünsche und Ziele und der Vorstellungen, welches Handeln dazu nötig ist, sie zu verwirklichen, hängt nicht nur von genetischen Vorgaben ab. Sozialisation und weitere Lebenserfahrungen formen und verändern unsere Psyche.[11]

Kleinhirn an Großhirn

Doch wie funktioniert unser Gehirn eigentlich? Woher kommen die Gedanken und die so mächtigen Gefühle? Wo ist der Sitz des Bewussten, und wo wohnt das Unbewusste? »Vieles von dem, was die Hirnforscher in den letzten hundert Jahren über unser Gehirn vermutet haben, hatte nur eine begrenzte Haltbarkeit«,[12] hält der Philosoph und Autor Richard David Precht in seinem Buch *Wer bin ich – und wenn ja, wie viele?* fest. Immer wieder gab es neue Erkenntnisse, die ältere Vorstellungen über den Aufbau und die Funktionsweisen unseres Denkapparates veränderten. Heute unterteilt man das Gehirn in vier verschiedene Bereiche: Der Hirnstamm koordiniert automatische Abläufe wie Herzschlag, Atmung und Stoffwechsel sowie unsere Reflexe wie Augenzwinkern, Schlucken oder Husten. Die Rolle des Vermittlers zwischen den Hirnregionen nimmt das Zwischenhirn ein, indem es Sinneseindrücke wahrnimmt und an das Großhirn weiterleitet. Mit Hilfe von Nerven und Hormonen steuert es Schlafen und Wachen, Schmerzempfinden und Körpertemperatur.[13]

Unser Kleinhirn ist entscheidend für unsere Fähigkeit, uns zu bewegen und motorische Abläufe zu erlernen. Außerdem ist es nach neuen Erkenntnissen beteiligt an kognitiven Leistungen wie dem Sprechen. Den meisten Platz in unserem Gehirn nimmt das Großhirn ein. Es wird in verschiedene Regionen eingeteilt, zu denen der assoziative Kortex gehört, der zwingend für die geistigen Hochleistungen eines Menschen notwendig, aber nicht allein verantwortlich ist.[14] Der assoziative Kortex gilt als unspezifisch, da ihm keine eine spezielle Aufgabe zugeordnet werden kann. Er wird noch einmal in drei verschiedene Bereiche unterteilt: Der frontale Assoziationskortex gilt als Sitz der Persönlichkeit. Beim Prozess des Lernens und beim Wiedererkennen von Gesichtern und charakteristischen Eigenschaften einer Person spielt der limbische Assoziationskortex eine große Rolle. Der parietale Assoziationskortex hat zwei Hälften. Die linke Hälfte repräsentiert das rechte Gesichtsfeld, die lexikale Sprache, das Schreiben, Sprechen und das logisch abstrakte Denken. Die rechte Hälfte ist zuständig für die emotionale Sprachfärbung, die räumliche Orientierung, das abstrakte räumliche Denken, und sie repräsentiert das linke Gesichtsfeld.[15]

Kopfloses Bauchgefühl

Vor allem jüngere Führungskräfte haben keine Scheu, sich mit ihrem Selbst und ihrer Gefühlswelt auseinanderzusetzen. Der Unternehmer und Buchautor Ori Brafman schrieb sein Werk *Kopflos. Wie unser Bauchgefühl uns in die Irre führt – und was wir dagegen tun können* zusammen dem Psychologen Ron Beckström. Darin ist zu lesen, dass wir über all unserem Wissen »nur allzu gern [vergessen], dass Menschen unter der Oberfläche noch immer von irrationalen psychischen Kräften beherrscht werden«.[16] Selbst »rationale« Menschen – zu denen sich Führungskräfte in der Regel zählen – erlägen dem Sog der Unvernunft. Deshalb könnten Unternehmen und Märkte im Chaos versinken.

Ein solches »kopfloses Bauchgefühl«, das Brafman und Beckström als schlechten Ratgeber entlarven, ist jedoch nicht zu verwechseln mit der »Entscheidung aus dem Bauch heraus«, die man auch Intuition nennt. Im ersten Fall sind wir überzeugt, wohlüberlegt und nach vorherigem Abwägen von Pro und Contra zu entscheiden. Im zweiten Fall geschieht die Entscheidung ohne großes Nachdenken. Intuition ist keine geheimnisvolle Eingebung aus dem Universum, sondern entwickelt sich mit der Zeit. In jungen Jahren ist das Verhalten noch sehr flexibel. Allmählich formt sich dann die Persönlichkeit durch Erfahrung. Dabei prägen sich erfolgreiche Entscheidungen ein und bilden eine Vorlage für die weiteren. Irgendwann werden viele Entscheidungen gar nicht mehr bewusst getroffen, sondern so »wie immer«. Das ist ein durchaus hilfreicher Mechanismus, der die Komplexität von Entscheidungen und Optionen reduziert und unser Verhalten für andere bis zu einem gewissen Grad kalkulierbar macht.

Berechenbarkeit ist in einer Welt der gegenseitigen Abhängigkeiten eine wichtige Voraussetzung für ein effektives Miteinander, denn das vernetzte Tun kann nur auf der Basis von Vertrauen funktionieren. Dazu muss das Verhalten des anderen im Wesentlichen vorhersehbar sein. Der Psychologe Gerd Gigerenzer, Direktor am Max-Planck-Institut für Bildungsforschung, weist darauf hin, dass die meisten Entscheidungen, auch die wichtigen in den oberen Führungsetagen, intuitiv getroffen würden: »So sind Menschen einfach nicht, das macht auch kein Vorstand, den ich kenne. Das wird nur in den Business Schools immer noch so gelehrt. Wenn wir etwa am Institut unser Budget aufstellen, wie sollen wir denn die Wahrscheinlichkeiten für das kommende Jahr numerisch abschätzen? Wir nehmen einfach das Budget vom letzten Jahr und machen dann eine sachliche Adjustierung. So funktioniert das.«[17]

Liebe Gewohnheit

Die Beschaffenheit unserer Psyche ist dafür verantwortlich, dass wir Entscheidungen gern »automatisieren« und Gewohnheiten bzw. Routinen entwickeln: »Am Bewährten festzuhalten vermittelt das Gefühl der Sicherheit, Geborgenheit und Kompetenz und reduziert die Furcht vor der Zukunft und dem Versagen«, schreibt der Neurobiologe Gerhard Roth.[18]

Das gilt auch für Organisationskulturen: Sie ergeben sich aus subjektiven, psychologischen Komponenten, den Werten, Normen, Denkhaltungen und Paradigmen der Beteiligten. Edgar Schein, der Wegbereiter der Organisationskultur, definiert diese so: »Ein Muster gemeinsamer Grundprämissen, das die Gruppe bei der Bewältigung ihrer Probleme externer Anpassung und interner Integration erlernt hat, das sich bewährt hat und somit als bindend gilt; und das daher an neue Mitglieder als rational und emotional korrekter Ansatz für den Umgang mit Problemen weitergegeben wird.«[19]

Dieses Muster regelt das organisatorische Verhalten, das Zusammenspiel der einzelnen Akteure und das Auftreten der Organisation nach außen, nicht ein für alle Male, aber für eine bestimmte Zeit. Die Organisationskultur gilt als hilfreich bei rationalen Zielen wie vereinfachten Abläufen und Zeitersparnis. Das funktioniert aber nur, weil das Muster zunächst den tieferliegenden psychologischen Motiven dient: den erwähnten Bedürfnissen nach Sicherheit, nach Berechenbarkeit und damit nach einem möglichst stress- und konfliktarmen zwischenmenschlichen Umgang. David Bright und Bill Parkin bringen das Wesen der Organisationskultur – und sei sie noch so komplex – auf den Punkt: »This is how we do things around here – so machen wir das hier.«[20]

Bright verweist mit dieser Formulierung ungewollt auf die Kehrseite des menschlichen Hanges zur Gewohnheit: die Abneigung gegen Veränderungen. Eingefahrene Abläufe und gewohntes Verhalten zu ändern ist schon beim Einzelnen, erst recht jedoch in einer größeren zusammenwirkenden Gruppe »nur sehr schwer, nur in begrenztem Maße und nur in kleinen Schritten« möglich.[21] Veränderungen in der Organisation sind jedoch für den Erfolg und das Überleben des Unternehmens unumgänglich. Deshalb muss jeder einzelne Mitarbeiter aus seiner gewohnten »Komfortzone«, in der er sich eingerichtet hat, heraus.

Auch Gerhard Roth ist überzeugt, dass besonders in Veränderungssituationen Verstand und Gefühl miteinander konkurrieren. Nicht das Kommando »Ändere dich!« entscheidet, sondern das unbewusste Emotionale. Selbst wenn durch sie ein Vorteil erreicht werden kann, scheuen die Menschen in der Regel die Veränderung. Der Grund: Ein Weitermachen wie gehabt trägt zunächst ein stärkeres Gefühl der Belohnung in sich. Die Routine gefällt und hat sich bisher bewährt. Hinzu kommen die Angst vor dem Neuen und das Risiko des Misserfolgs. Der bloße Veränderungsbefehl von oben bringt Mitarbeiter höchstens dazu zu kündigen oder notgedrungen, aber ohne innere Überzeugung das zu tun, was man von ihnen erwartet. Wenn sich die Wogen geglättet haben, kehren sie wieder zum Gewohnten zurück. Führungskräfte müssen in dem, was sie fordern, selbst ein Vorbild sein. Nur so können sie aus ihren Mitarbeitern motivierte, leistungsorientierte und flexible Menschen machen.[22]

Auf den Bauch vertrauen

Experten raten gern dazu, beim Entscheiden möglichst analytisch und abwägend vorzugehen. Der Psychologe Gerd Gigerenzer hält diesen Rat zwar für logisch, aber nicht unbedingt für sinnvoll. Intelligenz ist für ihn nur ein Werkzeug von vielen. Die ebenso wertvolle Intuition ist selbst »intelligent«, denn sie entscheidet aufgrund von Faustregeln, die wir unbewusst aus wenigen relevanten Informationen herausfiltern, um das ganze Problem so vereinfachen und schneller zu einem Ergebnis zu kommen, das noch dazu effizient ist. Das Ergebnis der Forschung Gigerenzers widerspricht allem, was wir früher gelernt haben: Sehr oft sind Entscheidungen ohne viel Nachdenken die besseren.[23] Warum? Bei solchen »Bauchbeschlüssen« sind Hirnareale der emotionalen Bewertung und der Ich-Identität aktiv. Das führt dazu, dass man voll und ganz hinter dem eigenen Entschluss steht und so andere auch besser davon überzeugen kann. Deshalb rät der Hirnforscher Ernst Pöppel gerade Managern dazu, der Gefühlsebene bei Verhandlungen mehr Raum zu geben.[24] Um die für gute Entscheidungen erforderliche emotionale Nähe herzustellen, müsse allerdings Zeit für zwangloses Gespräch sein.

»Die klassische Ökonomie hat sich im Menschen getäuscht«, stellt Gigerenzer fest. Die Spieltheorie zeige, dass die ökonomisch rationale Lösung nicht immer die beste sei. Schon länger sei klar, dass einfache Strategien wie »tit-for-tat« (»wie du mir, so ich dir«) zu größerem Erfolg führen können. Mit der Maxime »eine Hand wäscht die andere« kommt man – gerade in Netzwerken – weiter als mit der »rationalen« Strategie des Misstrauens, auch im Geschäftsleben. Vertrauen und intuitives Entscheiden bilden für Gigerenzer eine sinnvolle Koalition. Denn die Hirnforschung hat nicht nur nachgewiesen, »dass Entscheidungen stark gefühlsbestimmt sind und nur zum kleinen Teil rational getroffen werden, sondern auch, dass einer impliziten Entscheidung mehr Vertrauen entgegengebracht wird als einer (scheinbar) rein rationalen«.[25]

3.2 Hirnforschung – warum tue ich, was ich tue?

Es liegt es in der Natur des Menschen, mit Hilfe der Wissenschaft immer mehr über die Natur und sich selbst erfahren zu wollen. Die Neuroökonomie ist eine noch junge Forschungsrichtung und entstand Ende der 90er Jahre als interdisziplinäre Verbindung zwischen den Neurowissenschaften und den Wirtschaftswissenschaften. Sie untersucht, ähnlich wie die Verhaltensökonomik, die Gründe und Motive, die den wirtschaftlichen Entscheidungen von Menschen zugrunde liegen.[26] Die Ökonomie beschäftigt sich zwar schon lange mit menschlichen Entscheidungen, aber nicht mit den dahinterstehenden Motiven. Sie ging von der Annahme aus, dass jeder am besten weiß, was das Richtige für ihn ist, und dementsprechend auch entscheidet. Neuroökonomen wollen die »Black Box« der Entscheidungsfindung öffnen und haben bereits vielversprechende Blicke hinein geworfen.

Diese Forschungsrichtung wird durch ihre bisher wichtigste Erkenntnis unsere Auffassungen von Entscheiden, Wählen und vom rationalen Handeln verändern: Das erste und das letzte Wort beim Entscheiden haben die unbewussten Anteile unserer Persönlichkeit. Verstand und Vernunft fungieren lediglich als Ratgeber.[27]

Bereits in den 70er Jahren wies Benjamin Libet die Führungsrolle des Unbewussten nach: »Der Neurophysiologe bat Versuchspersonen, ihre Hand zu einem selbst gewählten Zeitpunkt zu bewegen. Sie sollten dabei auf die Uhr sehen und sich merken, wann sie den Befehl ›Finger krümmen‹ gegeben hatten. Das irritierende Ergebnis: Schon eine halbe Sekunde bevor die Testpersonen diese Entscheidung trafen, registrierte das EEG Aktivität in dem Areal des Gehirns, das die Hand steuert.«[28]

Der Münchner Psychologe Wolfgang Prinz beschreibt die Dominanz des Unbewussten so: »Wir tun also nicht, was wir wollen, sondern wir wollen, was wir tun.«[29] Das Unbewusste lenkt uns alle jeden Tag. Das Bewusstsein schaltet sich erst ein, wenn Überraschendes passiert, Situationen also nicht mehr stereotyp sind. Warum erst dann? Weil hier die Ansprüche an die Problembewältigung höher sind und dies mehr Energie erfordert als der Automatismus des unbewussten Reagierens und Handelns. »Bewusstsein ist Luxus. Deshalb schaltet das Gehirn, so oft es kann, auf Autopilot. Der arbeitet billig, schnell und exakt.«[30]

Die Ebenen der Psyche

Die Psyche ist der Boss, wie die Wissenschaft zweifelsfrei nachgewiesen hat. Welches sind die Komponenten, die jede Psyche individuell formen? Der Hirnforscher Gerhard Roth entwarf ein »neurobiologisch fundiertes Modell der Persönlichkeit«, die bei jedem Menschen »von vier großen Determinanten bestimmt [ist], nämlich von der individuellen genetischen Ausrüstung, den Eigenheiten der individuellen Hirnentwicklung, den vorgeburtlichen und frühen nachgeburtlichen Erfahrungen, besonders den frühkindlichen Bindungserfahrungen, und schließlich von den psychosozialen Einflüssen während des Kindes- und Jugendalters«.[31]

Die vier Determinanten des Modells im Einzelnen: Der unteren limbischen Ebene, die genetisch bedingte Eigenschaften umfasst und von Roth mit »Temperament« bezeichnet wird, ordnet er Persönlichkeitsmerkmale wie Ausdauer, Geduld, Selbstvertrauen, Kreativität und Offenheit gegenüber Neuem zu, außerdem Vertrauen und Misstrauen gegenüber anderen, Pünktlichkeit, Ordnungsliebe, Zuverlässigkeit und Intelligenz.

Die nächste, die mittlere limbische Ebene, ist die der »emotionalen Prägung«, also individueller und psychosozialer Erfahrungen. Zusammen mit dem Temperament bildet sie den unbewussten Kern der Persönlichkeit. Sie entwickelt sich in den ersten Lebensjahren und speichert, was der Einzelne als gut beziehungsweise lustvoll und was er als schlecht oder schmerzhaft empfindet und wie er mit Stress, Furcht, Erfolg, Unsicherheit und Risiken umgeht. Belohnungserwartung, Leistungsmotivation und Ehrgeiz sowie die Abhängigkeit von Lob und Anerkennung sind hier verortet.

Ebene drei ist die obere limbische Ebene, die Roth »bewusstes soziales Verhalten« nennt und wo Streben nach Erfolg, Anerkennung, Ruhm, Macht, Freundschaft, Liebe und sozialer Nähe verankert werden. Der persönliche Grad an Empathie und Mitleid, Hilfs- und Kommunikationsbereitschaft, Moral und Ethik sind Komponenten dieser Ebene, die sich in später Kindheit und Jugend formiert.

Die vierte und letzte Ebene ist die kognitiv-rationale. Hier spielen Selbstdarstellung, Diplomatie, Verstellung und auch Selbstbetrug eine Rolle. Sie formt das Wunschbild, das wir uns von uns selbst machen: Wer und was wollen wir sein? Welchen Eindruck wollen wir auf andere machen?

Gerhard Roth gibt ein Beispiel: »Sie kriegen einen Anruf vom Chef, dass Sie morgen zu einen Termin nach München müssen. Leider hat auch Ihre Freundin Geburtstag. Die kognitive Ebene des Gehirns – ganz oben – erklärt Ihnen ganz unemotional, welche Alternativen Sie haben. Die bewusste emotionale Ebene eine darunter wägt die Konsequenzen ab: Was macht die Freundin, was der Chef bei einer Absage? Die wirklich wichtige Ebene liegt aber noch tiefer im Unbewussten: Dort spielen Persönlichkeitsmerkmale eine Rolle, zum Beispiel Selbstwertgefühl oder Bindungsvertrauen. Wenn die Beziehung mit dem Lebenspartner die wichtigste Bindung in Ihrem Leben ist, könnten Sie panische Angst bekommen, verlassen zu werden. Oder Sie suchen Anerkennung, sind sehr karrierebewusst, dann fragen Sie sich, was aus Ihnen werden soll, wenn der Chef Sie rausschmeißt. Tief im Gehirn kämpfen frühkindliche Bedürfnisse miteinander.«[32] Und hier wird der Kampf auch entschieden: Die oberen beiden Ebenen können sich mit ihren rein rationalen Argumenten gegen die emotionalen Bedürfnisse beziehungsweise die Macht der unteren beiden Ebenen letztlich nicht durchsetzen.

Die Domänen des Bewusstseins

Es gibt keine objektive Wahrheit, denn da ihr Erleben ein Prozess ist, der in jedem einzelnen Kopf individuell geschieht, ist das Resultat, das Bild der Wirklichkeit, immer individuell »gefärbt«. Unsere Wahrnehmung ist nicht mehr als ein »Für-wahr-Nehmen«: Sie funktioniert nur subjektiv.

Hirnforscher lesen an den Prozessen im Gehirn Ordnungsprinzipien ab, wie das Ökonomieprinzip beim Wahrnehmen und Denken. Das Empfinden des Ablaufs der Zeit beispielsweise ist eine Illusion, oder besser gesagt eine Hilfskonstruktion unseres Gehirns, das wir brauchen, um innere und äußere Ordnung zu schaffen. Welche neuronalen Prinzipien schaffen diese Ordnungsprinzipien in unserem Kopf?

Ernst Pöppel, Neurowissenschaftler und emeritierter Professor an der Ludwig-Maximilians-Universität München, teilt die Bewusstseinsinhalte in vier Domänen ein: Wahrnehmungen, Erinnerungen, Absichten und Gefühle, die für die zeitliche Kontinuität unseres Seelenlebens sorgen. Sie »sind der zeitliche Klebstoff, damit sich unser Wollen nicht ständig ändert«, denn das würde längerfristig geltende Entscheidungen unmöglich machen. Die vier Domänen sind stets an allen Aktivitäten des Gehirns beteiligt: »Allein aus der Architektur des Gehirns leitet sich die Feststellung ab, dass ein Wahrnehmen ohne ein gleichzeitiges Erinnern und gefühlsmäßiges Bewerten oder ein Erinnern ohne ein gefühlsmäßiges Bewerten oder ein kreatives Denken ohne einen Erinnerungsbezug oder ohne eine emotionale Bewertung nicht möglich ist. Die Architektur des Gehirns mit seinen Vernetzungen erzwingt geradezu funktionelle Bezüge innerhalb des gesamten psychischen Repertoires.«[33]

Pöppel folgert, dass personale Identität im Wesentlichen durch die Bilder bestimmt wird, die wir in uns tragen und die zur Schaffung der Identität an das Selbst angepasst werden: Alles wird »stimmig« gemacht. Umgekehrt bedeutet das: Wer keinen Zugriff mehr auf seine Erinnerungen hat, bei dem stellt sich auch die personale Identität in Frage. Dann aber verliert man auch die Zukunft.[34] »Welt ist nicht einfach die Addition einer Serie von Beobachtungsdaten. Welt selbst ist Deutung.«[35] Das wusste bereits der Aufklärer Immanuel Kant, aber erst die moderne Hirnforschung konnte den Nachweis liefern.

Im Juli 2008 veröffentlichte das Wissenschaftsmagazin *Current Biology* die Resultate von Experimenten, bei denen sich die Probanden ein horizontales oder vertikales Streifenmuster vorstellen sollten. Danach wurden ihnen genau solche Muster gezeigt, allerdings zwei verschiedene: dem rechten Auge eins mit anderer Orientierung und Farbe als dem linken. Die meisten Probanden erklärten, sie hätten genau das Muster gesehen, das sie sich zuvor vorgestellt hatten. Damit ist klar: Was wir sehen, was also in unserem Kopf als Abbild der Wirklichkeit entsteht, ist kein

»objektives« Spiegelbild der Außenwelt, sondern ein von unseren individuellen, subjektiven Empfindungen und Vorstellungen beeinflusstes Bild.[36]

Die Demontage des Homo oeconomicus

Das Modell des Homo oeconomicus, eines ausschließlich nach rationalen, wirtschaftlichen Gesichtspunkten denkenden und handelnden Menschen, hat ausgedient. Der Journalist Uwe Jean Heuser schreibt in seinem Buch *Humanomics:* »Seit fast einem Jahrhundert wollte die Wirtschaftswissenschaft so sein wie die Physik. Ihre mathematisch einwandfreien Modelle, fußend auf eindeutigen Annahmen über die Akteure und ihre Bedingungen, schufen enorme analytische Klarheit – und setzten die Ökonomie deutlich ab gegenüber der Soziologie oder gar Politologie. Doch, so wissen Ökonomen, hat jeder Nutzen seine Kosten. In dem Fall hat die Orientierung an einer Naturwissenschaft die Forscher weit weggeführt von der menschlichen Natur, wie man sie heute kennt.«[37]

Die Neuroökonomie hebt dieses Manko nun endgültig auf. Und ihre Ergebnisse belegen, dass es den vernunftgelenkten Egoisten in Reinform nicht gibt. Das ökonomische Denken wird vom Bauch und nicht vom Hirn gesteuert: »Unsere Eingeweide wollen je nach Stresslevel etwas Unterschiedliches. Und dann wird der Kopf beauftragt, den Willen zu befriedigen, so gut er das kann.« Die Grundannahme vom rational entscheidenden Homo oeconomicus ist falsch und »bestenfalls ein Kunstgedanke für halbwegs gute Zeiten, in denen Rationalität sogar kurzfristig nutzt«.[38]

Das Ultimatumspiel gilt heute als Experimentklassiker. Es belegte, was jeder aus Erfahrung weiß: Sehr viele Menschen verhalten sich auch dann fair, wenn sie keinen konkreten Nutzen davon haben. Das ist so zwar nicht ganz korrekt, denn keine Energieinvestition erfolgt völlig ohne Zweck, also auch kein Handeln ganz ohne Gewinnziel. Gemeint ist hier jedoch der materielle Nutzen. Der Gewinn betrifft die Psyche; er besteht in einem positiven Gefühl. Die Ausgangslage des Experiments: Spieler A bekommt 10 Euro. Von diesem Geld kann er Spieler B eine beliebige Summe abgeben. B hat dabei ein Vetorecht: Wenn er das Angebot von A annimmt, wird das Geld genau so aufgeteilt; wenn nicht, gehen beide leer aus.

Nach der ökonomischen Standardtheorie des Homo oeconomicus müsste A egoistisch nur an sich selbst denken und B lediglich 1 Cent anbieten. Und B müsste aus Rationalität dieses Angebot annehmen, weil rational gesehen 1 Cent besser ist als nichts. Im Experiment aber lehnt B dieses Minimalangebot ab. Das zeigt, dass Menschen nicht ausschließlich von Egoismus und logischem Denken gelenkt werden. Sie wollen auch fair behandelt werden. Das Verhalten von 25 bis 50 Prozent der A-Teilnehmer belegt das ebenso: Sie waren großzügig und fair auch dann, wenn B kein Veto gegen das Angebot einlegen durfte.[39]

Andere Untersuchungen zeigten umgekehrt, dass Menschen zwar lügen und betrügen, wenn es ihnen nützt, aber nur selten im maximal möglichen Umfang, auch dann nicht, wenn die Wahrscheinlichkeit, entdeckt zu werden, gleich Null ist. Forscher am Massachusetts Institute of Technology (MIT) glauben, dass das innere Belohnungssystem auch Ehrlichkeit belohnt. Und die Belohnung besteht darin, dass man sich gut und zufrieden fühlt.[40]

Das mitfühlende Gehirn

Die Neuroökonomie gibt den Forschern nun zusätzlich die Gelegenheit, nicht nur die Entscheidungen der Menschen anhand von Experimenten zu untersuchen, sondern mit den technischen Mitteln der Hirnforschung, wie dem MRT, auch die Vorgänge im Gehirn selbst zu analysieren. Die Forscher fanden heraus, dass im Gehirn zwischen zwei Gefühlen abgewogen wird. Die Bewertung eines bestimmten Produktes und dessen Preises findet in unterschiedlichen emotionalen Zentren statt. Erst danach bringt ein weiterer Teil des Gehirns die beiden Bewertungen zusammen. »Die Menschen bewerten dann nicht das, was sie heute haben (Geld), gegen künftige Möglichkeiten (Konsum). Vielmehr vergleichen sie das unmittelbare Genussgefühl mit dem unmittelbaren Schmerz, Geld abgeben zu müssen.«[41]

Die Blicke ins Gehirn durch bildgebende Verfahren zeigen auch, dass wir die nur »miterlebten«, also beobachteten Empfindungen bei anderen Menschen in denselben Hirnarealen wie unser eigenes Erleben verarbeiten. Wir fühlen den Schmerz von anderen Personen mit, haben »Mit-Gefühl«. Das Interessante: Dieser Prozess des Fühlens der Schmerzen eines anderen ist stärker, wenn sich dieser andere zuvor als fair erwiesen hat. Die Fähigkeit zur Empathie ist uns in die Wiege gelegt, fanden Wissenschaftler um Jean Decety von der Universität von Chicago heraus.[42] Besonders ausgeprägt ist diese Fähigkeit des Mitfühlens bei Berührungs-Synästhetikern, die zum Beispiel die Ohrfeige auf der Wange eines Mitmenschen so spüren, als wären sie selbst geschlagen worden.[43]

Das »Gefühlstier« Mensch

Gefühle prägen den Selbst- und Weltbezug des Menschen, motivieren oder hemmen sein Handeln und sind maßgeblich an den Prozessen der Bewertung und der Entscheidungsfindung beteiligt. Davon gehen auch die Wissenschaftler eines gemeinsamen Forschungsprojekts von Neurowissenschaften und Philosophie aus, das noch vor wenigen Jahren als esoterisch belächelt worden wäre: »Animal Emotionale«. Das »Gefühlstier« Mensch betrachtet und bewertet die Vorgänge in der Welt weniger aufgrund neutraler Maßstäbe als vielmehr über den Umweg individueller Bedürfnisse und Einstellungen und reagiert auch emotional darauf. »Insofern bilden Gefühle die Basis unserer grundlegenden Bewertungen und sind somit der wichtigste Konstituent dessen, was wir als ›Werte‹ bezeichnen.«[44]

Zudem seien Emotionen »handlungswirksam«: Jeder von uns hat es mehr als einmal erlebt, dass unser Verstand uns von etwas abrät, wir uns aber über diesen Rat der Ratio hinwegsetzen und es doch tun. Hirnbereiche, die nüchtern kalkulieren, werden vom Gefühlszentrum übertrumpft. Wünsche und Erwartungen triumphieren auch über Erfahrungen. »Der Finanzcrash ist kein Wunder«, überschrieb die *Süddeutsche Zeitung* einen Überblick über die Ergebnisse der Neuroökonomie: »Menschen sind einfach nicht dafür gemacht, mit Geld umzugehen.«[45]

George Loewenstein von der Carnegie Mellon Universität fragte bei fingierten Straßenumfragen die Probanden nach ihrem Jahreseinkommen, das sie auf einer Skala angeben sollten, die ganz unten mit »unter 100 000 Dollar« begann und in großen Betragsabständen nach oben führte. Diese Skala bewirkte bei den Befragten ein Gefühl von Armut. Anderen Teilnehmern legte der Neuroökonom eine anders gestaltete Skala vor: Sie begann bei null und führte in 10 000-Dollar-Schritten aufwärts. Das eigentliche Experiment: Loewenstein ließ die Probanden als kleinen Dank für ihre Zeit wählen zwischen einem Geldbetrag und einem bezahlten Lotterieschein. Die frustrierte Gruppe (die, die sich durch die Befragung als »arm«

empfanden) entschied sich doppelt so häufig für den Wettschein wie die andere Gruppe.[46]

Der Verhaltensökonom und Nobelpreisträger Vernon Smith wollte die tieferen Gründe des Anlegerverhaltens an den Börsen kennenlernen und startete zusammen mit Kollegen eine Experimentierbörse.[47] Die Zyklen an der Börse sind erfahrungsgemäß immer gleich: Erst entsteht eine Blase, irgendwann platzt sie, und dann baut sich die nächste auf. Nach zwei durchlebten Zyklen erkannten die Teilnehmer die dritte Kursblase rechtzeitig und steuerten in ihren Börsenentscheidungen dagegen. Dann aber änderten sich die Bedingungen an der Börse in kleinen Details, wie es auch in der Realität ständig geschieht, und die Testhändler vergaßen alle Erfahrungen und produzierten immer neue Blasen. Kleine Veränderungen genügen also, und der Mensch schießt alles Wissen um alle Erfahrungen in den Wind und gibt dem Wunschdenken nach: Dieses Mal könnte es anders kommen.

Auf der Suche nach dem Glück

Dass das Modell des Homo oeconomicus ausgedient hat, zeigen auch die sich verändernden Vorstellung von »Glück«, die für den Zukunftsforscher Horst Opaschowski bereits bei denjenigen erkennbar sind, die für ihn die »Trendpioniere der Zukunft« sind: Studierende in Großstädten. Die künftige Leistungs- und Führungselite wolle lieber gut leben statt viel haben, so fand Opaschowski in Gesprächen heraus. »Bei der Lebenszielplanung steht die Karriere nicht mehr an oberster Stelle, sondern das Gleichgewicht von Privat- und Berufsleben. Die junge Generation nimmt eine Güterabwägung vor und stellt fest: Der Karrierismus allein bringt keine Lebenserfüllung. In der derzeitigen Arbeitswelt wird man als Person geopfert.«[48]

Das materielle, rein ökonomische Denken ist nach Ansicht von Opaschowski bei der jungen Elite »out«. Solche deutlichen Veränderungen kündigen sich immer in Krisenzeiten an: »Solange die Arbeitswelt Anreize bereitstellen kann, die zum Wohlleben beitragen, denkt man nicht groß darüber nach. Dann ist man im Hype des Aufstiegs gefangen. Das konnten wir in den 80er und 90er Jahren beobachten: Es ging immer nur aufwärts, bis die Luftblase der New Economy platzte. Seither kann die Arbeitswelt diese Garantie nicht mehr einlösen.«[49]

Das Diktat der Psyche

Die große Gier ist schuld an der großen Krise, davon ist die Mehrheit der Bevölkerung, quer durch alle Schichten, überzeugt. Der amerikanische Fachjournalist und Buchautor Jason Zweig zitiert in seinem jüngsten Buch über *Gier* entsprechende Belege der neuroökonomischen Forschung: Das Hirn reagiert reflexartig, wenn ein Gewinn in Aussicht gestellt ist. Dabei werden die gleichen neuronalen Schaltkreise wie beim Sex oder beim Drogenkonsum aktiv. Weil diese Reflexe der Erregung und der Gier nicht vermeidbar sind, hat der »kühle Kopf« keine Chance. Heißt das also, dass die Krise gar nicht vermeidbar war?

Nein, das heißt es keineswegs. Auch wenn wir keinen Einfluss auf die beschriebenen reflexartigen Prozesse in unserem Gehirn haben, so unterliegen die Konsequenzen, die wir ziehen, also ob wir diesen Reflexen die entsprechenden Taten folgen lassen, der Kontrolle unseres Bewusstseins. Der größte Feind verantwortlichen Handelns sind laut Zweig nicht unsere archaischen Hirnteile, sondern die Ignoranz, mit der die Investoren ihre mentale Unzulänglichkeit verleugnen. Mit Selbsterkenntnis und Selbstdisziplin bekomme man die Gier durchaus in den Griff.[50]

Wir haben die Fähigkeit, unsere Gefühle, sobald sie uns bewusst sind, zu beobachten und zu hinterfragen und erst dann zu entscheiden, was wir tun. Das widerspricht durchaus nicht dem weiter oben geschilderten Fakt, dass oft die Ratio ignoriert wird. Der Punkt ist: Wir haben in fast allen Fällen eine Wahl. Entscheidungsfreiheit ist von der Evolution gewollt, denn sonst wären wir in dieser Welt voller Dynamik und Unsicherheit nicht so erfolgreich. Wir können uns also über das archaische Diktat der Psyche hinwegsetzen. Das Gehirn lenkt uns dabei sogar selbst in die Richtung einer »sozialen« Entscheidung, denn die goldene Regel »Was du nicht willst, dass man dir tut, das füg auch keinem anderen zu« ist in der menschlichen Psyche fest verankert.[51]

Der Grund dafür: Gegenseitiges Helfen hat sich als ökonomischer und effektiver erwiesen als die Anstrengungen des einzelnen Individuums oder gar ein Gegeneinander. Die kulturelle Evolution hat diese Regel verfeinert und in konkrete ethische Normen gegossen. Es gilt, die eigene Entscheidungsfreiheit möglichst klug zu nutzen, und zwar nicht nur zum Nutzen des eigenen Ichs, sondern mit Blick auf den gleichzeitigen Vorteil für möglichst viele andere, weil dies mittel- und langfristig auch der eigenen

Person mehr bringt. Leider fehlt uns Menschen oft die Fähigkeit oder die Bereitschaft, in diesen größeren Zusammenhängen zu denken. Unser Vorstellungsvermögen reicht häufig nicht über den eigenen Tellerrand hinaus.

Führen mit Gefühl

Aber es gibt auch gute Nachrichten: Der Stammzellforscher Gerd Kempermann konnte gemeinsam mit anderen Wissenschaftlern beweisen, dass die bisherige Überzeugung, dass das Gehirn in seiner Entwicklung irgendwann »fertig« und danach unflexibel sei, falsch ist: Die Fähigkeit des Gehirns – und damit des Menschen – zu Wachstum und Veränderung bleibt bestehen, es ist lebenslang dynamisch.[52]

Die treibende Kraft sind auch hierbei Gefühle. Es ist deshalb fatal zu versuchen, sie zu unterdrücken, um »unangreifbarer« zu werden oder vermeintliche Schwäche zu eliminieren. Gerade Gefühle, also die Aktivierung der emotionalen Zentren im Gehirn und die damit einhergehende Ausschüttung von Botenstoffen mit wachstumsfördernden Wirkungen, sind für den Neurobiologen Gerald Hüther die entscheidenden Auslöser für die Umbauprozesse von Verschaltungsmustern der Nervenzellen im Gehirn. Und damit für Anpassung und Flexibilität.

Denn was die emotionalen Zentren in Bewegung bringt, hilft, dass unser Erlebtes und Gelerntes auch haften bleibt und alte Muster überschreibt. Bei intensiven Gefühlen wie Begeisterung oder auch seelischem Schmerz merken wir uns Dinge besonders gut. Drängende Probleme aktivieren die emotionalen Zentren, und die gefundenen Lösungen ebenso: Das bleibt als neue Erfahrung im Gedächtnis und schafft neue Verknüpfungen im Kopf. Deshalb ist nicht das Verdrängen von Gefühlen sinnvoll, sondern im Gegenteil das Zulassen von Emotionen: Das Hirn bleibt fit, wenn uns etwas »zu schaffen macht«.[53]

Die Neuroökonomie steht erst am Anfang. Führungskräfte sollten der gemeinsamen Forschung von Neurologen und Wirtschaftswissenschaftlern ihre Aufmerksamkeit schenken, weil sie ihnen für ihre tägliche Arbeit in der Praxis viele wertvolle Erkenntnisse und Einblicke zu bieten hat. Eine erfolgreiche Führungskraft muss zuerst sich selbst kennen, ihre Gefühle wahrnehmen und zulassen, Visionen und Ziele haben und diese authentisch und mit emotionaler Intelligenz an ihre Mitarbeiter vermitteln.

Nur so findet die Führungskraft auch die Unterstützung motivierter und kreativer Mitstreiter.

3.3 Motivation – Raum für Visionen schaffen

Kurzsichtig betrachten noch immer viele Führungskräfte ihre Mitarbeiter nur aus der Sicht des Buchhalters, nämlich als reinen Kostenfaktor statt als wichtigstes Potenzial für den Unternehmenserfolg und als hohen Unternehmenswert. Der Bereich der »Human Resources« erfährt in der Theorie zunehmend an Beachtung und Wertschätzung, aber in der Praxis hat er noch lange nicht den Stellenwert, den er haben müsste. Schließlich geht es hier um das wichtigste Kapital der Unternehmen. Was nutzen die Erkenntnisse der Neuroökonomie, wenn wir sie nicht bei unserem Handeln berücksichtigen?

Wenn Organisationen funktionieren sollen, müssen vor allem die Mitarbeiter stärker in den Blick rücken. Eine Führungskraft trägt die Verantwortung dafür, dass auch andere ihr Verantwortungsgefühl aktivieren. Sie muss für ihr Team da sein, die Mitarbeiter sehen und in ihrer Persönlichkeit annehmen. Eine Führungskraft kommuniziert mit ihrer Umwelt, bringt sich ein, führt Gespräche und löst Konflikte. Eine offene und kooperative Grundhaltung und Sensibilität für die Wechselwirkungen im System sind zwingend notwendig, um gemeinsam mit dem Team die besten Leistungen zu erbringen.

Was ist das Human Capital wert?

2008 maßen zwar laut einer Kienbaum-Studie 61,5 Prozent der Personalleiter aus Deutschland, Österreich und der Schweiz der Personalentwicklung einen hohen Stellenwert bei,[54] doch die Unternehmenspraxis widerspricht dieser Einschätzung zu oft. Während sich das Personalmanagement im Zuge von demografischen Veränderungen und des Fach- und Führungskräftemangels mit enormen Herausforderungen konfrontiert sieht, werfen Umfragen, Studien und Expertenanalysen Schlaglichter auf eine ziemlich unbefriedigende Situation:

Die Großen der Unternehmensberatungsbranche stellten in den letzten Jahren den deutschen Managern und Personalverantwortlichen keine guten Zeugnisse aus. McKinsey & Company rügte: »Das Paradigma ist seit mehr als einem Jahrzehnt klar, ebenso Absichten und Tools, die sich kaum inhaltlich voneinander unterscheiden. Was am meisten fehlt, ist Konsequenz.«[55] Konkurrent Kienbaum bedauerte, dass »nicht mal die Hälfte der Unternehmenslenker [...] mit der Arbeit ihrer Personaler voll und ganz zufrieden« sei. Hewitt Associates bescheinigte der Personalabteilung »in vielen Firmen [...] ein Schattendasein«.[56]

Mit dem 2008 zum ersten Mal veröffentlichten »Human-Capital-Transparenz Monitor« stellte der Human Capital Club zusammen mit der TU München eine Studie vor, in der die Transparenz der Personalpolitik von DAX-Unternehmen gemessen wurde.[57] Der Monitor basiert auf Indikatoren auf drei Ebenen: Zur Gesellschaftsebene gehören Beschäftigungsentwicklung und Ausbildung, demografische Maßnahmen und die Corporate Social Responsibility. Auf Mitarbeiterebene werden Weiterbildung, Gesundheit, Familie und Beruf sowie Identifikation und Motivation gemessen. Und auf Unternehmensebene geht es um Leitbilder und Werte, Talent Management, Kundenzufriedenheit und Führungsqualität. Da nur ein einziges der untersuchten Unternehmen bei der Studie einigermaßen gut abschnitt, zogen die Autoren das Fazit, dass den DAX-Unternehmen offenbar »die Darstellung ihrer Human-Capital-Aktivitäten nur bedingt am Herzen« liege. Und wer auf die adäquate Darstellung seiner Aktivitäten verzichte, weise zumindest ein hohes Maß an Desinteresse an dem Thema Human Capital auf.[58]

Das Institut für Managementkompetenz an der Universität des Saarlandes ermittelte 2008 erstmals das Humankapital aller DAX-30-Unternehmen. Die von den Wirtschaftswissenschaftlern Christian Scholz und Volker Stein entwickelte Formel bezieht die Zahl der Mitarbeiter, ihre Gehälter, ihre Ausstattung mit aktuellem Wissen und die Motivationslage bei der Berechnung mit ein. Dem Softwarekonzern SAP bescheinigte die Studie das größte Humankapital je Mitarbeiter. Auch Adidas, Lufthansa und der Metro-Konzern schnitten gut ab, da sie viel in die Personalentwicklung und in die Weiterbildung ihrer Beschäftigten investieren und dafür auch etwas zurückbekommen.[59] BASF, Eon und RWE bescheinigten die Experten dagegen zwar hohe Gewinne und hohe Personalkosten, aber nur ein geringes Humankapital pro Kopf. Eine wichtige Feststellung der

Forscher: Viele Unternehmen gehen unbewusst mit ihrem Humankapital um. Ohne es überhaupt zu merken, vernichten sie es oder bauen es auf. Die Unternehmen sollten aber besser wissen, »wie hoch die Wahrscheinlichkeit ist, dass zentrales Humankapital abwandert und wertvolle Mitarbeiter sich einen neuen Arbeitgeber suchen.«[60]

Was den Menschen bewegt

Bevor ein Unternehmen effiziente Personalarbeit betreiben kann, stellt sich zunächst die zentrale Frage: Wie erfahre ich als Unternehmer oder Führungskraft, welche Vorstellungen und Erwartungen meine Mitarbeiter an ihre Arbeit und an ihr Leben haben? Woher weiß ich, was sie antreibt und was sie blockiert? Wie lerne ich mehr über ihre Ziele und Ängste? Hier hilft die Motivationsforschung weiter.

Schon im antiken Griechenland machte man sich Gedanken über das menschliche Verhalten und die Beweggründe, die der Mensch für sein Handeln hat. Der Hedonismus geht davon aus, dass es in der Natur des Menschen liege, nach Vergnügen oder Lust zu streben und Schmerz und Unlust zu vermeiden. Jeremy Bentham und John Stuart Mill entwickelten im 19. Jahrhundert den Utilitarismus, einen hedonistischen Ansatz, der vom Prinzip des maximalen Glücks ausgeht und die Nützlichkeit als Grundlage für die ethische Bewertung von Handlungen in den Vordergrund stellt.[61] »Nützlichkeit« klingt zunächst sehr pragmatisch und lässt eine starke Komponente der Vernunft vermuten. Dies ist jedoch ein Problem der Übersetzung, denn das englische Wort »utility« hat eine andere Bedeutung als das deutsche Wort »Nützlichkeit«. Deshalb spricht man heute in Zusammenhang mit dem Utilitarismus eher von »Glück« oder »individuellem Wohl«, denn es ist nicht die deutsche Zweckmäßigkeit gemeint, wenn hier von »Nutzen« die Rede ist.[62]

Auch Sigmund Freud, der Begründer der modernen Psychologie, und William James befassten sich mit den Motiven des Menschen für sein Handeln und führten dieses vor allem auf Triebe, Instinkte und Bedürfnisse zurück. In den 20er Jahren kamen Ansätze hinzu, die erlernte Motive unterstellten und menschliches Verhalten durch das Wissen der Individuen um eine mögliche Bestrafung oder Belohnung erklärten. Burrhus Frederic Skinner, amerikanischer Psychologe und der bedeutendste Vertreter des

Behaviorismus, der eine Grundlage der heutigen Verhaltensökonomie ist, untersuchte anhand von Experimenten mit Tieren den Mechanismus des Lernens durch Belohnung. 1953 erschien sein Buch *Science and Human Behavior*, in dem er seine Erkenntnisse aus der Tierwelt auf den Menschen übertrug.[63]

Beschäftigt man sich mit Theorien zur Motivation, so sind vor allem die Arbeiten der Psychologen Abraham Maslow und Frederick Hertzberg bekannt. Maslow entwickelte das Konzept der fünfstufigen Bedürfnispyramide.[64] Die Grundidee: Erst wenn die grundlegenden Bedürfnisse des Menschen auf den unteren Ebenen der Pyramide befriedigt sind (zum Beispiel Nahrung), strebt er nach der Erfüllung der Bedürfnisse auf der nächsten Ebene (z. B. Liebe). Die erste Stufe bilden die Grundbedürfnisse des Menschen, gefolgt von dem Bedürfnis nach Sicherheit. Unter dem Sozialbedürfnis, der dritten Stufe der Pyramide, versteht Maslow das Verlangen nach Liebe, Zuneigung und Zugehörigkeit. Dann folgen Anerkennung und Wertschätzung, Dinge, die wir nur erfahren können, wenn wir soziale Kontakte pflegen, also die dritte Stufe erfüllt ist. Als fünfte Stufe definiert Maslow das Bedürfnis nach Selbstverwirklichung. In diesem Punkt ist für ihn vor allem die Auseinandersetzung des Menschen mit den eigenen Widersprüchen und Vorstellungen bedeutsam. Ein Aspekt, der auch für das Konzept der systemischen Führung eine entscheidende Rolle spielt. Obwohl die Bedürfnispyramide nach Maslow wegen ihrer mangelnden empirischen Belegbarkeit und der fehlenden Trennschärfe der Kategorien kritisiert wurde, liefert sie doch wichtige Hinweise auf die Bedürfnisse des Menschen, die für die Personalarbeit in Unternehmen hilfreich sind.

Frederick Hertzberg entwickelte anhand einer Mitarbeiterbefragung, heute bekannt als Pittsburgh-Studie, die Zwei-Faktoren-Theorie. Er unterscheidet in seiner Theorie zwischen zwei Arten von Einflussgrößen: Auf der einen Seite identifizierte er Faktoren, die sich auf den Inhalt der Arbeit beziehen und die er »Motivatoren« nennt. Zum anderen gibt es Faktoren, die sich auf den Kontext der Arbeit beziehen, sogenannte »Hygienefaktoren«. Zu den Motivatoren, die vor allem die Motivation zur Arbeit selbst beeinflussen, deren Fehlen aber noch keine Unzufriedenheit auslöst, zählen nach Hertzberg Leistung und Erfolg, Anerkennung, die Arbeitsinhalte, Verantwortung, Aufstiegsmöglichkeiten und Beförderung sowie Wachstum. Hygienefaktoren, die allein noch keine Arbeitszufriedenheit erzeugen, jedoch zu Unzufriedenheit führen, wenn sie fehlen, sind die

Entlohnung, die Personalpolitik, der Führungsstil im Unternehmen, die Arbeitsbedingungen, die Qualität der zwischenmenschlichen Beziehungen zu Mitarbeitern und Vorgesetzten, die Sicherheit der Arbeitsstelle und der Einfluss der Arbeit auf das Privatleben. Auch hier ist der wesentliche Kritikpunkt an Hertzbergs Modell die fehlende empirische Belegbarkeit, da die Ergebnisse nicht repliziert werden konnten.[65]

Auf die inneren Antreiber kommt es an

Die von Hertzberg identifizierte Bedeutung der Qualität zwischenmenschlicher Beziehungen bringt uns wieder zurück ins Heute. Wenn wir von Motivation reden, dann geht es nur in zweiter Linie darum, die Mitarbeiter durch materielle Anreize zu entlohnen und so zu motivieren. Viel entscheidender ist die Motivation aus sich selbst heraus. Nur wenn ich selbst etwas will, kann ich auch effektiv, gut und zufrieden arbeiten. Hier spielt die Unterscheidung von »extrinsischer« und »intrinsischer« Motivation hinein. Intrinsische Motivation bedeutet: Ich erledige eine Aufgabe um ihrer selbst willen. Ein intrinsisch motivierter Mensch hat viele Ideen, will etwas bewegen und sucht von sich aus nach neuen Aufgaben. Bei der extrinsischen Motivation dagegen spielen äußere Einflüsse wie die Aussicht auf konkrete Vorteile oder Belohnungen, die Erlangung einer Machtposition und das Gefühl der Zugehörigkeit zu einer Gruppe eine Rolle. Ein extrinsisch motivierter Mensch orientiert sich in seinem Handeln eher an den anderen und passt sich an. Er setzt keine eigenen Ideen um und geht kein Risiko ein.[66]

Die systemische Führungsperson ist intrinsisch motiviert. Sie will ihre Mitarbeiter gut führen und ist selbst von den Zielen und Visionen des eigenen Unternehmens überzeugt. Sie macht nicht Dienst nach Vorschrift und nutzt ihre Machtposition nicht aus, sondern sie will mit ihrer Arbeit etwas erreichen, Ideen umsetzen, Abläufe verbessern, die Menschen begeistern. Die systemische Führungskraft hat ein positives Menschenbild, sie ist von den Fähigkeiten und der kreativen Energie ihrer Mitarbeiter überzeugt und zeigt offen ihre Wertschätzung. Durch Kontaktfähigkeit und Kommunikationskompetenz erreicht sie ihre Mitarbeiter auf der fachlichen und auf der menschlichen Ebene und weckt bei ihnen ein tieferes Verständnis und echte Empathie für die eigene Aufgabe und die Unternehmensziele.

Kommunikation: Mehr als viele Worte

Bei der Führungsarbeit ist es entscheidend, kontaktfähig zu sein und gut zu kommunizieren, um die Mitarbeiter dazu zu bewegen, aus sich selbst heraus Dinge zu leisten und die Vision, die ich vermittle, mitzutragen. Mangelnde Kommunikation muss kein Zeichen von Respektlosigkeit oder Geringschätzung des Gegenübers sein, sondern ist häufig Ausdruck mangelnder Kommunikationskompetenz. Reden kann jeder, doch nicht jeder kann eine Botschaft erfolgreich vermitteln.

Zunächst ist es ein Irrtum anzunehmen, eine Information könne wie eine Ware vom Sender zum Empfänger transportiert werden. Ob die Botschaft ankommt und vor allem wie, hängt erstens davon ab, wie sie formuliert und intoniert wird, und zweitens davon, wie der Empfänger sie »übersetzt«. Das wiederum wird beeinflusst von seinem Denken und Fühlen und der Situation, in der ihn die Information erreicht.

Ein weiteres Problem ist, dass grundsätzlich erst einmal jeder vom eigenen Sprachverständnis ausgeht und damit auch davon, dass beim anderen genau das ankommt, was er sagen wollte. Diese Illusion verdeutlicht Paul Watzlawick anhand eines Beispiels aus John Lockes Essay »On Human Understanding«,[67] das er in einem Aufsatz des Züricher Anglistikexperten Ernst Leisi fand.[68]

Darin berichtet Locke von einer intensiven Diskussion unter Medizinern, die sich ausgiebig über die Frage stritten, ob in den Nerven ein Liquor fließe. Meinungen und Argumente gingen hin und her; eine Einigung war nicht in Sicht. Locke verblüffte die Runde schließlich mit der einfachen Frage, ob denn alle genau wüssten, was sie unter einem »Liquor« verstünden. Er erntete anfangs befremdetes Grummeln: Keiner zweifelte am eigenen Wissen darüber, wovon er sprach. Aber schließlich nahm man Lockes Vorschlag an und definierte den Begriff. Dabei zeigte sich, dass die Debatte im unterschiedlichen Begriffsverständnis begründet war: Die einen verstanden unter »Liquor« eine reale Flüssigkeit wie Wasser oder Blut und bestritten entsprechend, dass so etwas in den Nerven fließe. Die anderen interpretierten den Begriff eher als »Fluidum«, also als eine Art wirkende Kraft. Nachdem aber die beiden Definitionen auf dem Tisch lagen und die Disputanten sich auf die zweite verständigt hatten, war auch der Streit in kürzester Zeit beendet und die Frage nach dem Fließen eines Liquors in den Nerven mit einem einvernehmlichen Ja beantwortet.

Dieses Beispiel macht deutlich: Eine Führungskraft muss nicht nur gut kommunizieren, sondern auch aktiv zuhören. Stellt sie im Gespräch mit Mitarbeitern, Kunden oder Dienstleistern fest, dass es eine Diskrepanz im Verständnis der gleichen Sache gibt, muss die Führungskraft gezielt nachfragen, um diese Diskrepanz zu überwinden. Denn Missverständnisse in der Kommunikation können zu Fehlern und Konflikten führen, die das Arbeitsklima und im schlimmsten Fall auch den Unternehmenserfolg beeinträchtigen. Verstehen mich die Geschäftspartner falsch, führt das zu schlechten Beziehungen. Verstehen die Mitarbeiter nicht, was ich von ihnen will, führt dies zu Frustration und ineffizienter Arbeit. Ein wesentliches Mittel, um fehlerhafte Kommunikation zu vermeiden oder zu reduzieren, ist ein regelmäßiges Feedback im Mitarbeiterteam und zwischen Führungsperson und Team – ein Thema, das uns in Kapitel 4 auch praktisch noch eingehender beschäftigen wird.

Wertschätzung versus Gewinnstreben?

Nicht nur die Kommunikation, sondern auch die Wertschätzung der Mitarbeiter kommt oft zu kurz: Führungskräfte ignorieren häufig Vorschläge, Ideen, Erfolge und sogar Fehler der Mitarbeiter. Einstellungsgespräche laufen nach Schema F ab, und Trennungsgespräche finden oft überhaupt nicht statt. Man teilt die Kündigung lieber im Brief mit. Dabei gehen im Übrigen nicht selten auch schwer ersetzbare Fachkräfte verloren. Die Betrachtung von Mitarbeitern als Ziffern im Controlling und die Orientierung an Zahlen statt an Beziehungen sind in vielen Unternehmen an der Tagesordnung. Aber wie will man bestimmte, teilweise »unschätzbare« Werte wie Kreativität, Engagement und Commitment in Zahlen übersetzen?

Führungskräfte, die das Beste aus den Mitarbeitern »herausholen« wollen, müssen diese kennen- und schätzen lernen, Kontakt aufnehmen und sich im Gespräch mit ihnen auseinandersetzen, und das regelmäßig. Die Wirkung praktizierter Wertschätzung kann gar nicht hoch genug eingeschätzt werden: Wer ernst genommen wird, wer das Gefühl hat, gebraucht zu werden, wessen Einsatz anerkannt, wessen Fragen, Probleme und Ideen auf echtes Interesse stoßen, in dem erstarken die Loyalität und das Bedürfnis, sein Bestes zu geben. Hier geht es um einen »Lohn«, den es nicht erst gegen Leistung gibt wie das Gehalt, sondern um eine bedingungslose Vorleistung der Vorgesetzten: die Anerkennung des Individuums und damit die Bestätigung seines Selbst(wertes).[69]

Tore Ellingsen und Magnus Johannesson stellen eindeutig fest, dass sich Arbeitnehmer nicht nur fürs Geld interessieren, sondern auch dafür, was der Arbeitgeber von ihnen hält und wie viel Respekt er ihnen entgegenbringt, ob in Form von Belohnungen, Aufmerksamkeit oder Vertrauen: »Also können Arbeitgeber ihre Arbeiter mit einer Kombination aus Geld und Respekt bezahlen.«[70] Die beiden Verhaltensökonomen erinnern an die bereits erwähnten Hawthorne-Experimente, die zwischen 1924 und 1932 in Chicago durchgeführt wurden. Ziel war es herauszufinden, wie man die Arbeitsleistung von Angestellten steigern kann – zum Beispiel durch bessere Arbeitsbedingungen wie helleres Licht. Der Versuch ergab, dass sich die Leistung der Mitarbeiter bei hellerem Licht tatsächlich erhöhte. Allerdings erlebten die Forscher bei der Gegenprobe dasselbe: Auch gedimmtes Licht hatte mehr Output zur Folge. Auf des Rätsels Lösung kamen sie nur, weil sie bei den Probanden nachfragten: Die Aufmerksamkeit, die man den Arbeitern während des Versuchs geschenkt hatte, war der wahre Grund dafür, dass sie sich mehr anstrengten.

Ein anderes Experiment von Armin Falk und Michael Kosfeld führte zum selben Ergebnis: »Arbeitgeber« konnten wählen, ob sie ihre »Arbeitnehmer« streng kontrollieren oder ihnen mehr Freiheiten lassen wollten. Das Sprichwort »Vertrauen ist gut, Kontrolle ist besser« bewahrheitete sich hier nicht: Die besseren Leistungen zeigten die Versuchspersonen mit mehr Freiheiten. Die Investition Vertrauen bringt also ganz klaren Gewinn für alle Beteiligten: höhere Motivation, mehr Arbeitszufriedenheit und mehr Leistung. Ellingsen und Johannesson sind überzeugt, »dass die Trennung zwischen ökonomischer und psychologischer Analyse des Personalwesens schädlich gewesen ist«.[71] Eine berechtigte Kritik.

Natürlicher Egoismus

Wirtschaftliches Handeln zielt grundsätzlich auf Gewinn. Das »eigene Interesse«, das der Vordenker der Marktwirtschaft Adam Smith in den Vordergrund gestellt hat, steht beim Handeln immer an erster Stelle. Adam

Smith schrieb schon 1776: »It is not from the benevolence of the butcher, the brewer, or the baker, that we expect our dinner, but from their regard to their own interest.«[72]

Das bedeutet: Eine Hand wäscht die andere, weil jeder ein eigenes Interesse hat, das alle Beteiligten durch ein vereinbartes gemeinsames Tun für sich erreichen. Das Entscheidende ist, wie der Einzelne mit der inneren Triebfeder »Eigennutz« umgeht: Verletzt er die Rechte anderer auf dem Weg zum Ziel? Andersherum heißt es im Zuge der Wertediskussion immer wieder, dass Ziele besser erreicht werden, wenn man den Partnern bei der Zusammenarbeit entgegenkommt. Die Spielregeln der Zusammenarbeit werden durch eine entsprechende Unternehmenskultur vorgegeben.

Die Kultur des Erfolges

Die Frage, die sich dem Unternehmer stellt, lautet: Bringen »Soft Facts« wie gelebte Verantwortungsethik und eine spezielle Firmenkultur der Firma konkreten, messbaren Gewinn? Vier Wirtschaftswissenschaftler der Universität Münster haben sich intensiv mit dem Thema beschäftigt: »Weiche Faktoren, wie die Unternehmenskultur, werden in der Betriebswirtschaftslehre oft übersehen. Dabei ist die Unternehmenskultur ein wichtiger Faktor, wenn nicht sogar die entscheidende Grundvoraussetzung für wirtschaftlichen Erfolg«, heißt es in ihrer mit einer Auszeichnung versehenen Studie. Das von den vier Autoren entwickelte Messkonzept erlaubt auf der einen Seite ein Urteil über die Qualität der Kultur eines Unternehmens und ermöglicht auf der anderen Seite, die Bedeutung der Unternehmenskultur für den Unternehmenserfolg zu identifizieren und evaluieren.[73] Ein wichtiges Resultat: Familienbewusste Unternehmen schnitten im direkten Vergleich zu weniger familienbewussten Firmen deutlich besser ab, nämlich um durchschnittlich 15 Prozent beim Zielerreichungsgrad. »Besonders eklatant zeigen sich die Unterschiede im Hinblick auf den Bewerberpool. Familienbewusste Unternehmen haben auf dem Arbeitsmarkt ein besseres Image und erhalten durchschnittlich mehr Bewerbungen. Damit schneiden sie in diesem Bereich sogar um 26 Prozent besser ab als ihre Mitstreiter. Auch die Bewerberqualität steigt.«[74]

Neuroleadership

Die Anforderungen an die zukünftige Organisationsform sind groß: Sie muss den Rahmen für die kommenden Veränderungen, denen sich Unternehmen in Zukunft stellen müssen, bilden. Laut IBM Global CEO Study ist dies »[...] ein Unternehmen, das fokussiert auf Veränderungen, innovativer als von den Kunden erwartet, global integriert, von Natur aus revolutionär und engagiert, nicht nur regelkonform ist«.[75] Um diesen Anspruch erfüllen zu können, müssen neue Wege gefunden werden, um das »Herzstück« eines jeden Unternehmens, nämlich die Menschen, die darin arbeiten, zu fördern und ihr Potenzial auszuschöpfen.

Das neue interdisziplinäre Forschungsgebiet »Neuroleadership« befasst sich mit der Integration von neurowissenschaftlicher Forschung in das Management und die Führungslehre.[76] Al R. Ringleb definiert: »Neuro-Leadership focuses on how individuals in a social environment make decisions and solve problems, regulate their emotions, collaborate with and influence others, and facilitate change; that is, NeuroLeadership engages the ›people‹, as opposed to the functional side of business.«[77]

Erkenntnisse der Hirnforschung sollen das Führen und die Leistung der Führungskraft selbst sowie die der Mitarbeiter ergänzen und verbessern. Führungskräfte müssen ihren Führungsstil reflektierter wahrnehmen und ihn gegebenenfalls anpassen, um so auch die Kommunikation, Entscheidungsfindung und Motivation weiterzuentwickeln. In der ersten Ausgabe des *NeuroLeadership Journal* zeigt der Titel die Ziele und Erwartungen auf, die an die Forschung des Neuroleadership gestellt werden: »Breaking new ground in our capacity to improve human and organizational performance.«[78] Man ist auf der Suche nach neuen Wegen zu einer gesteigerten menschlichen und organisationalen Leistungsfähigkeit.

Doch worin begründet sich die Annahme, Erkenntnisse aus der Hirnforschung könnten in Unternehmen implementiert werden? Der Neurowissenschaftler Christian E. Elger, Direktor der Universitätsklinik für Epileptologie Bonn, fand heraus, »dass sich sowohl das Ich als auch das Bewusstsein und letztendlich auch der freie Wille aus dem Zusammenspiel des Belohnungssystems, des emotionalen Systems, des Gedächtnissystems und damit letztendlich auch aus der Funktion des Entscheidungssystems heraus erklären lassen. Es gibt im Gehirn keinen festen Ort, an dem das Ich gespeichert ist, an dem Bewusstsein entsteht, und auch keinen, an dem die letzten Entscheidungen getroffen werden und sich damit der freie Wille manifestiert.«[79]

Auch der renommierte Neurowissenschaftler Eric Kandel hat die Funktionsweise des Gehirns untersucht und herausgefunden, dass sich seine Struktur, also die Stärke neuronaler Verknüpfungen beziehungsweise die Anzahl solcher anatomischer Verbindungen in unserem Gehirn, aufgrund persönlicher Erfahrungen und Lernvorgängen ständig verändert. Der Mensch ist das, was er ist, nur durch die Dinge, an die er sich erinnert. Diesen Veränderungsprozess in der molekularen Anatomie des »komplexesten Dings unseres Universums«[80] bemerkt der Mensch selbst nicht und kann ihn auch nicht steuern. Durch diese Dynamik können sich persönliche Fähigkeiten, Handlungsweisen und Entscheidungen des Menschen schnell weiterentwickeln und verändern – oder weiterentwickelt und verändert werden.[81]

Kickstart für die Kreativität

Diese Erkenntnisse machen das Gehirn und damit das Bewusstsein, den freien Willen sowie die Fähigkeiten und Eigenschaften eines Menschen beeinflussbar und bilden die Basis der Neuroleadership. Auch die in Zukunft noch mehr an Bedeutung gewinnende Kreativität eines Menschen ist so induzierbar.

Bereits heute finden Erkenntnisse aus der Hirnforschung im Alltag von Unternehmen Anwendung: Richard Florida betont, dass man ein günstiges Umfeld schaffen muss, damit sich Kreativität entfalten kann.[82] Doug Hall unterstreicht in seinem Buch *Jump Start Your Business Brain*, dass zum Beispiel Stimuli auf das Gehirn eine Kettenreaktion an Ideen hervorrufen und somit die Kreativität gesteigert wird.[83] Stimuli können dabei aus dem Feld des zu lösenden Problems kommen oder aus einer anderen Richtung. Zudem gilt Brainstorming als eine weitere Methode, Kreativität zu fördern. Neueste Forschungsergebnisse zeigen zusätzlich, dass kreatives Denken in der REM-Phase des Schlafs entsteht.[84] Letzteres wird jedoch schwierig in einem Unternehmen zu praktizieren sein.

All diese Entwicklungen und Forschungsergebnisse spiegeln wider, dass Mitarbeiter in Zukunft als Mitunternehmer verstanden werden müssen und ihr ungenutztes Potenzial von erheblichem Interesse ist. Die herkömmlichen Organisationsformen, in denen durch das System Druck »von oben« auf die Mitarbeiter ausgeübt wird, können aus diesem Grund keinen Bestand haben. Starre Hierarchien und Aufgabenverteilungen, die Mitarbeiter in das enge Korsett der Organisation zwängen, werden in Zukunft passé sein. Denn nur durch partizipativ und (emotional) intelligent geführte Unternehmen kann das volle Potenzial jedes einzelnen Mitarbeiters geweckt und ausgeschöpft werden. Um die Menschen herum sollte eine transparente Organisationsform geschaffen werden, die ideal für ihre Arbeit ist. Die Form sollte also weniger der Funktion folgen als vielmehr dem Menschen. Die Aufgabe der Führungskraft ist nach meinem systemischen Verständnis, eine Welt zu gestalten, der andere Menschen gern angehören wollen und in der sie gern Leistung erbringen.

Expertenforum: Prof. Dr. Ernst Pöppel

Prof. Dr. Ernst Pöppel ist einer der renommiertesten deutschen Neurowissenschaftler. Nach dem Studium der Psychologie und Biologie und der Promotion in Psychologie führten ihn Forschungsaufenthalte an das MIT, Cambridge (USA) und nach Jülich. Der emeritierte Professor für medizinische Psychologie lehrte und forschte von 1978 bis 2008 an der Ludwig-Maximilians-Universität München. 2005 wurde er mit der Bayerischen Verfassungsmedaille in Silber ausgezeichnet. Seit 2009 ist er Wissenschaftlicher Direktor des Peter-Schilfarth-Instituts für Soziotechnologie.

Die Zusammenhänge zwischen der Organisation eines Unternehmens, der Unternehmenskultur und der Psyche der Beteiligten (Inhaber, Führungskräfte, Mitarbeiter) hat es immer gegeben. Woran liegt es, dass sie nie so recht Thema waren?

Der Hintergrund ist relativ einfach. Wir leben in einer Gesellschaft getrennter Teilkulturen: Es gibt tatsächlich keine Brücken zwischen Wirtschaft, Wissenschaft, Medien, Kirchen und Kunst. Deshalb ist es nicht verwunderlich, dass es auch keine Zusammenarbeit gibt. Zudem weigert man sich in den einzelnen Bereichen, Erkenntnisse in den anderen Bereichen zur Kenntnis zu nehmen. Im Humanwissenschaftlichen Zentrum der Ludwig-Maximilians-Universität München arbeiten wir seit 1997 daran, auf internationaler Ebene Brücken zu bauen zwischen den Disziplinen in den unterschiedlichen Teilkulturen – und ich glaube, mit Erfolg.

Für wie bedeutsam halten Sie die Psyche beim Führen von Mitarbeitern?

Es gibt nichts Bedeutsameres, sie ist das zentrale Element beim Führen! Wenn jemand beispielsweise nicht in der Lage ist, den Enthusiasmus der Mitarbeiter anzustacheln, dann kann er nicht führen. Insofern ist es notwendig, dass man sich in einer Führungsposition mit den Erkenntnissen der Psychologie, der Hirnforschung insbesondere, auseinandersetzt. Das ist nicht nur hilfreich beim Lösen von Problemen, die im Unternehmen entstehen können, sondern bringt auch mehr Transparenz ins eigene Verhalten, und das verbessert die Beziehung zu den Mitarbeitern. »The brain matters« – das ist der zentrale Satz. In meinem Buch findet sich ein Test, mit dem sich ganz einfach feststellen lässt, wie man als Führungspersönlichkeit von den Mitarbeitern wahrgenommen wird.

Werte und Bewertungen, also Einstellungen, ändern sich mit der Zeit. Das gilt sowohl übergreifend gesellschaftlich als auch im Leben jedes Einzelnen. Wie können geltende Werte die Psyche derer, die Verantwortung für andere haben – hier konkret Führungskräfte –, steuern und verändern?

Es gibt Basiswerte, die sich nicht ändern. Das ist das Grundprinzip – ich habe das in meinem Buch mit dem Bild einer Pyramide zum Ausdruck gebracht. Bestimmte evolutionäre Randbedingungen bleiben immer gleich, zum Beispiel die goldene Regel, die im Matthäus-Evangelium oder bei Konfuzius oder im Islam eine Rolle spielt: Man soll so handeln, wie man es auch von anderen erwartet. Das ist wie ein Grundgesetz und wird sich nie ändern. Natürlich werden diese Basiswerte je nach Umständen, Situationen, Konventionen mehr oder weniger betont. Was wir derzeit erleben, ist die Wiederentdeckung des Maßhaltens.

Zurzeit können wir beobachten, dass bestimmte, bisher anerkannte – oder geduldete – Maßstäbe und Verhaltensweisen im Management nicht länger anerkannt oder toleriert werden, wie beispielsweise Kurzfristigkeit, schneller Erfolg, Ignoranz und egozentriertes Interesse. Und wir erleben zugleich, dass Werte, die etwas mit Ethik zu tun haben, wie Fleiß, Vertrauen, Verlässlichkeit, Belastbarkeit und Einsatzbereitschaft, neue Aufmerksamkeit und Anerkennung erfahren.

Die Überzeugung, dass alles ohne große Anstrengung funktioniert und Selbstverwirklichung einfach ist, gehört der Vergangenheit an. Es stellt sich eine neue Frage und Herausforderung: Wie bestimmen wir uns eigentlich selber? Was ist unsere Personalidentität? Eine zentrale These in diesem Zusammenhang, die ich auch in meinem vorletzten Buch *Der Rahmen* beschrieben habe, lautet: Die Definition unseres Selbst geschieht im Wesentlichen nach dem Prinzip der Komplementarität. Das bedeutet: Wir müssen herauskommen aus der Falle der einfachen, monokausalen Erklärungsversuche. Ich bestimme mich einerseits natürlich durch Selbstständigkeit und Autonomie, gleichzeitig aber auch durch das Eingebundensein in ein Unternehmen, in eine soziale Gemeinschaft. Und ich entdecke dabei in der sozialen Gemeinschaft das Unternehmen und den Betrieb als soziale Gemeinschaft. Die Notwendigkeit der Personalidentität, die jetzt erkannt werden muss, bedeutet für den Führenden Leadership in einer ganz neuen

Form mit längerfristiger Zeitperspektive – anders als bisher nach der amerikanischen Manier dreimonatiger Börsenbewertungen, die Erfolg oder Nichterfolg ausmachen. Deswegen arbeiten wir mit Asien so eng zusammen; dort haben wir längerfristige Perspektiven.

Im Übrigen gilt es auch, den Respekt zwischen allen Teilnehmern einer Gemeinschaft als wichtigen Wert neu zu entdecken. Komplementarität heißt die gleichzeitige Repräsentation von Heterarchie und Hierarchie. Soziale Gemeinschaften, zu denen ja auch Unternehmen zählen, müssen eine Struktur haben, bei der jemand das Sagen hat. Gleichzeitig muss aber bei der intellektuellen Wertschätzung untereinander eine totale Heterarchie herrschen. Man muss auch einem Lehrling zuhören können und wollen. Und solange man diese Strukturen nicht hat, diese Komplementarität von geistiger Wertschätzung und Kreativität, wird man auch keine Innovationen hervorbringen. Kreativität und Innovation sind zwei verschiedene Dinge, die man inszenieren muss. Die geistige Wertschätzung auf der heterarchischen, also der flachen Ebene, findet ihre Fortsetzung in der Kreativität auf der hierarchischen Ebene.

Seit einigen Jahren organisieren fortschrittliche Unternehmen für ihre Führungskräfte Fortbildungen der anderen Art, zum Beispiel eine Woche Arbeit als Streetworker oder in einer Einrichtung für schwer erziehbare Jugendliche. Was bringt das aus Ihrer Sicht?

Ich möchte niemandem zu nahe treten, aber ich halte das für Unsinn. Die Absicht ist gut, etwas aus einer anderen Perspektive heraus zu betrachten; Perspektivenwechsel ist immer gut und notwendig. Aber diese Initiativen sind gekünstelte Sachen, bei denen man so weit entfernt wird von der eigenen Arbeitsrealität, dass man das sehr schnell wieder vergisst. Das Problem ist hier die mangelnde Nachhaltigkeit. Ich erzeuge durch einen »Symmetriebogen« Aufmerksamkeit für etwas mir ganz Fremdes und bin dann froh, wenn ich das Ganze hinter mir habe. Ich glaube, unser Ansatz, den wir am Humanwissenschaftlichen Zentrum der Uni München erarbeitet haben, funktioniert besser: Hier werden Leute in einem interdisziplinären Kreis konkret an der wirklichen Lösung von Problemen beteiligt – und man kommuniziert auf gleicher Augenhöhe: Man setzt sich mit einem Forscher oder Politiker zusammen und löst reale Probleme, keine simulierten Harvard-Cases. Ich glaube, dies erzeugt Nachhaltigkeit und Bindung und schafft ein neues Netzwerk.

Überforderung und Burnout sind lange bekannte Probleme der Leistungsgesellschaft. Könnte man nicht auch davon ausgehen, dass die viel kritisierte Gier der Top-Manager aus den Veränderungen ihrer Psyche resultiert, die sie durch einen immer härteren Konkurrenzkampf über die Jahre erlebt haben?

Die Gier ist an sich eine natürliche Komponente des menschlichen Seins. Sie ist die leicht mögliche Übersteuerung des normalen Bedürfnisses, dass ich etwas erreichen will, dass ich mich durchsetzen will, dass ich andere überflügeln will. Manager, die permanent ihre eigenen Grenzen überschreiten – aufgrund von unzureichendem Zeit- oder Selbstmanagement –, steuern notwendigerweise auf einen Burnout zu. Wer aufpasst, kann gegensteuern. Viele aber landen in der Erschöpfungsdepression. Die direkten Folgen: Man kann sich nichts mehr merken, der Antrieb geht verloren, Emotionen werden flach, auch Wahrnehmungsfähigkeiten gehen verloren, die kognitiven Prozesse sind reduziert – und dann kann auch die Gier schrankenlos werden.

Ich sage immer, und ich werde damit auch gerne zitiert: Ein erwachsener Mann kann eigentlich nicht mehr als zwei bis drei Stunden richtig konzentriert arbeiten. Es ist leider ungeheuer schwer, diesen 90-Minuten-Zyklus, der biologisch vorgegeben ist, im Arbeitsalltag zu berücksichtigen. Aber wenn man effektiv sein will, muss man nach dieser Zeit eine Pause machen. Die langen Arbeitszeiten sind übrigens besonders in Deutschland üblich, in anderen Ländern arbeitet man weniger und macht lange Mittagspausen, wie zum Beispiel in den südeuropäischen Ländern, in England oder in den USA. Dort gehen die Mitarbeiter mittags zum Sport, und abends darf man ab einer bestimmten Zeit nicht mehr arbeiten.

Diesen Abstand zu sich selber und seiner Arbeit herzustellen und zu praktizieren, das ist die eigentliche Herausforderung des guten Managers. Wenn Deutschland von 11 bis 12 Uhr nicht kommunizieren würde, weder telefonieren noch E-Mails verschicken, und sich so dem Terror der Kommunikation verweigern und der Stille widmen würde, dann bekämen wir den größten Innovationsschub. Aber wir folgen einer falschen Selbsteinschätzung: »Ohne mich geht's nicht, und ich muss immer präsent sein und immer gleich reagieren.« Das Gegenteil wäre richtig: Entschleunigung, Auszeiten und Muße! Das kann man auch im Betrieb organisieren, indem dort angeordnet wird, dass es zu bestimmten Zeiten keine Kommunikation und auch sonst keine »Aktion« gibt – also die aktive Unterbrechung des hypothetischen Multitasking. Das halte ich für sehr wichtig, denn so gäbe es Selbstreflektion statt Burnout. Es wäre die Chance, rechtzeitig zu erkennen, dass Überforderung mit allen oben beschriebenen Folgen droht, darunter die Gier – und man könnte vermeiden, in diese Falle zu laufen.

Wird die Hirnforschung auf die Unternehmensorganisation von morgen Einfluss nehmen?

Hirnforschung betrifft, in einem sehr allgemeinen Sinn verstanden, Psychologie, Anthropologie, Verhaltensforschung, Computer Sciences, Evolutionstheorie, Linguistik und auch Philosophie. Und wenn dies alles morgen keinen Einfluss (mehr) hätte auf Organisationen und Unternehmen, dann wäre das schlicht katastrophal. Die gewonnenen Erkenntnisse müssen in den Organisationen in co-kreativen Prozessen, das heißt zusammen mit dem gesunden Menschenverstand, mit der Erfahrung der Unternehmer und der Manager, in die Praxis umgesetzt werden. Es gilt also zunächst, das aus den wissenschaftlichen Erkenntnissen herauszufiltern, was für die eigene Organisation wertvoll und wichtig erscheint, und danach muss der Nutzen für den Alltagsbetrieb gemeinsam erarbeitet und umgesetzt werden. Diversität schafft neue Kreativität, und dabei muss man auf gleicher Augenhöhe miteinander umgehen. Wenn das nicht möglich ist, hat man von vornherein keine Chance.

Anmerkungen zu diesem Kapitel

1 Vgl. Hartmann, Dirk (1998): *Philosophische Grundlagen der Psychologie.* Darmstadt.
2 Gerhard Roth im Interview. In: *managerSeminare,* Heft 119, Februar 2008.
3 Vgl. Pöppel, Ernst (2008): *Zum Entscheiden geboren: Hirnforschung für Manager.* München.
4 Zu den Botenstoffen, die Glücksempfinden auslösen, vgl. u. a.: Bucher, Anton (2009): *Psychologie des Glücks: Ein Handbuch.* Weinheim.
5 Voland, Eckart (2007): *Die Natur des Menschen: Grundkurs Soziobiologie.* München.
6 Vgl. Diener, Ed (1984): »Subjective Well-Being.« In: *Psychological Bulletin 95,* S. 542–575.

52 Vgl. Kempermann, Gerd (2008): *Neue Zellen braucht der Mensch. Die Stammzellforschung und die Revolution der Medizin*. München.

53 Vgl. Hüther, Gerald (2009): *Bedienungsanleitung für ein menschliches Gehirn*. Göttingen.

54 Vgl. Kienbaum-Kooperationstudie »Personalentwicklung 2008« in Zusammenarbeit mit der Universität Zürich.

55 Gottwald, Johannes; Rosenberger, Bernhard (2006): »Personalmanagement. Reizwort Outsourcing.« In: *InSight* 1/06.

56 Ebda.

57 Vgl. Deckstein, Dagmar (2008): »Köpfe gesucht – Desinteresse gefunden.« In: *SZ* 28.07.2008.

58 Ebda.

59 Vgl. Haas, Sibylle (2008): *Studie: Humankapital in Firmen. Vom Wert der Mitarbeiter*. In: *SZ* 08.07.2008.

60 Ebda.

61 Vgl. Nasher, Jack (2009): *Die Moral des Glücks. Eine Einführung in den Utilitarismus*. Berlin.

62 Vgl. Klopfer, Max (2008): *Ethik-Klassiker von Platon bis John Stuart Mill: Ein Lehr- und Studienbuch*. Stuttgart.

63 Zur Geschichte der Motivationsforschung unter anderem: Heckhausen, Jutta (2006): *Motivation und Handeln*. Berlin.

64 Vgl. Stock-Homburg, Ruth (2010): *Personalmanagement: Theorien – Konzepte – Instrumente*. Wiesbaden.

65 Ebda.

66 Vgl. Franken, Swetlana (2010): *Verhaltensorientierte Führung: Handeln, Lernen und Diversity in Unternehmen*. 3., überarbeitete und erweiterte Auflage. Wiesbaden.

67 Vgl. Watzlawick, Paul (2008): *Vom Schlechten des Guten oder Hekates Lösungen*. München.

68 Vgl. Leisi, Ernst (1985): »Falsche Daten hochpräzis verarbeitet.« In: *Neue Züricher Zeitung* 28./29.12.1985.

69 Vgl. Pinnow, Daniel F. (2002): »Führen – Wachsen. Über das Geheimnis organischen Wachstums.« In: *Management Guide 2003*. Bad Harzburg.

70 Ellingsen, Tore; Johannesson, Magnus (2007): »Paying Respect.« *Journal of Economic Perspectives* Herbst 2007, S. 135–149.

71 Ebda.

72 Smith, Adam (1776): *An Inquiry into the Nature and Causes of the Wealth of Nations*. London.

73 Vgl. Baetge, Jörg; Schewe, Gerhard; Schulz, Roland; Solmecke, Henrik (2007): »Unternehmenskultur und Unternehmenserfolg: Stand der empirischen For-

schung und Konsequenzen für die Entwicklung eines Messkonzeptes.« In: *Journal für Betriebswirtschaft*, 57/3–4 S. 183-219.

74 Pressemitteilung des Forschungszentrum Familienbewusste Personalpolitik der Uni Münster vom 10.11.2008.

75 Palmisano, Samuel J. In: Korsten, Peter u. a. (2008): *IBM Global CEO Study 2008*, S. 71.

76 Vgl. Fox, Catherine (2007): »It's all in the mind.« In: *Australian Financial Review* 09.11.2007.

77 Ringleb, Al R.; Rock, David (2008): »The emerging field of NeuroLeadership.« In: *NeuroLeadership Journal* 1/ 2008, S. 1–17.

78 NeuroLeadership Institute, 2009.

79 Elger, Christian E. (2009): *Neuroleadership: Erkenntnisse der Hirnforschung für die Führung von Mitarbeitern*. Freiburg, S. 60.

80 Eric Kandel im Interview. »Das Geheimnis des Gedächtnisses wird enträtselt.« In: *WELT online* 23.06.2009.

81 Vgl. Elger, Christian E. (2009): *Neuroleadership: Erkenntnisse der Hirnforschung für die Führung von Mitarbeitern*. Freiburg.

82 Vgl. Florida, Richard (2010): *Reset: Wie wir anders leben, arbeiten und eine neue Ära des Wohlstands begründen werden*. Frankfurt am Main/New York.

83 Vgl. Hall, Doug (2004): *Jump Start Your Business Brain: Scientific Ideas and Advice That Will Immediately Double Your Business Success Rate*. Cincinnati, OH.

84 Vgl. Cai, Denise J. u. a. (2009): »REM, not incubation, improves creativity by priming associative networks.« In: *PNAS* 08.06.2009, S. 10130–10134.

4. Systemische Führung in der Organisation der Zukunft

4.1 Führung in einer unbeständigen Welt

»Führen heißt, eine Welt zu gestalten,
der andere Menschen gerne angehören wollen.«
Daniel F. Pinnow

Eine dynamische Umwelt verlangt nach dynamischen Organisationsstrukturen und -prozessen, welche die Eigendynamik und Selbstorganisation der Mitarbeiter fördern. Die traditionellen Führungsinstrumente wie Zielvereinbarungen und Controlling sind hingegen an stabile Parameter gebunden. Wenn sich die Umwelt innerhalb und außerhalb des Unternehmens ständig wandelt, müssen auch die Ziele und Prozesse immer wieder an die neuen Bedingungen angepasst werden.

Dazu brauchen die Organisation und die Mitarbeiter Flexibilität. Steuern und Regeln nach alten Mustern hilft nur noch bedingt weiter. Ein Denken und Handeln in Kategorien wie »Vorgesetzter«, »Abteilung« oder »Zuständigkeit« führt in unseren modernen Wissensorganisationen zum Stillstand. Ändern sich Parameter in der Umwelt, muss sich ein Unternehmen entsprechend schnell anpassen, um nicht auf der Strecke zu bleiben. In streng hierarchisch organisierten Firmen ist das oftmals ein Problem. Wenn die notwendigen Schritte erst aufwendig mit den oberen Hierarchieebenen abgestimmt werden müssen, wird vielleicht der Anschluss verpasst. Fühlen sich die Führungskräfte oder die Mitarbeiter in stark zergliederten funktionalen Abteilungen nicht »zuständig« und nicht verantwortlich für alles jenseits ihres fachlichen Tellerrands, dann übernimmt im schlimmsten Fall niemand die Initiative, und das Unternehmen bleibt in seiner Entwicklung stehen.

Das Gebot der Stunde: Flexibilität

»Große Unternehmen haben ständig mit dem Problem der Bürokratisierung zu kämpfen. Je umfangreicher der Apparat und je komplizierter die organisatorische Struktur, desto größer ist die Gefahr, dass Eigeninitiative, Leistungswille und Verantwortungssinn der Mitarbeiter verkümmern. Es fehlt an der Durchschaubarkeit von Strukturen, einer Grundforderung moderner Arbeitseinstellung. Aber nicht nur die Unternehmen haben Probleme mit der Flexibilität. Probleme haben auch manche Mitarbeiter. Es müssen deshalb alle Anstrengungen darauf gerichtet werden, Führungskräfte und Mitarbeiter zu neuer Flexibilität zu führen. Dies ist in unserer Situation sich ändernder wirtschaftlicher Strukturen und konjunktureller Probleme unerlässlich.«[1] Diese Feststellung traf Ernst Zander, Professor für Personalwirtschaft und Organisation in Berlin sowie für industrielle Führungslehre in Hamburg, bereits 1984. Seine Forderung hat an Aktualität nichts verloren.

Die Weltwirtschaft erfordert neue Formen von Kommunikation und Vernetzung. Strukturen und Beziehungen verändern sich rasant und permanent – und zwar nicht linear, kausal und evolutionär, sondern netzartig, zirkulär und komplex. Führungskräfte müssen deshalb flexibel in ihren Handlungen sein, aber gleichzeitig auch ein gewisses Maß an Sicherheit vermitteln, sowohl den Kunden als auch den Mitarbeitern gegenüber. Sie müssen dafür sorgen, dass die dynamischen Kräfte des Systems unter Kontrolle bleiben.

Wissen, Kompetenzen, Beziehungen, Gefühle und Markenwerte sind mindestens genauso entscheidend, um im Geschäft zu bleiben, wie Ziel, Prozesse und Tools. Die vorhandenen Talente müssen gefördert und an das Unternehmen gebunden werden – nicht nur in materieller Form, sondern auch emotional.

Denn die Vorstellungen von Lebensglück, von der Balance zwischen Arbeit und Privatleben, haben sich verändert. Das private Dasein wird höher gewertet. Es gilt zudem, die psychischen Folgen zu hoher Arbeitsbelastung zu vermeiden, denn ein ausgebrannter Mitarbeiter nutzt einem Unternehmen nichts. Die Gesellschaft altert, und Unternehmer sind mehr und mehr dazu verpflichtet, sowohl junge Talente zu finden und zu entwickeln als auch das Know-how der älteren Mitarbeiter effektiv und möglichst lange zu nutzen.

Systemisch führen heißt flexibel führen

Die flexible, hybride Organisation der Zukunft lässt sich nur systemisch zum Erfolg führen, denn der systemische Führungsansatz ist die Antwort auf die externen und systeminternen Anforderungen an Führung. Sie setzt im Inneren des Systems an und zwingt der Organisation keine starren Strukturen auf. Gleichzeitig ist eine systemische Führung in der Lage, schnell und flexibel auf Veränderungen der Umwelt zu reagieren. Sie begrüßt den Wandel und agiert mit Verstand und Gefühl, mit emotionaler Intelligenz und wirtschaftlichem Sachverstand. Die Führungskraft kann mit den Grundsätzen und Methoden der systemischen Führung alle sachlichen und persönlichen Zusammenhänge, Gruppendynamiken, Rückkopplungen und Abhängigkeiten der komplexen, netzwerkartigen Organisation des 21. Jahrhunderts optimal in ihre Arbeit einbeziehen und sowohl Wertschätzung als auch Wertschöpfung generieren.

Systemisch zu führen bedeutet, individuell zu führen, einen eigenen, flexiblen Stil zu haben und diesen den Gegebenheiten, der Organisation und den Menschen, die man führt, anpassen zu können, statt nur schematisch mit standardisierten Werkzeugen zu arbeiten. Das setzt voraus, die Unbestimmtheit und Unsicherheit, die komplexen Systemen innewohnt, zu akzeptieren. Deshalb sind eine gute Intuition und ein gewisses Maß an Risikobereitschaft wichtige Wesenszüge von systemischen Führungskräften, ebenso wie die Anerkennung von Ambivalenzen und die Akzeptanz vieler paralleler Wirklichkeiten, die alle »richtig« sind, der Ausgleich von Geben und Nehmen und der Vorrang des Früheren vor dem Späteren.

Eine Frage der Haltung

Der systemische Führungsansatz ist kein starres Managementtool, sondern eine innere Haltung. Zu dieser Haltung gehört, dass die Führungskraft sich zugleich als Beobachter und als Mitgestalter versteht. Voraussetzung ist ein positives Menschenbild. Mitarbeiter sind entwicklungsfähig, und ihre Stärken und Ressourcen muss man wertschätzen. Außerdem halte ich es für wichtig, das Diktat der Rationalität aufzugeben und die Emotionalität von Menschen, auch und gerade von Führungskräften selbst, zu akzeptieren.

Systemisch denkende Führungskräfte wissen, dass menschliche Handlungen und Entscheidungen zu einem großen Teil unbewusst und emotional ablaufen und sich oft – wenn überhaupt – nur indirekt steuern lassen. Sie betrachten zugleich sachliche, zeitliche und soziale Verknüpfungen und unterscheiden zwischen Selbst- und Fremdbildern. Solche Führungskräfte müssen daher besonders gut mit Macht- und Einflussstrukturen, Gruppendynamiken, Gefühlen, Beziehungen, Bedürfnissen, organisatorischen Zwängen, Überzeugungen, Werten und Kulturen umgehen können, ohne die klassischen Managementaufgaben zu vernachlässigen.

Richtungen, Ziele und Veränderungen erreicht man nicht durch Anweisungen, sie lassen sich auch nicht zuverlässig planen, weil die Konsequenzen in der Regel nicht absehbar sind. Deshalb bedeutet systemisch zu führen vor allem auch: lernen, statt zu lenken. Nicht Standardlösungen nach Schema F sind gefragt, sondern aktuelle und individuelle Lösungen müssen aus Beobachtung und Erfahrung mit Intuition und einem Stück Risikobereitschaft für jeden Einzelfall entstehen. Das System ist lernfähig, weil seine wichtigsten Komponenten es sind: die Mitarbeiter, die Führungskräfte, die Unternehmer.

Systemische Führung unterstützt und fördert diese Lernfähigkeit. Das Prinzip des permanenten Erneuerns ist in einer Organisation angelegt, daher ist auch eine gebührende Portion Respekt vor gewachsenen Strukturen geboten. Auch hier gilt es, Veränderungen anzustoßen, indem eine Führungskraft die richtigen Menschen miteinander vernetzt, für Sorgfalt bei der Kommunikation sorgt und Informationen bereitstellt, über die das System noch nicht verfügt.

Systemisch zu führen bedeutet einerseits, menschlich, emotional und beziehungsorientiert zu führen. Systemisch zu führen heißt andererseits jedoch auch, dem System zentrale Rahmenbedingungen und flexible Strukturen vorzugeben sowie durch gezielte Interventionen und Impulse Veränderungen anzuregen. Daraus entsteht eine hochwirksame Kombination der menschlichen und der leistungsorientierten Perspektive der Führung.

Die Vorstellung von moderner (systemischer) Führung, nach der die Führungsperson sich selbst, die anderen, das Geschäft und in seinem Umfeld führt, basiert auf den Schlüsselbegriffen Verantwortung, Zukunft, Sinn, Gefühl, Kontakt, Reflexion und Entscheidung. Diese Kernaspekte sollte eine zugleich wirksame wie wertschätzende Führungskraft verinnerlichen. Was alle diese Kernaspekte vereint, ist die Notwendigkeit von guter Kommunikation.

Die Vordenker

Der systemische Führungsansatz sieht die Führungskraft als Teil eines komplexen Systems, das sich fortwährend verändert. Die Grundlage dieses Ansatzes bilden Erkenntnisse aus verschiedenen Forschungsgebieten. Die systemtheoretisch orientierte Biologie von Humberto R. Maturana trug zum Verständnis der Reproduktionsweise und Erkenntnisform sozialer Systeme bei. Die neuere Systemtheorie von Niklas Luhmann untersuchte das Funktionieren von Organisationssystemen und deren Umweltbeziehungen, ein wichtiger Aspekt der systemischen Führung. Die Kybernetik zweiter Ordnung von Heinz von Foerster brachte Ideen zur Beobachtung und Steuerung sozialer Systeme und die systemische Familientherapie, hier maßgeblich die Beiträge der Mailänder Gruppe um Mara Selvini Palazzoli, lieferte vor allem Strategien und Techniken zur Intervention.[2]

Der systemische Ansatz zeigt Zusammenhänge auf, hinterfragt Abhängigkeiten und lässt Beziehungen nutzbar werden. Den Kern der Systemtheorie von Niklas Luhmann bilden die drei Leitdifferenzen »Teil als Ganzes«, »System und Umwelt« sowie »Identität und Differenz«.[3] Jedes System wird als Ganzes gesehen, und die einzelnen Elemente sind auf charakteristische Weise miteinander vernetzt und verbunden. Das Ganze ist immer mehr als die Summe seiner Teile. So gibt es Eigenschaften des Systems, die auch durch Kenntnis der einzelnen Elemente nicht vorherzusehen sind. Zudem wird jedes System als Wirklichkeitsbereich mit eigener Organisation und Struktur von seiner Umwelt abgegrenzt. Es bestehen aber Anpassungs- und Austauschbeziehungen mit dieser Umwelt. Geschlossene Systeme heben sich durch Grenzziehung von ihrer Umwelt ab, und diese Grenzziehung konstruiert ihre Identität. Systeme sind nicht direktiv von außen steuerbar. Einflüsse jeglicher Art werden nach der eigenen Gesetzmäßigkeit des Systems, also anhand von Selbstorganisation, der »Autopoiesis«, verarbeitet. Das bedeutet, Systeme lassen sich nicht nach vereinfachten und vorher genau kalkulierbaren Ursache-Wirkung-Prinzipien führen.

Luhmann schreibt: »Ein soziales System kommt zustande, wann immer ein autopoietischer Kommunikationszusammenhang entsteht und sich durch Einschränkung der geeigneten Kommunikation gegen eine Umwelt abgrenzt. Soziale Systeme bestehen demnach nicht aus Menschen, auch nicht aus Handlungen, sondern aus Kommunikation.«[4]

Das Prinzip der Autopoiesis, also der Selbsterschaffung und Selbsterhaltung von Systemen, bedeutet auf ein Unternehmen übertragen, dass es für dessen langfristigen Erfolg nicht auf eine einzelne Führungskraft ankommt, sondern auf die systemimmanenten Kräfte, die durch die Führungskräfte angeregt werden. Sie durchdringen das System mittels Kommunikation.

Der systemische Ansatz in der Therapie entwickelte sich seit 1971 in Italien. Das erste familientherapeutische Zentrum entstand 1967 in Mailand. Mara Selvini Palazzoli gründete es in Zusammenarbeit mit weiteren Psychologen und Psychoanalytikern. Neu an dieser Form der Therapie war die Einbeziehung der Umwelt des Patienten. Der Therapeut war nun nicht mehr allein auf die subjektiven Äußerungen des Patienten angewiesen, sondern konnte dessen Situation auch aus der Sicht seines Umfeldes erfassen. In der therapeutischen Arbeit wurde dann versucht, die Beziehungen der Familienmitglieder untereinander zu beeinflussen und so Traumata zu erkennen, Spannungen abzubauen und die Kommunikation zu verbessern.[5]

Die Erkenntnisse aus der Hirnforschung der letzten Jahre liefern eine weitere Bestätigung des systemischen Führungsansatzes, denn sie weisen zweifelsfrei nach, dass der Mensch nicht von seiner Vernunft, sondern zuallererst von seinen Gefühlen geleitet wird, wenn er handelt.

Die systemische Führung ist richtungsweisend für die Organisation der Zukunft. Wo systemisch geführt und zukunftsorientiert organisiert wird, entstehen positive Wechselwirkungen auf allen Ebenen des Handelns: der unternehmerischen, der zwischenmenschlichen und der persönlichen. Ausgangspunkt ist die persönliche Ebene, denn am Anfang steht die Selbstorganisation, das Bemühen um ein auf ethischer Grundlage organisiertes Selbst. Dazu ist das Wissen um die Macht der Psyche, also die emotionalen Aspekte beim Denken und Handeln, von wesentlicher Bedeutung. Dieses Know-how und seine Verwertung bei der Selbstorganisation führen zu der Art von Autorität und Vorbildcharakter, die Mitarbeiter motiviert und inspiriert.

Die wichtigsten Werkzeuge der systemischen Führung sind die innere Haltung – die einhergeht mit der Fähigkeit zur Selbstreflektion und zum systemischen Denken –, Kontaktfähigkeit, eine gute Feedbackkultur mit Klarheit und Wertschätzung sowie die Begabung, die richtigen Fragen zu stellen und dem Gegenüber aktiv zuzuhören.

Abbildung 12: Die systemischen Interaktionsebenen nach Pinnow

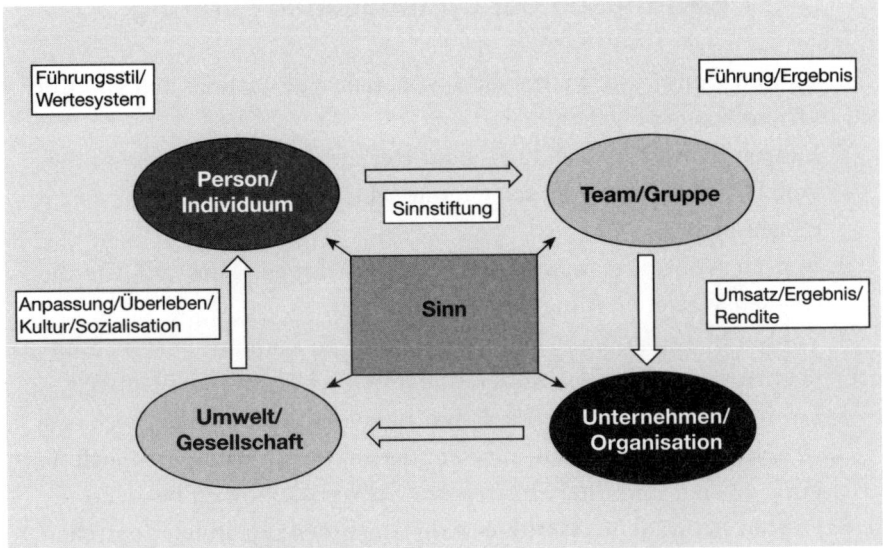

Die Schlüssel zum systemischen Führen

Das Prinzip der Autopoiesis, also der Selbsterschaffung und -erhaltung von Systemen, bedeutet auf ein Unternehmen übertragen, dass es für dessen langfristigen Erfolg nicht auf eine einzelne Führungskraft ankommt, sondern auf die systemimmanenten Kräfte, die durch die Führungskraft angeregt werden. Die Vorstellung von moderner Führung, nach der die Führungskraft sich selbst, die anderen, das Geschäft und in seinem Umfeld führt, basiert auf sieben Schlüsselbegriffen: Verantwortung, Zukunft, Sinn, Gefühl, Kontakt, Reflexion und Entscheidung. Diese Kernaspekte sollte eine zugleich wirksame wie wertschätzende Führungskraft verinnerlichen.

Aus dieser Darstellung lassen sich sieben zentrale Thesen zur systemischen Führung ableiten, die das Fühlen, Denken und Handeln einer erfolgreichen Führungskraft in der Organisation der Zukunft bestimmen und definieren, was gute Führung ausmacht. Dies ist eine Weiterentwicklung und gleichzeitig Schärfung und Verdichtung meines Ansatzes gegenüber dem Modell, wie ich es in meinem Buch *Führen – Worauf es wirklich ankommt* erstmals 2005 dargestellt habe.

7 Kernthesen der systemischen Führung

1. Führen heißt, ein klares Bild von der Zukunft zu haben und Orientierung zu geben.
2. Führen heißt, Entscheidungen zu treffen. Dazu ist es notwendig, eine Differenzierung zu treffen und Macht auszuüben, ohne sie zu missbrauchen.
3. Führen heißt, Verantwortung zu übernehmen. Dies gilt für die eigenen Werte, Gefühle und Handlungen.
4. Führen heißt, Kontakt herzustellen und zu kommunizieren. Kontakt zu sich selbst, den anderen, dem Geschäft und der Umwelt.
5. Führen heißt, sich selbst in Frage zu stellen. Es bedeutet, sich mit sich selbst und anderen auseinandersetzen zu können, konfliktfähig zu sein und die Fähigkeit zur Selbstreflexion zu besitzen.
6. Führen heißt, seine Gefühle wahrzunehmen, zu ihnen zu stehen und wahrhaftig zu sein. Dies äußert sich auch in der Wertschätzung für sich und andere und in einer gelebten Transparenz.
7. Führen heißt, Leistung zu ermöglichen und Ziele zu erreichen. Dazu ist es notwendig, mit dem Sinn des eigenen Tuns verbunden zu sein.

Diese sieben Kernthesen der systemischen Führung beeinflussen die systemischen Interaktionsebenen »Person/Individuum« bzw. »Sich selbst führen«, »Team/Gruppe« bzw. »Andere führen«, »Unternehmen/Organisation« bzw. »Das Geschäft führen« und »Umwelt Gesellschaft« bzw. »In der Umwelt führen«. Dies wird in der folgenden Abbildung dargestellt.

4.2 Sich selbst führen

Der systemische Ansatz betrachtet Führung als ganzheitliches Phänomen, richtet den Blick dabei aber zugleich gezielt auf eine Größe, die bei anderen Ansätzen ein blinder Fleck im Auge des Betrachters bleibt: die Führungskraft selbst. Seminare und Qualifizierungsprogramme, wie sie

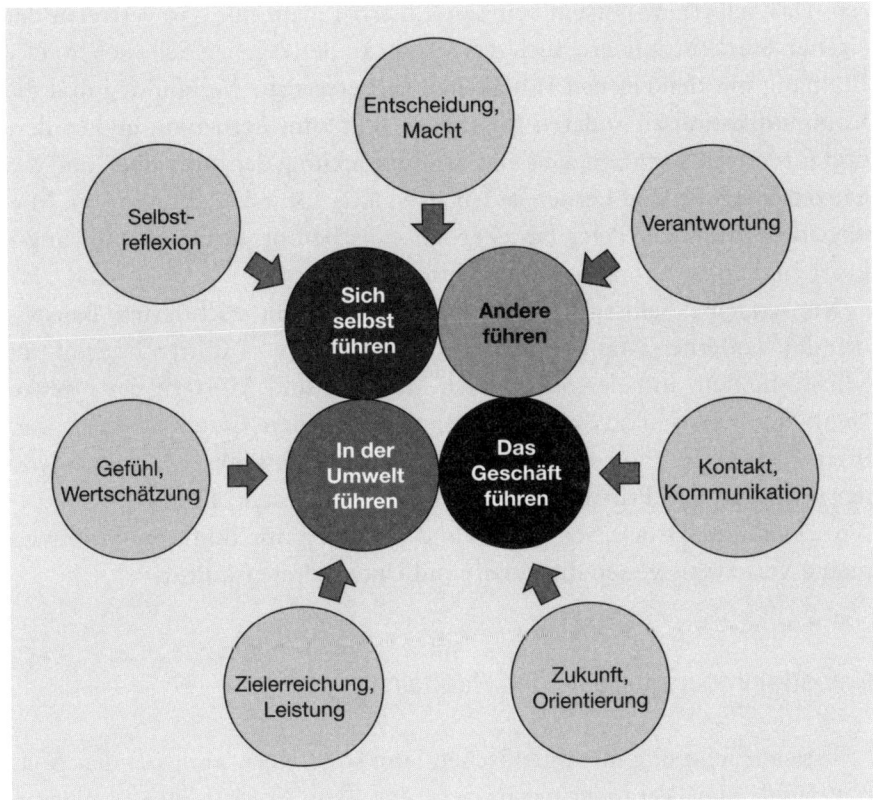

die Akademie für Führungskräfte durchführt, setzen auf die Entwicklung
von Führungseigenschaften wie Konfliktfähigkeit, Kreativität und Selbstverantwortung. Dabei gehen wir davon aus, dass erfolgreiches Lernen,
insbesondere im Bereich menschlichen Verhaltens, vor allem durch Reflexion, Beobachtung und das eigene Erleben gewährleistet wird.

Um in den neuen Systemen von Organisation und Kommunikation erfolgreich führen zu können, ist es für die Führungskraft entscheidend zu
wissen, was genau sie will und wie sie die gesteckten Ziele erreicht. Sie
muss in der Lage sein, anderen Menschen ihre Visionen zu vermitteln, sie
zu begeistern für das gemeinsame Ziel und sie auf den Weg dahin mitzu-
nehmen. Um dies zu können, braucht es mehr als das Wissen um Bilanzen
und Gewinne.

Die systemische Führungskraft ist intrinsisch motiviert und vertraut sich selbst. Nur wer sich selbst vertraut, dem vertrauen auch die anderen. Das Selbstbewusstsein beinhaltet hierbei nicht nur das Vertreten der eigenen Stärken, sondern auch das Stehen zu den eigenen Schwächen. Der Einklang mit den eigenen Fähigkeiten verbessert die Verbindung und die Kommunikation zu anderen Menschen, regt zum Lernen an und fördert und fordert die Lernfähigkeit und die Entwicklung der Individuen und des ganzen Systems. Und Lernen ist lebenswichtig für jede Organisation. Managementvordenker Peter Drucker hat stets betont, dass eine Führungskraft zuallererst sich selbst führen muss.

Konsequente Selbstwahrnehmung zählt zu den wichtigsten Bausteinen des modernen Managements. Sich und andere zu führen beginnt mit Selbstreflexion, mit der Suche nach Wurzeln und Mustern der eigenen Denk- und Gefühlsstrukturen, nach persönlichen Glaubenssätzen und ihrer Aktualität. Eine systemische Führungskraft stellt sich immer wieder selbst auf den Prüfstand: Wie gehe ich mit Macht, Einfluss, Konkurrenz, Leistung, Druck, Schwächen und Gefühlen um, und wie bestimmen meine Verhaltensweisen die Team- und Unternehmenskultur?

Selbstkenntnis als Basis des Handelns

Selbstwahrnehmung im systemischen Sinn stellt einen umfassenden Analyse- und auch Veränderungsprozess dar. Am Anfang einer geplanten Veränderung stehen in der Regel eine Analyse der Ist-Situation und eine Definition des Soll-Zustandes. Bei der Persönlichkeitsentwicklung laufen diese beiden Prozesse nicht strikt hintereinander ab, sondern parallel und wechselseitig. Gerade westlich geprägte Führungskräfte stehen bei der Analyse ihrer eigenen Person oft vor einer Aufgabe, die in ihrem Alltag bisher kaum Platz hatte: Sie sind es gewohnt, Zahlen und Fakten zu beobachten und auszuwerten, nicht aber ihr eigenes Verhalten und schon gar nicht ihre unbewussten Handlungsskripte.

Um das zu leisten, müssen sie zuvor trainieren, ihre Aufmerksamkeit auf das Hier und Jetzt zu richten und neben unternehmerischen Kennzahlen auch die Antreiber und Hemnisse ihres eigenen inneren Systems zu erkennen und zu lesen. Es gilt Fragen zu beantworten wie: Wie fühle ich mich gerade? Welche Gedanken beschäftigen mich? Bin ich wirklich bereit, meinen

Abbildung 14: Das Eisbergmodell

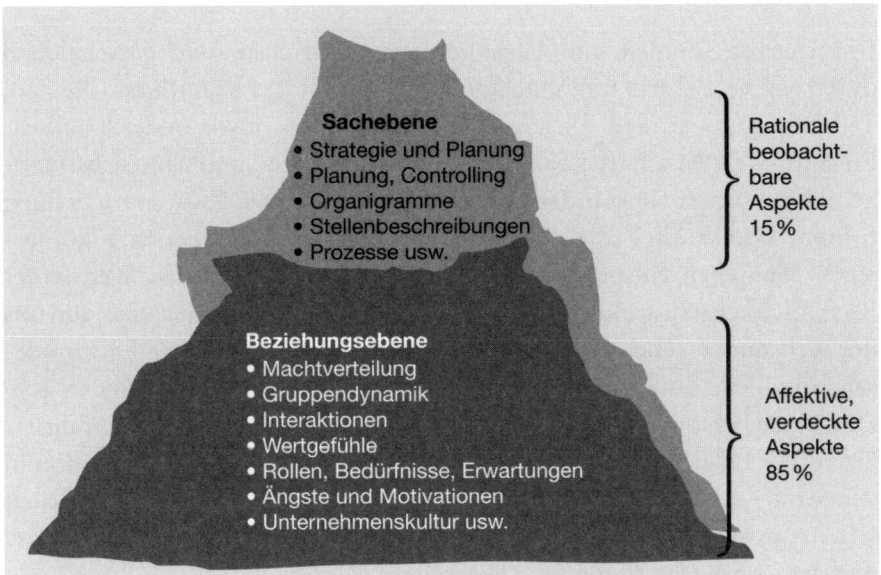

Teil der Verantwortung für die anstehende Veränderung zu übernehmen? Um sich selbst kennenzulernen, muss man die eigenen Gefühle hinterfragen, positive wie negative, die jeden von uns lenken. Eine Führungskraft sollte ihr Fühlen und Denken ohne Vorurteile analysieren, sonst kann sie nicht sinnvoll an sich arbeiten. Sie muss auch lernen, Gefühle zu äußern in dem Bewusstsein, dass das dem Beziehungsmanagement dient.

Ein wichtiger Teil der systemischen Führung ist die Wahrnehmung und Beobachtung von bisher unauffälligen, schwer messbaren Vorgängen. Dazu zählt auch die Selbstwahrnehmung. Eine Person ist wie ein Eisberg: Das, was man oberhalb der (Wasser-)Oberfläche sieht, ist nur der kleinere Teil des Ganzen. Der Großteil liegt im Verborgenen unterhalb der Oberfläche. Dort sind gewaltige und nicht zu unterschätzende Kräfte am Werk, die die Richtung des Eisbergs bestimmen. Sie wirken unbewusst, irrational und informell. Systemische Führung ist dadurch gekennzeichnet, dass die Führungskraft diese Phänomene zulässt, erkennt und beschreibt, denn sie sind »Konstrukte« der subjektiv wahrgenommenen Realitäten. Im konstruktivistischen Sinn sind damit verbundene Probleme und Störungen zu begrüßen, denn sie initiieren Veränderung und Fortschritt. Sie zwingen das System dazu, flexibel und lernfähig zu bleiben.

Auf der inneren Bühne

Das Denken, Fühlen und Verhalten von Menschen wird entscheidend durch tief verankerte und machtvolle Glaubenssätze beeinflusst, die zum Teil unbewusst wirken. Unsere »Lebenssätze« lernen wir in der Kindheit. Ein Satz wie »Du schaffst das schon!« ist motivierend und baut Selbstwertgefühl auf. Unter Umständen kann er aber auch zu der Zwangsvorstellung führen, immer alles allein schaffen zu müssen. Glaubenssätze können einen Menschen einsperren wie innere Gitterstäbe und den Weg seiner Persönlichkeitsentwicklung versperren. Sie wirken wie eine Brille, die uns die Welt nur so sehen lässt, wie wir sie schon immer gesehen haben oder sehen wollen. Einige Beispiele: »Nein, ich suche mir keinen neuen Job. Das Betriebsklima ist zwar schrecklich, aber woanders ist es garantiert genauso.« Oder: »Ich nehme keine Stelle im Ausland an, ich war schon in der Schule schlecht in Fremdsprachen.« Aus unseren Lebenssätzen leiten wir Ansprüche an uns selbst und andere ab wie »Streng dich an!«, »Sei perfekt!« oder »Du musst bei allen beliebt sein!«

Führungskräfte müssen auf dem Weg zu sich selbst ihre Lebenssätze hinterfragen, indem sie sich in die Kindheit zurückversetzen: Was habe ich gelernt, gehört, aufgenommen in meiner Familie, in der Schule, im Freundeskreis? Welche Impulse hatte ich als Kind? In welche Rolle bin ich in bestimmten Situationen geschlüpft, beispielsweise in der Konfrontation mit Mutter oder Vater?

Die Summe der Glaubenssätze bildet das innere Drehbuch, auch »inneres Drama« genannt, das uns in bestimmten Situationen und Konstellationen auf stets ähnliche Weise reagieren lässt. Es beeinflusst entscheidend den individuellen Führungsstil, also die Art, wie sich der Manager in Konflikten verhält, wie er kommuniziert, wie er mit Macht, Verantwortung und Veränderung umgeht und wie er anderen Menschen begegnet. Je nach Szene tritt die Führungskraft dann zum Beispiel in der Rolle des »knallharten Machers«, des »einfühlsamen Freundes« oder des »trotzigen Kindes« auf.

Wenn man seine Glaubenssätze und ihren Ursprung kennt, kann man in Situationen, in denen sie zum Tragen kommen, einen Schritt zurücktreten und sein Verhalten als erlernte Reaktion auf ähnliche Situationen analysieren. Man kann sogar Glaubenssätze umprogrammieren und das Drehbuch zum inneren Film neu schreiben. So wird man nicht zur Marionette der eigenen Lebenssätze.

Wer gut führen will, lernt als Erstes, das eigene Ich zu führen, und dazu muss er dieses vielschichtige Selbst kennen(lernen). Gelungene Selbstregulierung und erfolgreiches Selbstmanagement sind die Bedingung dafür, andere zu lenken im Sinne von Fördern und Fordern, so dass sie gern folgen.

Selbstbild und Fremdbild

Die Vorstellung, die ich mir von meiner eigenen Person mache, ist mein Selbstbild. Es steuert mein Denken, Fühlen und Verhalten. Nicht immer stimmt das Selbstbild mit dem Fremdbild, das heißt mit der Wahrnehmung der eigenen Person durch das Umfeld überein, doch beides kann sich sinnvoll ergänzen. »Selbstbild und Fremdbilder bedingen einander und gehören zusammen: Je mehr Fremdbilder des eigenen Selbst man sich anschaut, umso facettenreicher wird das Selbstbild und vermutlich auch umso treffender. Je mehr Fremdbilder man unvoreingenommen betrachtet, umso stimmiger kann das Selbstbild ausfallen, das andere Menschen von einem selbst zu sehen bekommen.«[6]

Um zu wissen, wie die eigene Person und Arbeit von anderen Menschen wahrgenommen werden, hilft das Feedback, also die Rückmeldung an das Selbst über das eigene Verhalten und wie es von anderen wahrgenommen, verstanden und erlebt wird. Ist das Feedback gut, dann wirkt es in der Regel konstruktiv. Der Mensch erhält im Kontakt mit seiner Umwelt ständig Rückmeldungen, sowohl bewusst als auch unbewusst, spontan oder erbeten. Durch gezieltes Training und systematisches Feedback von Mitarbeitern, Kollegen oder einem Coach oder Mentor kann eine Führungskraft ihre Selbst- und Fremdwahrnehmung verbessern.

Menschen in Führungspositionen sprechen gern von »konstruktiver Kritik«, meinen damit aber nur Lob. Das hierarchische Gefälle verleitet dann die Mitarbeiter dazu, dem Chef nur das zu sagen, was er gern hören möchte. Lob und Anerkennung können also leicht nur geheuchelt sein, und ehe sie sich versieht, ist die Führungskraft von lauter »Kofferträgern« umgeben. Diese doppelbödige Kommunikation führt zu Konfliktscheu und faulen Kompromissen, verhindert Initiativen und Innovation, schwächt das gegenseitige Vertrauen und paralysiert die Entscheidungsfähigkeit.

Hier hilft nur eine Unternehmenskultur, die das offene Feedback auf allen Ebenen fördert. Bei den Römern stand, wenn ein siegreicher General durch den Triumphbogen zog, ein Sklave hinter ihm auf dem Streitwagen und flüsterte ihm ins Ohr: »Vergiss nicht, auch du bist nur ein Mensch.« Diese Funktion übernehmen heute gute Feedbacksysteme. Besonders Führungskräfte sollten sich mit dem Thema Feedback intensiv auseinandersetzen und dieses Werkzeug aktiv nutzen, denn Feedback ist nicht nur ein wirkungsvolles Führungsinstrument, sondern auch eine der wichtigsten Führungsaufgaben.

Der verstellte Blick

Bei der Arbeit mit Feedback gilt es zunächst, die eigene Selbstwahrnehmung zu prüfen. Dabei blickt man jedoch nicht objektiv auf sich und seine Mitmenschen, sondern die persönliche Wahrnehmung wird verzerrt und gefiltert, wie durch einen Spiegel oder ein getrübtes Fenster. Das von den amerikanischen Sozialpsychologen Joseph Luft und Harry Ingham 1955 entwickelte »Johari-Fenster« teilt das Wissen über das eigene Ich in vier Felder ein. Das erste Fensterglas zeigt das, was über meine Person öffentlich bekannt ist. Das zweite oder geheime Fensterglas enthält Dinge, die ich von mir selbst weiß, andere jedoch nicht. Der »blinde Fleck« hinter der dritten Fensterscheibe sind die Dinge, die ich selbst unbewusst ausstrahle und die andere von mir wahrnehmen, ohne dass mir das bewusst ist. Das letzte Viertel des Fensters steht für das Unbekannte, das weder dem Betroffenen noch anderen Menschen über die eigene Person bekannt ist.[7]

Entscheiden ist: Je offener und ehrlicher Menschen sich gegenseitig mitteilen, wie sie einander wahrnehmen, desto besser kann jeder Einzelne sein Selbstbild überprüfen und wenn nötig anpassen. Durch das offene Mitteilen von eigenen Wünschen und Bedürfnissen, den Austausch von Freude und Anerkennung, aber auch von Ängsten oder Verletzungen baut man in Beziehungen Vertrauen und Nähe auf – eine wichtige Voraussetzung für erfolgreiche Führung gerade in Netzwerkorganisationen, die das zukünftige Bild der Wirtschaft bestimmen werden.

Durch Feedback können die Arbeitsfähigkeit, das Betriebsklima und die Motivation der Mitarbeiter entscheidend verbessert werden. Gefühle dürfen nicht unter den Tisch gekehrt werden, denn sonst entfalten sie eine zerstörerische Wirkung und Dynamik unter der Oberfläche des »Eisbergs«. Widersprüchliche Ziele der einzelnen Gruppenmitglieder, über die sie sich nicht austauschen, führen oft zu Konflikten. Das offene Feedback erlaubt den Beteiligten, Gefühle zu zeigen und ihre Motive und Bedürfnisse innerhalb der Gruppe zu erklären. Konflikte können angesprochen oder auch kontrolliert ausgetragen und so entschärft werden.

Eine aktive Feedbackkultur hat auch bei der Führung in neuen Unternehmensformen eine große Bedeutung. Bei der Arbeit in virtuellen Teams ist die Arbeit an einem Projekt nicht mehr an einen Standort und an Face-to-Face-Kommunikation gebunden. Die Mitglieder der virtuellen Teams tauschen sich über die modernen Informations- und Kommunikationstechnologien aus. Verschiedene Studien haben aber gezeigt, dass die fehlende persönliche Kommunikation von Projektmitarbeitern »zu einer Abnahme des sozioemotionalen Feedbacks und einer geringeren Informiertheit über aktuelle Teamprozesse«[8] führt.

E-Mails können schnell zu Missverständnissen und Dissonanzen führen, weil die Zwischentöne wegfallen und man nicht im Gesicht des anderen ablesen oder aus seiner Stimme heraushören kann, wie er seine Aussagen genau meint. Rasch getippten digitalen Nachrichten fehlen nicht selten die nötige Höflichkeit und ein gewisses Maß an wertschätzendem Respekt. Und Mitarbeiter fühlen sich leicht übergangen, wenn sie wichtige Infos nur über »cc« erfahren. Es ist notwendig, über spezielle Feedbackmodelle dieses Manko in der Kommunikation auszugleichen und so die Teamarbeit zu unterstützen.

Geben und nehmen lernen

Die eigenen Stärken und Schwächen zu erkennen und zu akzeptieren ist gerade für Führungskräfte nicht immer leicht, wie wir sehen. Der indische IT-Dienstleister HCL Technologies hat in diesem Punkt Abhilfe geschaffen: Das Unternehmen lässt seit 2006 die Mitarbeiter ihre Führungskräfte bewerten und stellt die Ergebnisse intern für jeden sichtbar zur Verfügung.[9] Das Rundumfeedback, bei dem die Beteiligten nicht nur von ihren Vorgesetzten, sondern auch von Kollegen und Untergebenen Feedback bekommen, ist eines der effektivsten Mittel, um das nötige Maß an Offenheit herzustellen und den Dialog anzuregen. Es wirkt darüber hinaus wie ein Frühwarnsystem für notwendige Veränderungen und schärft die Sensibilität des Einzelnen für seine »blinden Flecken«. Das offene, regelmäßige und systematische Feedback der Mitarbeiter gibt den Führungskräften Informationen, die sie für die Verbesserung ihres Führungsstils nutzen können und sollten. Transparenz als Wettbewerbsvorteil ist die Devise. Vineet Nayar, CEO von HCL Technologies, nahm seine Kinder und ihre sozialen Netzwerke für die neue Idee zum Vorbild.[10]

Firmen lassen ihre IT-Trainer von den Kursteilnehmern bewerten, Universitäten erhalten über die Bewertung der Dozenten durch die Studenten Aufschluss über mögliche Verbesserungen in der Lehre. An der Tuck School of Business bewerten die Studenten über ein Online-Assessment sich selbst und ihre jeweiligen Teamkollegen und können so ihr Selbstbild mit dem Fremdbild der anderen abgleichen.[11] Auch bei Karriereportalen wie Xing und Linkedin kann man sich mittlerweile Referenzen von anderen Mitgliedern ausstellen lassen, wobei wenige Referenzen auch gleichzeitig weniger Reputation bedeuten, ähnlich wie beim Zitieren von wissenschaftlichen Beiträgen. Doch hier ist Vorsicht geboten, denn das Ranking von Leistungen birgt auch Gefahren.[12]

Es muss deshalb gewährleistet sein, dass niemand in irgendeiner direkten oder indirekten Form für seine Offenheit »bestraft« wird. Die Chefs müssen den Mut und die Stärke haben, sich auch unangenehme Wahrheiten sagen zu lassen. Und die Mitarbeiter müssen unter Umständen erst darin geschult werden, offenes Feedback zu formulieren und anzunehmen. Denn auch für den Feedbackgeber gelten fachliche und ethische Grundsätze bei der Bewertung. Feedback ist nicht dazu da, um Kollegen oder Vorgesetzte »in die Pfanne zu hauen« oder versteckte Machtkämpfe auszutragen. Öffentliche Bewertungen dürfen keinen Einfluss auf Boni oder Karriereentwicklungen haben.[13]

Demut und Einsicht

Eine Führungskraft ist fehlbar. Deshalb fürchtet eine systemische Führungskraft auch das Fehlermachen nicht; sie steht dazu und kann vor sich selbst und den anderen eingestehen: »Ich habe Mist gebaut, es tut mir leid.« Wer keine Fehler macht, lernt nichts dazu und kann sich nicht verbessern. Deshalb braucht eine erfolgreiche Organisation eine gelebte Fehlerkultur. Um diese zu etablieren, muss die Führung den positiven, konstruktiven Umgang mit Fehlern vorleben. In diesem Zusammenhang spielt die Art der Kommunikation eine wichtige Rolle: Offenheit macht einen Manager menschlich und nahbar. Ein perfekter Mensch, der keine Fehler und Schwächen hat, wirkt nicht authentisch und kann kein Vorbild sein. Sympathie und Vertrauen können nur jedoch durch Identifizierung wachsen.

Eine gute Führungskraft, die in sich ruht und zu sich steht, strahlt ohne Anstrengung und in jeder Situation Glaubwürdigkeit und Autorität aus. »Das Beste, was Sie für Ihr berufliches Vorankommen tun können, ist, wahrhaftig zu sein. Nicht künstlich, aufgesetzt. Sie müssen anpacken können, schwitzen, lachen, sich um die Menschen und Dinge kümmern. Einfach authentisch sein«, formulieren Jack und Suzy Welch.[14] Authentizität als Basis, dazu Neugier, Klugheit und Courage für unbequeme Entscheidungen, Stehvermögen und die richtige Kombination aus Selbstvertrauen und Demut – das sind die Attribute einer systemischen Führungskraft. Und last but not least braucht sie Humor, weil er »hilft, angesichts der eigenen Unzulänglichkeit und Vergänglichkeit nicht zu verzweifeln. Humor ist nicht Witze erzählen, sondern eine heitere, gelassene und warmherzige Grundhaltung.«[15]

Führen als Höchstleistung

Natürlich setzt sich jeder Ziele und sucht nach den besten Möglichkeiten, sie zu erreichen. Das ist in Ordnung, sofern man dabei innerlich flexibel bleibt und sein Leben nicht vollständig nach einem unsicheren Morgen ausrichtet. »Was zählt, ist die Gegenwart, in der ich den Grundstein für den Erfolg von morgen lege. Nur neue Wege zu gehen erzeugt eine Spannung. Dadurch entsteht Bewegung und Motivation. Erfolgreich ist, wer einen Weg geht und sich von der absoluten Zielfixierung freimacht. Man kann nur glücklich oder erfolgreich sein, man kann es nicht werden.«[16] Das sind die Worte eines Leistungssportlers, die auch und gerade für Führungskräfte gelten: Führen ist ebenfalls Höchstleistung, ähnlich wie beim Sport auf allen drei Ebenen: körperlich, geistig und seelisch.

Burnout ist gerade bei einer den Menschen so rundum beanspruchenden Aufgabe wie dem Führen anderer eine große Gefahr. Auch das ist eine Aufgabe des Selbstmanagements und der Übernahme von Verantwortung. Man muss die eigenen Grenzen kennen und wissen: Wie sehr gebe ich dem

Druck nach, den die Organisation auf mich ausübt, und wann sage ich »Stopp, jetzt brauch ich eine Auszeit«?

Moderne Burnout-Vermeidungsstrategien arbeiten mit Sichtweisen und Begriffen, die den Menschen, seinen Geist und seine Seele in den Mittelpunkt stellen. »Burnout« bezeichnet eine körperliche, emotionale und geistige Erschöpfung durch berufliche Überlastung, die meist durch Stress ausgelöst wird, der nicht mehr bewältigt werden kann. Bevor man »ausbrennt«, muss natürlich zunächst eine Flamme lodern. Das heißt, in der ersten Phase eines möglichen Burnouts sind zunächst ein vermehrtes Engagement für bestimmte Ziele, ein fast pausenloses Arbeiten, der Verzicht auf Erholungs- oder Entspannungsphasen und das Gefühl der Unentbehrlichkeit und Vollkommenheit erkennbar. Der Beruf wird zum hauptsächlichen Lebensinhalt, persönliche Bedürfnisse werden missachtet, Misserfolge verdrängt, und die Betroffenen sind hyperaktiv. Was dann folgt, sind Erschöpfung, chronische Müdigkeit, Konzentrationsschwäche und Schlafstörungen und im schlimmsten Fall Angstzustände und Depressionen, die man durch Ablenkung und »Trost«, häufig in Form von Alkohol, zu vergessen sucht.[17]

In der Endphase kommt es zum Abbau des Engagements nicht nur bei der Arbeit, sondern auch im eigenen sozialen Umfeld. Zu beobachtende Symptome sind Desorganisation und Unsicherheit. Der Betroffene hat Probleme bei der Bewältigung komplexer Aufgaben und Entscheidungen, seine kognitive Leistungsfähigkeit verringert sich, und er verliert zunehmend seine Motivation und Kreativität. Er beschränkt sich in der Arbeit auf den Dienst nach Vorschrift. Auch im Privaten entstehen erhebliche Beeinträchtigungen: Die Betroffenen ziehen sich immer mehr zurück und pflegen kaum noch Freundschaften. Im schlimmsten Fall trennen sie sich sogar vom Partner und vereinsamen dann vollständig.[18]

Das Neun-Stufen-Programm von Thomas Bergner zur Vorbeugung eines Burnouts zielt auf Selbstrespekt, Eigenbestimmtheit und Zufriedenheitskonstanz, rät dazu, auf Perfektionismus zu verzichten und sich etwas zu gönnen und es zu genießen. Er betont die wesentliche Gabe zu erkennen, was man wirklich will und wirklich kann, und eine spezifische Fähigkeit, die vor Burnout sicher schützt: nämlich »mit sich und nicht gegen sich zu leben. Denn wenn wir uns selbst nicht mehr im Wege stehen, tun es die anderen oder die Umstände auch nicht mehr.«[19]

Die drei Ebenen Körper, Geist und Seele greifen ineinander, positiv wie negativ. In Zeiten schlechter körperlicher Verfassung sind Geist und Seele oft ebenfalls »wie gelähmt«, umgekehrt verleihen geistige Hochs auch körperlich Energie. Selbst wenn wir lebenslang Sport treiben und uns so gesund wie irgend möglich ernähren: Ohne geistige Beschäftigung, ohne seelische Nahrung würden wir dennoch »hungern«.

Jeder ist einzigartig, und jeder hat seine Art und seine Möglichkeiten, für Körper, Geist und Seele zu sorgen. Wohlbefindensforscher sind sich einig über die geeigneten Strategien:[20] Es gilt, Ziele zu verfolgen, die man ganz persönlich wertschätzt, sich den positiven Aspekten des Lebens zu öffnen, sich für andere Menschen einzusetzen, ihnen zu helfen, soziale Kontakte zu pflegen und dabei positive Gefühle anderen gegenüber auch auszudrücken und zu kultivieren. Selbstmanagement gilt der Selbstunterstützung, will das Ich fordern und fördern. Dazu sind wir da: um zu lernen und geistig-seelisch zu wachsen, als Individuum und als aktiver Teil des Ganzen zugleich. Und dabei dürfen und sollen wir Wohlgefühl erreichen. Der Hirnforscher Gerald Hüther bringt es auf den Punkt: »Das beste (und billigste) Rezept, um gesund alt zu werden und fit im Kopf zu bleiben, lautet: Mehrmals täglich für einen kleinen Freudenschauer sorgen!«[21]

7 Kernthesen zu: Sich selbst führen

- Eine Führungskraft übernimmt die volle Verantwortung für das, was sie fühlt und denkt, wie sie Entscheidungen trifft und handelt.
- Eine Führungskraft steht im Kontakt zu sich selbst und anderen. Ihr Verhalten in Bezug zu anderen, ihre Werte, Einstellungen und daraus resultierend ihr Führungs- und Kommunikationsverhalten kann sie reflektieren. Auch macht sie sich das Verhalten anderer und deren Einfluss auf ihr Handeln bewusst.
- Eine Führungskraft setzt sich Ziele und hat eine eigene Vision von der Zukunft.
- Eine Führungskraft ist durch ihr Tun sinnerfüllt. Sie lebt in Übereinstimmung mit ihren Werten und hat Vorbildcharakter, inspiriert dadurch ihre Mitarbeiter und führt mit der Kraft ihrer Persönlichkeit.

- Eine Führungskraft geht empathisch und sorgsam mit sich selbst um, lernt, achtsam ihre Gefühle und Emotionen wahrzunehmen. Sie zeigt sich, wie sie ist, und wird dadurch als authentische Person wahrgenommen.
- Eine Führungskraft weiß, dass ihre Entscheidungen immer von Gefühlen und Fakten bestimmt sind. Sie ist in der Lage, Entscheidungsprozesse zu gestalten, und weiß, wann sie wen einbezieht und wie sie Betroffene zu Beteiligten macht. Ebenso berücksichtigt sie die kurz-, mittel- und langfristige Wirkung ihrer Entscheidungen und trifft diese auch unter unsicheren Bedingungen.
- Eine Führungskraft ist sich ihrer unterschiedlichen Persönlichkeitsanteile bewusst und kann dadurch Automatismen unterbrechen.

4.3 Die anderen führen

Ziel und Zweck des Systems Unternehmen ist sein Erfolg. Und entscheidend für den Unternehmenserfolg sind die Menschen, die ihn erarbeiten. Aus diesem Grund besteht die Kunst des Führens nicht darin, das System an sich zu managen, sondern die Beziehungen darin. Erfolgreiche Organisation in der Wirtschaft stellt deshalb von vornherein die wichtigste Aufgabe in den Fokus: das gute Führen von Menschen. Gute Führung ist menschliche Führung.

Das Besondere der systemischen Führung drückt sich vor allem in der Offenheit der Führungspersönlichkeiten für Beziehungen, Kommunikation und Wandel aus. Systemische Führungskräfte setzen Leitplanken. Aber sie lassen auch Freiräume für personen- und organisationsbezogenes Wachstum. Eine solche Arbeitsumgebung schafft Vertrauen, stärkt das Engagement, die Eigenverantwortlichkeit und somit das Mitunternehmertum. Denn so können tatsächlich »alle an einem Strang« ziehen. Die Menschen werden durch den Vertrauensvorschuss, den die systemische Führungskraft ihnen entgegenbringt, motiviert, sich loyal für das Unternehmen einzusetzen und sich zu entwickeln.

Lenken und Lieben

Die Führungskraft von morgen gibt der emotionalen Kompetenz (dem EQ) und der Beziehungskompetenz mehr Bedeutung in seiner täglichen Arbeit. Dazu gehört vor allem auch Liebesfähigkeit – ein Begriff, der im Kontext wirtschaftlichen Wachstums eher fremd und unpassend anmutet. Aber Beziehungskompetenz und Liebesfähigkeit sind die Grundpfeiler der menschlichen Natur.[22] Verantwortungsbereitschaft und Liebesfähigkeit hängen zusammen. Hans Jonas attestiert dem Menschen ein »Gefühl der Verantwortlichkeit«, das uns antreibt: »Das Urbild aller Verantwortung ist die von Menschen für Menschen [...] Die Ur-Verantwortung der elterlichen Fürsorge hat jeder zuerst an sich selbst erfahren. In diesem Grundparadigma wird die Knüpfung der Verantwortung an Belebtes am überzeugendsten klar.«[23] Der Mensch hat demnach das ganz natürliche Bedürfnis, Verantwortung für andere zu übernehmen, er will Beziehungen eingehen, will Gefühle empfinden und auslösen.

Das Konzept von Daniel Goleman erklärt, warum emotionale Intelligenz für erfolgreiche Unternehmensführung unverzichtbar ist: Nur wer seine eigenen Gefühle ebenso wie die anderer Menschen versteht, ist in der Lage, seine Mitarbeiter so zu lenken, dass die Unternehmensziele erreicht werden. Manager mit hohem EQ, so fand Goleman heraus, übertreffen die jährlichen Umsatzziele anderer Manager um bis zu 20 Prozent.[24] Daniel Goleman hat mit dem Konzept der emotionalen Intelligenz einen der wichtigsten Beiträge zur Führungslehre und -praxis der letzten zwanzig Jahre geleistet. Doch wird in den Unternehmen noch zu wenig getan, um emotionale Intelligenz zu vermitteln und zu trainieren. Genau das kann man nämlich, doch es ist ein schwieriger und langwieriger Prozess, der besondere Arten von Trainings verlangt. Die üblichen Seminare und Schulungsprogramme, die auf Fachwissen, logisches Denken und Führungstechniken ausgerichtet sind, versagen hier.

Doch auch der EQ einer Führungskraft entfaltet sich erst dann vollständig, wenn sie fähig ist, diesen auch zu nutzen. Deshalb braucht ein guter Chef zusätzlich »soziale Intelligenz«, denn er muss fähig sein, die Welt mit den Augen des anderen sehen zu lernen. Einfühlungsvermögen, Fantasie und Toleranz sind Vorbedingung zur Menschenführung. Als zentrale Aufgabe künftiger Führungskräfte sieht Peter Nieschmidt, Politologe und Managementexperte, die Förderung der sozialen Integration der

Mitarbeiter. Sie müssten eine Verbindung schaffen zwischen dem Leben, dem Erlebten und der Arbeitswelt. Ein moderner Vorgesetzter muss mindestens ein Drittel seiner Arbeit in diese weichen Faktoren investieren. »Das wichtigste Produktivvermögen eines Unternehmens wartet in den Köpfen und Gemütern qualifizierbarer Mitarbeiter auf seine Entdeckung und Entwicklung.«[25] Für beides muss sich die Führungskraft von morgen interessieren, für Kopf (Know-how) und Seele (Gefühle) seiner Leute.

Kontakt aufnehmen

Die Fähigkeit, mit anderen in Kontakt zu treten und aktiv zuzuhören, haben wir im Rahmen der Akademie für Führungskräfte schon seit Jahren als Trainingsinhalt aufgegriffen. Es geht in der Führungsarbeit in hohem Maße um Kontaktfähigkeit und Wertschätzung. Das Fehlen dieser Eigenschaften kann nicht durch Anreizsysteme kompensiert werden. Da es immer auch darum geht, wirksame Führung unter den bestehenden Umständen zu erreichen, sollte man Führungskräften instrumentelle Hilfestellungen durch gezielte Trainings, Coachings oder Leitfäden an die Hand geben. Das baut Hemmschwellen ab, die nach meiner Erfahrung durchaus noch vorhanden sind.

Der Kontakt als echtes Interesse und als intensive, offene Auseinandersetzung mit den Mitarbeitern ist der Kitt, der die Organisation zusammenhält. Das bedeutet nicht, die weiche Decke der Harmonie über alles zu breiten, bis die darunter schwelenden Konflikte das Betriebsklima vergiften und die Produktivität lähmen. Im Idealfall funktioniert es ein Stück weit so wie bei Ehepaaren, die schon lange verheiratet sind: Sie streiten sich ausgiebig, bis sie sich wieder lieben können.

Aktives Zuhören

Bin ich als Führungskraft in »Kontakt« mit meinen Mitarbeitern getreten, ist der nächste Schritt, an ihrem Erleben Anteil zu nehmen durch aktives Zuhören. Dabei kommt es nicht nur darauf an zu hören, was der Gesprächspartner sagt, sondern es auch in seiner ganzen Bedeutung zu erfassen. Und dazu muss eine Führungskraft ganz Ohr sein – und kein von heftigem Nicken begleitetes

Pseudolauschen praktizieren, während sie mit ihren Gedanken schon beim nächsten Termin ist, nebenbei noch schnell ein paar E-Mails verschickt oder nur auf ihr Stichwort wartet, um das Gespräch dann an sich zu reißen.

Beim aktiven Zuhören konzentriert sich der Hörer nur auf das Gespräch, er fasst in regelmäßigen Abständen kurz (!) zusammen, was er verstanden hat, um sicherzugehen, dass die Botschaft auch richtig bei ihm angekommen ist. Er vergewissert sich durch Rückfragen und reagiert auf die Gefühle des Sprechers, indem er Mitfühlen signalisiert. Offene Fragen stellen und aktiv zuhören signalisiert unserem Gegenüber Interesse und Wertschätzung. Daraus entwickelt sich eine Basis von Sympathie und Vertrauen. Die nonverbale Kommunikation, die parallel zum Gespräch zwischen den Gesprächspartnern stattfindet, ist dabei ebenfalls wirksam: Mimik, Gestik, Blickkontakt, Lautstärke, Versprecher – all das spielt eine Rolle und wird nahezu unbewusst interpretiert.

Tipps für »aktives Zuhören«

- Konzentration auf die Äußerungen und das Verhalten des Gesprächpartners. (Was hat er gesagt? Was wollte er damit sagen? Was sagt die Körpersprache aus?)
- Interesse für den Gesprächspartner zeigen, zum Beispiel durch Augenkontakt, Fragen stellen, Zustimmen und eine »offene Körpersprache«.
- In die Lage des Gesprächspartners versetzen.
- Nicht sofort eine Meinung bilden, sondern erst den Standpunkt des anderen erfassen.
- Bei Unsicherheit Rückfragen stellen (sowohl bezüglich des Sachverhalts als auch der Gefühlslage des Gesprächspartners).
- Richtiges Verständnis des Inhalts durch Wiederholen der sachlichen und der emotionalen Aussage sicherstellen.
- Durch gezieltes Fragen das Gespräch nicht abreißen lassen.
- Für den »emotionalen Ausgleich« auch ungefragt eigene Informationen geben.
- Signalisieren von Anteilnahme durch das Äußern eigener Gefühle – so zeigt sich die Führungskraft auch als Mensch.

Der Unternehmer von heute erwartet von der »Führungskraft der Zukunft« vor allem Sozial- und Führungskompetenz. Fachliches Know-how ist von Platz eins auf Platz zwei gerückt.[26] Dass der erstgenannte Kompetenzbereich mindestens so wichtig für den Erfolg beim Führen ist wie der zweite (meiner Ansicht nach sogar wichtiger), ist eine alte, aber lange nicht erkannte oder nicht akzeptierte Tatsache. Und wenn Führende sie ausdrücklich anerkennen, bleibt es leider oft beim Lippenbekenntnis, wie mehrere Studien und Umfragen belegen.

Bereits die Jahresstudie 2001 der Akademie für Führungskräfte zum Thema »Beziehungsmanagement in Unternehmen« warf ein Schlaglicht auf die Kluft zwischen Einsicht und Umsetzung, zwischen Theorie und Praxis: Zwar bejahten schon damals die meisten Führungskräfte die Bedeutung des internen Beziehungsmanagements für die Erreichung der Unternehmensziele, aber nur ein Drittel der 242 befragten Führungskräfte zeigte sich mit dem Beziehungsmanagement in ihrem Unternehmen zufrieden. Knapp die Hälfte der Befragten betonte, dass vor allem die Umsetzung verbessert werden müsse. Sieben Jahre später ergab eine Erhebung unter 150 CEOs weltweit,[27] dass die meisten von ihnen noch mit den Methoden des vergangenen Jahrhunderts führen: Sie sind mehr Manager als Leader und von den zunehmend komplexen Prozessen überfordert.

Gut sein

Warum ist das Managen von Beziehungen so wichtig? Die Zukunft gehört einer Organisation, für die die Qualität des »Human Capital« an erster Stelle steht, denn sie ist das entscheidende Differenzierungsmerkmal gegenüber der Konkurrenz – diese Feststellung treffen die Experten seit Jahren.[28] Damit kommt der Einbindung der Mitarbeiter ins Unternehmen große Bedeutung zu: Qualifizierte Leute sind immer schwerer zu bekommen, und entsprechendes Gewicht müssen Unternehmen auf die Mitarbeiterbindung, das heißt auf ihre Zufriedenheit legen. Sie müssen sich wohlfühlen. Bei ihren Aufgaben, mit ihren Kollegen und ihren Arbeitsbedingungen. Wozu? In den so schlichten wie zutreffenden Worten des Paters und Unternehmensberaters Augustinus Graf Henckel von Donnersmarck: »Behandelt die Menschen gut, das verbessert die Ergebnisse.«[29]

Der japanische Ex-Mönch Kazuo Inamori meint, die Zeit sei reif für ein an fernöstlichen Werten orientiertes Denken bei Führungskräften. »Die philosophische Grundhaltung der Verursacher war unreif, und damit meine ich vor allem die Mentalität derer im Finanzsektor.«[30] Das Besondere an Kazuo Inamori: Er hat vorgemacht, was er fordert, und das mit großem Erfolg. Er ist Gründer und Macher des japanischen Kyocera-Konzerns und hat diesen nach den Grundsätzen seines Glaubens geführt. Der heute 77-Jährige zählt zu den einflussreichsten Männern der Wirtschaft Asiens und gilt in Japan als moralische Instanz.[31]

Berater und Experten betonen auch im Westen seit Jahr und Tag immer wieder die Bedeutung bestimmter Führungskompetenzen und Fähigkeiten, unzählige Buchratgeber und Seminare bieten die Vermittlung solchen Know-hows an. Kazuo Inamori hat sicherlich niemals ein solches Seminar besucht. Führungskompetenz lässt sich nicht von außen annehmen oder »anlernen«. Diese Art »Know-how« bleibt oberflächlich, es gelangt nicht von außen nach innen und kann natürlich auch nicht die erhoffte Wirkung entfalten. Echte Führungskompetenz muss den »Umweg« über das Führen des Selbst nehmen. Erst wenn diese »Vorarbeit« geleistet wurde und weiterhin geleistet wird, kann eine Kompetenz entstehen, die auf das Umfeld Einfluss nimmt. Die »Adressaten«, die Mitarbeiter, sind wie Seismographen: Sie sehen und hören genau hin, unterscheiden »echt« und »vorgeschützt« und haben konkrete Prüfkriterien: Passen Wort und Tat des Chefs zusammen? Ist er engagiert? Interessiert? Verbringt er seine Zeit in Meetings? Ist er kaum sichtbar oder gut erreichbar? Aus dem, was sie beobachten, ziehen sie ihre Schlüsse und reagieren entsprechend, passen das eigene Verhalten dem des Chefs an.

So entwickelt sich die alltäglich gelebte Unternehmenskultur. Fritz B. Simon, Professor für Führung und Organisation an der Universität Witten-Herdecke, betont, dass die direkten Steuerungsmöglichkeiten eines Führenden beschränkt seien. Sein Verhalten aber hat große Wirkung: »Er muss sich darüber klar sein: Was immer er als Chef tut, ist Führungsverhalten. Er muss daher achtsam sein im Umgang mit seinen Mitarbeitern und sich selbst. Wenn er einem Thema oder Sachverhalt seine Aufmerksamkeit widmet, wird dies von seinen Mitarbeitern beobachtet, und sie stellen sich darauf ein. Geht ein Chef durch die Abteilung und hebt dabei Papierschnipsel auf, so gibt er die Botschaft, dass Papierschnipsel irgendwie für ihn wichtig sind. Und in Zukunft werden alle auf Papierschnipsel achten.«[32]

Wer gut behandelt wird, der leistet mehr. Dieser eindeutige und längst nachgewiesene Zusammenhang ist in deutschen Managerköpfen jedoch noch immer nicht recht angekommen, wie die Globe-Studie gezeigt hat. Man kann davon ausgehen, dass die preußisch-protestantische Pflichtethik, wie sie der Calvinismus geprägt hat, bis heute nachwirkt: Arbeit ist der von Gott gewollte Lebenszweck des Menschen, die schlimmste Sünde ist Zeitvergeudung, ein jeder hat seine Pflicht ohne Rücksicht auf sich selbst zu erfüllen, und Arbeit ist kein Spaß. Arbeit, die Vergnügen macht, kann daher keine ernsthafte und richtige Arbeit sein.

Bei der Globe-Studie wurden Tausende von Managern der mittleren Führungsebene auf der ganzen Welt dazu befragt, was gute Führung sei. In Deutschland wurden 457 Manager der mittleren Führungsebene aus 18 Unternehmen befragt. Dazu waren sie aufgefordert, sich konkrete Personen aus ihrem Umfeld vorzustellen, die dem Optimum an Führung aus ihrer Sicht entsprechen. Die Auswertung ergab: Die »besten« Führungskräfte repräsentierten die Werte, Überzeugungen und Normen der Gesellschaft eines Landes.[33]

In Deutschland zählen demnach vor allem Leistungsstreben, Verbesserungsorientierung, Excellence und Selbstaufopferung. Gleichzeitig würden bei hervorragenden deutschen Führungskräften noch immer kaum Toleranz, Fairness, Empathie, Unterstützung und Geduld im Umgang mit Mitarbeitern vorausgesetzt. »Die besondere Nachricht aus Globe ist, dass deutsche Manager Humanorientierung noch nicht einmal bei einer hervorragenden Führungskraft erwarten«, sagte der Organisations- und Wirtschaftspsychologe Felix C. Brodbeck.[34]

In Deutschland heiße *Führen* immer noch, »hart zu sein in der Sache und hart zu den Beschäftigten«.[35] Was deutsche Manager erst gar nicht erwarteten, stellte für die befragten ausländischen Kollegen einen konkreten Mangel dar: die fehlende Humanorientierung der deutschen Führungskräfte, also das Ausmaß, in dem Fairness, Altruismus, Großzügigkeit, Fürsorge und Höflichkeit gefördert und belohnt werden, belohnt werden sollen oder dürfen. Hier belegte Deutschland in der Globe-Studie einen der hintersten Plätze unter den einbezogenen 62 Ländern. Dies könnte, wie Brodbeck in seiner Zusammenfassung der Ergebnisse[36] erläutert, seinen Grund in der besonderen Situation in Deutschland haben. Zunächst stellte er fest, dass die Bezeichnung »Führer« in Deutschland nach wie vor tabu ist. In anglo-amerikanischen Ländern geht man damit unverkrampfter um. Hierzulande behilft man sich mit den Termini »Führungskraft« oder mit dem Anglizismus »Manager«.

Interessant ist auch die folgende Beobachtung Brodbecks: Die Humanorientierung in Deutschland sei, wenn auch nicht eben bei den Führungskräften, tatsächlich groß: Die deutsche soziale Marktwirtschaft erreiche sie mit ihren Prinzipien Mitbestimmung, soziale Gerechtigkeit und Verantwortung in relativ hohem Maße. Und im Übrigen kümmere sich die Gesellschaft als Ganzes darum: Die deutschen Sozialgesetze gehören zu den umfangreichsten überhaupt, die Zahl der Interessenverbände und sozial tätigen Vereine seien Legion. Brodbecks Fazit: »Wir haben es offenbar geschafft, die Menschlichkeit zu institutionalisieren. Das Humane im direkten, zwischenmenschlichen Umgang bleibt hingegen hinter anderen Werten zurück. Darüber haben wir möglicherweise die Fähigkeit verloren (oder erst gar nicht kultivieren müssen), Menschlichkeit im Alltag aktiv zu leben und auch einzufordern.«[37]

Vertrauen schaffen

Vertrauen ist die Basis menschlicher Beziehungen, weil der Mensch in jeder Beziehung von Interaktion mit anderen abhängig ist. Vertrauen ist für den Soziologen Diego Gambetta eine Überzeugung, »die nicht auf Beweisen, sondern auf einem Mangel an Gegenbeweisen gründet«.[38] Man gibt dem anderen einerseits die Möglichkeit, das Vertrauen zu missbrauchen, ist aber zugleich sehr zuversichtlich, dass er sie nicht nutzen wird. Reine Blauäugigkeit ist das normalerweise nicht: Man kennt sich vielleicht oder kann davon ausgehen, dass man noch öfter miteinander zu tun haben wird. Das Interesse am Vertrauen ist also gegenseitig.

Reinhard K. Sprenger hat in seinem Buch *Vertrauen führt* dargelegt, dass die Fähigkeit zu Vertrauen eine der wichtigsten Voraussetzungen für gelungenes Beziehungsmanagement und ein Ausdruck hoher emotionaler Intelligenz ist. Sein Fazit fiel vernichtend aus: »Viele Unternehmen sind reine Verdachtsorganisationen. Aus Misstrauen erlassen Führungskräfte bibeldicke Manuale, um auch noch die kleinste Rolle im Unternehmen festzuzurren. Sie glauben nicht daran, dass Menschen gute Arbeit machen *wollen.* Eine tiefsitzende Unsicherheit, die sich rational maskiert, macht Führungskräfte zu Ordnungskräften, Manager zu Polizisten, die ›Kontrollspannen‹ überblicken. Sie vertrauen nicht dem selbst gesetzten Qualitätsanspruch ihrer Mitarbeiter. Sie sind extrem zurückhaltend, wenn es darum geht, die Mitarbeiter ihren eigenen Weg zum Ziel finden zu lassen.«[39] Wenn aber die Führungskraft ihren Mitarbeitern nicht vertraut und umgekehrt, kann Führung auch mit den richtigen Instrumenten und Techniken nicht gelingen. Mangelndes Vertrauen lähmt die Zusammenarbeit und die Produktivität, die Kreativität und Flexibilität des Mitarbeiters und der gesamten Organisation.[40]

Auch unsere Belohnungsstrukturen reagieren auf Vertrauen: Die Neuroökonomie hat gezeigt, dass Vertrauen und seine Bestätigung im menschlichen Gehirn mit einer Belohnungsaktivierung einhergehen. Vertrauen führt zur Vereinfachung von Situationen und damit zu mehr Sicherheit. Diese Erfahrung bewertet unsere Psyche positiv. Sie gibt uns ein gutes Gefühl. »In der ökonomischen Forschung gibt es kaum einen besseren Indikator für Wohlfahrt als Vertrauen. Das ist auf den ersten Blick erstaunlich, könnte man doch meinen, die Kapitalausstattung, das Bildungsniveau oder die natürlichen Rohstoffe seien viel entscheidender. Diese Faktoren können aber nur dann ineinandergreifen und funktionieren, wenn genügend Vertrauen als Schmiermittel vorhanden ist.«[41]

Aber Vertrauen darf nicht »blind« sein, denn sonst ist das ganze System, die ganze Organisation in Gefahr. So schreibt der Dalai Lama: »Weise Führungspersönlichkeiten untersuchen Ursache und Konsequenzen eines bestimmten Ziels oder Ereignisses und erforschen, ob es richtig, angemessen, wahr oder falsch ist. Vertrauen allein führt leicht zu Täuschungen und Fehlurteilen und ist oft durch Emotionen beeinflussbar. Ohne Weisheit glauben wir, was andere uns sagen, egal, ob es richtig oder falsch ist. Vertrauen gibt uns die Kraft, zu handeln und sogar Böses zu tun. Ist das Vertrauen so groß, ermahne ich Menschen, es mit Hilfe der Weisheit zu kontrollieren und das Gleichgewicht zu halten. Andererseits nützt auch Weisheit ohne Vertrauen wenig, da ihr die nötige Tatkraft fehlt.«[42]

Der Vertrauensvorschuss schafft eine gute Startposition für eine stabile Mitarbeiterbindung. Das Wichtigste dabei ist allerdings das Führungsverhalten der Chefs. Wie die Praxis zeigt, wechseln nur wenige Beschäftigte die Stelle wegen eines zu niedrigen Gehalts oder zu geringer Aufstiegsschancen: Sie verlassen nicht die Firma, sondern den Chef.[43]

Führung als Bindeglied

Die Führungskräfte sind »Schnittstellen« zwischen denen, die auf der jeweils nächsthöheren Ebene entscheiden, und denen, die diese Entscheidungen umsetzen, den Mitarbeitern. Gute Vorgesetzte führen daher nicht, indem sie Vorgaben machen und Erwartungen kommunizieren, sondern indem sie Beziehungen managen: die zwischen Mitarbeiter und dem Unternehmen, den Kollegen, den Aufgaben. Bindung herzustellen sollte auf der Aufgabenliste eines Managers auf Platz eins stehen, noch vor dem Lenken und Anleiten. Die wesentlichen Trends in den Arbeitsbeziehungen, wie die steigende Unverbindlichkeit und Kurzlebigkeit der Arbeitsverhältnisse, die Zunahme von Projektarbeit und die gestiegene Eigenverantwortung der Mitarbeiter, unterstreichen diese Bedeutung. Sie verlangen den Führenden noch mehr Integrations-, Motivations- und Bindungsleistungen ab.

Teil des Teams

Die systemische Führungskraft sieht sich als Teamworker. Gemeinsam erreicht man mehr, und die unterschiedlichen Stärken werden zusammen gebraucht. »Der Erfolg eines Unternehmens ist nie einer einzelnen Person zuzuschreiben. Dafür sind Unternehmen zu komplexe Systeme«, betont Fritz B. Simon.[44]

Damit eine gute Teamarbeit gelingen kann, muss im Unternehmen das Wissen geteilt werden. Im Team muss Vertrauen herrschen. Der Psychologe Gerd Gigerenzer, der auch ein Team zu führen hat, ist dankbar für Kompetenzen seiner Mitarbeiter, die er selbst nicht hat: »Eine gute Führungskraft nutzt andere Experten, und zwar auf allen Ebenen des Betriebs. Ich möchte auch nicht als Direktor am Institut alle Entscheidungen selbst treffen. Ich versuche, so viel Verantwortung wie möglich zu verteilen. Wenn ich beispielsweise eine Sekretärin einstelle, dann ziehe ich für die Auswahl unter den hundert Bewerbungen die wirklichen Experten heran: meine anderen Sekretärinnen. Diese suchen alleine etwa zehn Kandidaten aus, laden sie ein, führen Gespräche und Tests durch und suchen die drei oder vier Besten aus. Erst hier schalte ich mich ein und wähle dann alleine die beste Person aus. Das ist wichtig, damit die Bürde der Entscheidung nicht auf meinen Sekretärinnen lastet. Doch ihre Kompetenz ist eingeflossen, und sie wissen diese Verantwortung zu schätzen. Und das Betriebsklima wird auf menschliche Wärme und Akzeptanz eingestellt, da jeder an der Wahl der neuen Kollegen mit beteiligt ist.«[45]

Echte Autorität ist souverän – und damit leise. Ein guter Manager führt niemals mit »unnachgiebiger Härte«, Befehlsgewalt und Durchsetzungsgetöse. Machtworte und Sanktionen sind kontraproduktiv. Auf den Tisch hauen funktioniert vielleicht kurzfristig, wirkt aber schnell nicht mehr er-, sondern abschreckend. Und »sanktionieren heißt bremsen, nicht führen«.[46] Über kurz oder lang reagieren die Betroffenen mit Verweigerung. Aber wer führt, braucht Verbündete, wenn er Ziele erreichen will.

Die Zunahme von Projektarbeit infolge veränderter Wettbewerbsbedingungen bedeutet nicht nur die Auflösung der früher üblichen festen Teams, sondern auch mehr Heterogenität innerhalb der jeweiligen Teams auf Zeit, die teilweise auch virtuell zusammenarbeiten. Der Führende in solchen Arbeitsgruppen muss besondere Teambuilder- und Leadership-Kompetenzen haben, um mit kulturell sehr unterschiedlichen Menschen und ihren verschiedenen Spezialkenntnissen zu bestmöglichen Resultaten zu gelangen.

Die besondere Art des Führens in Organisationen ohne klar definierte Hierarchien wird oftmals auch als laterales Führen bezeichnet. Die Führungskraft steht vor der Aufgabe, sich bei Personen durchzusetzen, über die sie keine direkte Weisungsbefugnis hat, auf die sie aber dennoch angewiesen ist. Wer sich mit anderen verständigen muss, die ihm nicht unterstehen, stößt auf organisationale Gegenpositionen. Das ist der entscheidende Unterschied zur Führung von Mitarbeitern. Es braucht Geschick, um sich mit Kooperationspartnern so zu verständigen, dass die eigenen Intentionen Platz finden.[47] Dieser Ansatz ist auch für das systemische Führen bedeutsam, denn führe ich systemisch, dann tue ich es nicht durch die mir vielleicht hierarchisch gegebene Machtposition, sondern im Verständnis für und mit meinen Mitarbeitern.

Bei der Optimierung von Prozessen gilt es, sich mit den vor- und nachgelagerten Bereichen, die an einem Prozess beteiligt sind, abzustimmen. Bei Kooperationen auf derselben Hierarchieebene besteht aber nicht die Möglichkeit, bei Meinungsverschiedenheiten immer auf höhere Instanzen zurückzugreifen. Besonders häufig erfordert es einen lateralen Führungsstil, wenn man in Kollektivorangen wie einem Unternehmensvorstand oder einem Betriebsrat arbeitet. Die formale Führung hat hier zwar der

Vorstandsvorsitzende. Aber die Mittel der Durchsetzung der Interessen sind eher schwach. In einer Beratungsfirma oder Anwaltskanzlei sind alle Partner gleichberechtigt, und so muss stets gemeinsam eine Lösung für offene Fragen gefunden werden.[48]

Überzeugen statt durchsetzen

Um in solchen Konstellationen ohne feste Hierarchie und Weisungsbefugnis die eigenen Interessen durchzusetzen, benötigt man drei Mechanismen der Einflussnahme: Es gilt Verständigung zu erzielen, Vertrauen zu schaffen und informelle Macht zu nutzen.[49] Der erste Punkt bedeutet: als Gesprächspartner muss ich die Gedanken des anderen so gut verstehen, dass neue Handlungsmöglichkeiten erschlossen werden können. Zunächst muss ich mich fragen: Welche Grundauffassungen des Gegenübers passen nicht zu den eigenen? Welche eigenen Interessen hat das Gegenüber und welche hat man selbst? Und drittens: Welche Arbeitsroutinen versperren den Blick auf neue Möglichkeiten?

Da Gespräche über anstehende Veränderungen häufig zunächst als Bedrohung wahrgenommen werden und Abwehrmechanismen in Gang setzen, hilft es, die Situation im Gespräch zu verfremden. Es ist ein sehr guter Weg, sich die Frage »Was wäre, wenn« zu stellen, um zunächst eine gemeinsame Vorstellung zu entwickeln. Was sähe bei uns in zehn Jahren anders aus? Was würden wir mit einem zehnmal höheren Budget entwickeln? Sieht mein Gegenüber die positive Entwicklung, die ein gemachter Vorschlag nach sich ziehen könnte, ist er mit Sicherheit eher bereit, auf diesen einzugehen. Daher gilt es, die eigene Idee gemeinsam auf die Probe zu stellen und so rechtzeitig zu erfahren, wo es Zweifel gibt, und dadurch die Möglichkeit, sie von vornherein zu beseitigen.

Wie schon an anderer Stelle deutlich wurde, ist das Schaffen von Vertrauen ebenfalls grundlegend für gute Zusammenarbeit, sei es im Team, oder Kooperationspartnern. Fehlen eindeutige Hierarchien, ist gegenseitiges Vertrauen noch bedeutender. Vertrauen schafft man zum Beispiel, indem man sich konsistent verhält: Ein »sprunghaftes« Verhalten schafft stets Unsicherheit bezüglich des Verhaltens in der Zukunft. Dann sinkt das Vertrauen des Geschäftspartners, und die Durchsetzung der eigenen Interessen wird erschwert. Das Einhalten von Verabredungen, sei es die rechtzeitige Lieferung von Informationen oder das Wahrnehmen von Terminen, stärkt die Vertrauensbasis.

Auch ohne hierarchische Weisungsbindungen und den Zugriff auf Sanktionen und Belohnungen lassen sich Quellen für Macht finden und einsetzen. Informelle Macht kann sich aus Kenntnissen, intellektuellen Fähigkeiten und Leistungen auf einem bestimmten Fachgebiet speisen, die weit über dem Durchschnitt liegen. Man ist durch Expertenwissen in der Lage, Macht auszuüben, wenn das Gegenüber auf dieses Wissen angewiesen ist.

Die Kontrolle über die informelle Kommunikation und die Fähigkeit zur Nutzung von Kontakten kann ebenfalls für informelle Macht sorgen. Jenseits der offiziell bereitgestellten Kommunikationswege in Unternehmen gibt es auch informelle Kanäle. Es führt zügiger zum Ziel, diese zu nutzen. So kann über informelle Kontakte zu anderen Abteilungen ein Prozess oder ein Projekt schneller vorangetrieben werden. Die neuen Web-2.0-Technologien haben zudem Menschen vernetzt, die sich früher vielleicht nie begegnet wären, und ermöglichen die Nutzung von Kontakten weit über die Grenzen der eigenen Unternehmung hinaus.

Eine letzte und für mich besonders erstrebenswerte Form informeller Macht ist die Identifikation. Bin ich als Führungsperson selbst ein Vorbild in meinem Handeln, bin ich für meine Mitarbeiter und Kooperationspartner ein Vorbild. Und Menschen lernen von Vorbildern und folgen deren Beispiel. Nutzt man dies für sich, indem man dem Gegenüber ein Vorbild ist, kann man auf diese Weise Einfluss ausüben.

Die drei Komponenten *Verständigung*, *Vertrauen* und *Macht* stehen in ständiger Wechselwirkung. Sie können sich gegenseitig stützen, behindern oder sogar ersetzen. Stefan Kühl und Wolfgang Schnelle ziehen den Schluss: »Wichtig ist zu sehen, dass es weder *die* richtige Mischung aus den Strategien gibt noch dass die eine Strategie (besonders beliebte Kandidaten sind Vertrauen und Verständigung) besser oder erfolgversprechender ist als die anderen. Vielmehr findet in jeder Beziehung ein erneutes und immer fragiles Austarieren statt, wie man eine Sache jetzt vorantreibt.«[50]

Gerade in neuen Organisationsformen mit mehr Entscheidungsfreiheit und Eigenverantwortung für den einzelnen Mitarbeiter, diffusen Weisungsstrukturen und mehr leistungsbezogener Vergütung wird den Führungskräften neben kommunikativen Fähigkeiten auch ein »flach-hierarchisches« Denken abverlangt: Sie müssen mehr delegieren. Dazu müssen sie die Potenziale ihrer Leute genau kennen und unterstützen, aber auch mehr Vertrauen in die Mitarbeiter investieren als in Zeiten der klar strukturierten »Vorgesetzten«-Pyramiden. Solche zwar nicht neuen, aber erst seit kurzem anerkannten Anforderungen müssen in der Managerausbildung berücksichtigt werden.

Die Frage, wie viel Wissen ein Führender braucht, ist zweitrangig. Zuerst muss man fragen, *welches* Wissen er braucht. Experten bemängeln, dass der verhaltensbiologische Ansatz noch gänzlich in der Ausbildung fehle. Der »Master of Business Administration« bringe Manager hervor, die reine Verwalter von Prozessen seien. Zwar könnten sie »Ziele setzen, Entscheidungen treffen, planen, organisieren und kontrollieren, aber Menschen führen haben sie nicht gelernt«.[51] Dem kann in vielen Fällen nicht widersprochen werden. Ein Leader der Zukunft muss Grundkenntnisse in Soziologie, Psychologie und eben Verhaltensbiologie besitzen, damit er die Arbeit seines Teams (und parallel die eigene!) so organisieren kann, dass es den Naturgesetzen des menschlichen Verhaltens entspricht.

Der Mensch ist programmiert auf Leistung und Anstrengung, die mit Lustgefühlen belohnt werden (wenn die Bedingungen stimmen). »Lust durch Leistung«[52] – auf diese Formel bringt es der Verhaltensbiologe Felix von Cube: »Wir haben ein Anstrengungs- und ein Lustprogramm, und wenn wir eines davon nicht erfüllen, geht es uns schlecht. Wenn man aber beide Programme miteinander verbindet – wenn man also in der Anstrengung Lust empfindet, dann ist das eigentlich das Optimale. Ich sehe auch in der Praxis bestätigt, dass Menschen, die etwas leisten und diese Leistung gerne und mit Lust erbringen, die glücklichsten sind. Lust an Leistung ist nicht nur für das Unternehmen lukrativ, sondern vermittelt auch Lebensqualität. Das sollte keinem Menschen vorenthalten werden.«[53]

Das Ziel des Beziehungsmanagements ist es, den Teufelskreis (vernachlässigte Mitarbeiter verlieren die Lust am Job immer mehr, bis sie kaum noch Leistung bringen und letztlich innerlich kündigen) entweder erst gar nicht entstehen zu lassen oder zu durchbrechen: Lust beim Arbeiten steigert die Motivation und die Leistung und erzeugt Bindung, die wiederum für ein bestimmtes Maß an Sicherheit sorgt. In solchen Arbeitsumständen fühlt sich jeder wohl, und das wirkt sich positiv aus: auf die anderen, auf die Leistung, auf die Bilanzen. Gutes Beziehungsmanagement ist nicht nur die wichtigste Führungsaufgabe, sondern auch eine sehr befriedigende.

Souverän zu führen bedeutet delegieren zu können, also Macht abzugeben und auf Vertrauen zu bauen. Der bisher gewohnte Führungsstil ist ein »Auslaufmodell«, weil er in den Mitarbeitern nicht zur Entfaltung bringe, was für zukunftsfähige Unternehmen unverzichtbar sei: Mitdenken, Mitgestalten, Teamgeist und Kreativität. Diese Qualitäten aber kann man nicht verordnen. Man muss sie wecken. Und das erreicht nur ein echter Leader, denn der pflegt einen unterstützenden Führungsstil. Unterstützend heißt: grundsätzlich freundlich sein, auch mal ein schlichtes Lob spendieren. Ein Verhalten, das dem anderen mehrere motivierende Botschaften übermittelt: Der Chef reagiert auf der emotionalen, auf der Beziehungsebene auf mich, denn er registriert mich als Individuum, er interessiert sich für meine persönliche Arbeitsleistung, und er weiß zu schätzen, wie ich arbeite und was ich leiste.

Systemische Führung ist nach meiner Auffassung aber viel mehr als »nur« der beste Weg zum wirtschaftlichen Erfolg. Das langfristige Ziel guter *Führung heißt, eine Welt zu gestalten, der andere Menschen gern angehören wollen.*[54] Eine solche Herausforderung anzunehmen macht eine Führungskraft zum Leader.

7 Kernthesen zu: Die anderen führen

- Eine Führungskraft übernimmt die Verantwortung für ihr Team, die Mitarbeiter, die sie führt, ihre Kollegen und den Unternehmenserfolg.
- Eine Führungskraft ist in Kontakt mit ihren Mitarbeitern, Kollegen, dem Team und weiteren Stakeholdern. Hierbei entscheidet sie bewusst, wie sie kommuniziert, sich einbringt, Konflikte löst und Gespräche führt. Sie besitzt die Fähigkeit, Beziehungen zu anderen zu gestalten. Ihre offene und kooperative Grundhaltung sowie ihre Sensibilität für die Wechselwirkungen im System ermöglichen es ihr und dem Team, gemeinsam beste Leistungen zu erbringen.
- Eine Führungskraft unterstützt Initiativen der Reflexion und stößt entsprechende Prozesse an. In regelmäßigen Abständen reflektiert sie die Zusammenarbeit und Leistung im Team. In Reflexionsschleifen geht sie mit ihren Mitarbeitern ihre Arbeit, die Prozesse und Leistungen durch. Eine Führungskraft bietet den Rahmen, um Dinge transparent und besprechbar zu machen.

- Eine Führungskraft hat ein klares Bild von der Zukunft und gibt Orientierung. Sie sichert die Zukunft, indem sie Offenheit, Lernen und Entwicklung im Team fördert.
- Eine Führungskraft vermittelt Sinnstiftung im Team und Unternehmen. Sie berücksichtigt die Motive und Motivation ihrer Mitarbeiter, ihres Teams und ihrer Kollegen, damit diese Lust an Leistung und ein Gefühl der Zufriedenheit haben.
- Eine Führungskraft bietet Menschen in ihrer Umgebung einen Raum, in dem sie ihre Stärken gezielt für den Unternehmenserfolg einsetzen können. Dieser Raum ist durch Menschlichkeit und emotionale Intelligenz gekennzeichnet. Erst durch einen bewussten Umgang mit Emotionen kann es Offenheit, Klarheit und Nähe geben, die ein gemeinsames Vorangehen ermöglichen. Arbeit auf der Beziehungsebene sorgt für Energie, Engagement und Konfliktbereitschaft im Team.
- Eine Führungskraft trifft Entscheidungen, die Auswirkungen auf andere haben und ihre Verantwortung in einem besonderen Maße fordern. Sie bezieht Betroffene ein und versucht, Entscheidungen klar und nachvollziehbar zu kommunizieren. Auf diese Weise sichert sie die Leistungsfähigkeit und Durchsetzungsstärke ihrer Organisationseinheit.

4.4 Das Geschäft führen

Die grundlegende Funktion des Managements war und ist: »Menschen durch gemeinsame Werte, Ziele und Strukturen, durch Aus- und Weiterbildung in die Lage zu versetzen, eine gemeinsame Leistung zu vollbringen und auf Veränderungen zu reagieren.«[55] Die Hauptaufgabe eines Managers ist das Erzielen von Ergebnissen für das Unternehmen. Auf diese scheinbare Banalität hat der Managementvordenker Peter F. Drucker bereits 1954 hingewiesen. Management spielt sich grundsätzlich auf drei Ebenen ab:

1. Normatives Management als Gestaltung der Ziele, Grundsätze, Werte, Spielregeln und Kultur des Unternehmens. *Beispiel:* Erstellung einer Geschäftsordnung für Vorstandssitzungen.

2. Strategisches Management als Gestaltung des strategischen Umsetzfahrplans, der Organisationsstrukturen, der Managementsysteme sowie des Führungs-, Entscheidungs- und Lernverhaltens. *Beispiel:* Erarbeitung eines neuen Organigramms für das Auslandsgeschäft.
3. Operatives Management als Gestaltung konkreter Aufträge, Prozesse oder des Leistungs- und Kooperationsverhaltens vor Ort. *Beispiel:* Planung und Abwicklung eines konkreten Kundenauftrags.

Vereinfacht lässt sich sagen, dass es im Management im Wesentlichen um zwei Bereiche von Tätigkeiten geht: Sachen zu erledigen und Menschen zu führen. Unternehmer sollen unternehmen, nicht unterlassen. Unternehmerisch denken und handeln muss dabei nicht nur die Frau oder der Mann an der Spitze. Neuere Führungsansätze gehen davon aus, dass erfolgreiche Firmen darauf angewiesen sind, dass die Unternehmereigenschaften auch von allen Managern und Mitarbeitern übernommen und »gelebt« werden.

Mehr als nur managen

Eine erfolgreiche Führungskraft muss auch in Zukunft die wirksamen Instrumente und Strategien des Wirtschaftens beherrschen. Dieses Buch legt den Fokus vielmehr auf die spezifischen Merkmale der systemischen Art und Weise, das Geschäft zu führen.

Sie zeichnet sich dadurch aus, dass die Führungskraft die volle Verantwortung für die Erreichung herausfordernder, aber realistischer Unternehmensziele übernimmt, aktiv Innovationen fördert und das Geschäft nachhaltig führt. Die systemische Führungskraft blickt nicht nur auf die Bilanzen, sondern beobachtet auch den Markt, die Kunden und die Zulieferer und beachtet die Wechselwirkungen zwischen sich selbst und den Unternehmenszielen. Führungskraft und Organisation müssen sich im Einklang miteinander entwickeln, und der Mensch an Spitze muss jederzeit hinter dem Agieren des Unternehmens stehen.

Reflexion ist ein weiteres Merkmal der systemischen Geschäftsführung: Der Manger hinterfragt und optimiert permanent die Prozesse im Sinne einer lernenden, wachsenden und sich aus sich selbst heraus gestaltenden Organisation. Zur kritischen Überprüfung des aktuellen Standes nimmt er regelmäßige Ist-Soll-Vergleiche vor und führt SWOT-Analysen durch, um die innerbetrieblichen Stärken und Schwächen sowie die externen Chancen und Gefahren einzuschätzen.

Systemischer Mehrwert

Die Wirtschaftsorganisation der Zukunft will nicht einfach ein Produkt oder eine Dienstleistung verkaufen und dafür einen künstlichen, kurzlebigen Bedarf wecken, sondern sie will ihren Kunden gleichzeitig Sinn vermitteln durch das, was sie anbietet. Dazu kommuniziert die Führungskraft den Zweck und die Mission des Unternehmens nach innen und nach außen und sorgt dafür, dass die Unternehmens- und Markenwerte sich nicht nur in politisch korrekten Schlagworten oder nüchternen Zahlen ausdrücken, sondern auch emotional »aufgeladen« und werthaltig sind. Die Führungskraft selbst betrachtet das Geschäft nicht »von oben«, sondern versteht ihre Arbeit als Dienst am Business und am Kunden. Sie denkt und entscheidet zum Wohle des Kunden. Demut und Dienen sind positive Werte im Kanon der systemischen Führung.

Zur emotionalen Komponente des systemischen Geschäfts gehört auch, dass die Führung die unternehmerischen Ziele mit den Gefühlen, Werten und Wünschen der Mitarbeiter in Einklang bringt, den Austausch zwischen Mitarbeitern und Kunden fördert und so eine gefühlte Nähe zum Kunden entstehen lässt. Dies fördert die Sinnhaftigkeit der Arbeit für alle Beteiligten und verbessert den Absatz, weil die Menschen im Unternehmen die Perspektive der Kunden einnehmen können.

Schlüsselressource Networking

Die Organisationsform der Zukunft ist eine Mischung aus alten und neuen Formen von Organisation. Vor allem Netzwerke verschiedenster Art gewinnen immer stärker an Bedeutung. Viele der heute existierenden Netzwerke bestehen nur aufgrund der neuen Möglichkeiten von Kommunikation.

Systematisches und professionelles Networking ist nicht nur eine wichtige Führungskompetenz innerhalb der Organisation, sondern auch ein hochwirksames Instrument zur Geschäftsanbahnung und zur Beziehungspflege mit der Umwelt des Unternehmens. Networking bedeutet die Zusammenarbeit von zwei oder mehr Personen zur Bewältigung einer Aufgabe oder Erreichung eines Zieles, indem die Personen eine vertrauensvolle Verbindung zum gegenseitigen Nutzen aufbauen. Dazu braucht eine Führungskraft Networking-Intelligenz, die sich in offener Selbstmitteilung und Rückmeldung, einer Win-win-Orientierung, der Fähigkeit zu vertrauen, Zukunftsorientierung und in der Akzeptanz von Veränderung und Interdependenz ausdrückt.

Wer sein Netzwerk optimal für sein Geschäft nutzen und ausbauen will, muss die Akteure an bestimmten Orten treffen und nach bestimmten Regeln behandeln. Zum persönlichen Netzwerk einer Führungskraft gehören Verwandte, Freunde, Nachbarn, Kollegen, Kommilitonen, Vorgesetzte, Kunden und Lieferanten. Die besten Orte für die systematische Kontaktaufnahme sind Messen, Kongresse, Konferenzen, Verbände oder Vereine sowie Seminare oder Workshops und natürlich das Internet.

Lust auf Neues

Das Zukunftsinstitut Kelkheim beschäftigt sich mit dem »Business der Zukunft«[56] und sieht die Kreativität als Schlüsselressource der Zukunft. Die sicherste Grundlage für eine erfolgreiche Arbeits- und Lebensbiografie sei die Bewusstmachung und Nutzung der eigenen »Uniquability«, also der persönlichen Mischung aus Talenten und Neigungen. Die lange selbstverständliche Anpassung an Vorgaben, auch wenn die Anforderungen zu den eigenen Stärken und Vorlieben nicht passen, ist nicht mehr gefragt. Erfolgversprechend sind vielmehr eigene, »freibleibende« Lebenskonzepte, die sich mit dem Ich im Lauf der Zeit ändern und weiterentwickeln, die aus Krisen und Brüchen willkommene und genutzte Neuanfangschancen machen. Dazu gehört kontinuierliches Hinterfragen des Selbst, der eigenen Beschaffenheit in Bezug auf das, was man gerne tut, in welchem Umfeld man sich wohlfühlt, was einen motiviert und stärkt oder schwächt.

Innovations- und Lernfähigkeit sind die wichtigsten Kriterien zukünftiger Unternehmen. Dazu müssen auch Strukturen und Abläufe immer wieder auf den Prüfstand gestellt und nötigenfalls einer Reorganisation unterzogen werden. Für diesen Aufgabenbereich wird es laut Zukunftsinstitut bald zwei neue Schlüsselpositionen geben: die des Chief Destruction Officer (CDO) und die des Chief Storytelling Officer (CSO), die beide eng zusammenarbeiten. Der CDO hat die Aufgabe, Schein-Jobs, selbstreferenzielle und unproduktive Prozesse aufzuspüren und zu benennen. Der CSO hat die besondere Fähigkeit, »Unsichtbares sichtbar zu machen«, indem er es in Form von Geschichten, Anekdoten und Bildern visualisiert. »Dadurch gelingt es ihm, die Emotionen im Unternehmen, die positiven und negativen Triebkräfte zu bündeln und zu bearbeiten. Mit Hilfe seiner Persönlichkeit und Expertise entstehen Unternehmensvisionen mit großer Zugkraft und interne Dialoge, die Unternehmenswerte wie beispielsweise Flexibilität und Selbstverantwortung mit großer emotionaler Kraft in konkrete Verhaltens- und Handlungsmuster übersetzen.«[57]

Wissen ist Macht

Die Bedeutung von ungehindertem, besser noch gefördertem und gezieltem Wissenstransfer und freiem Zugang zum Wissenspool wird Unternehmern, Managern, Leadern allmählich klar. Getrennt arbeitende, untereinander zu wenig oder gar nicht kommunizierende, womöglich konkurrierende Abteilungen einer Firma müssen befürchten, im wirtschaftlichen Wettbewerb auf den hinteren Plätzen zu landen. Ein Unternehmen, das kein organisiertes Wissensmanagement betreibt, bremst sich selbst aus. Kluge Entscheider wissen, dass es ein weitreichender Fehler ist, wenn wesentliche Teile des Betriebsablaufs von Einzelnen abhängen. Sie leisten sich einen »Chief Learning Officer«, zum Beispiel General Electric, die Deutsche Bank, die Unternehmensberatung Deloitte oder der Computer- und Softwareproduzent Sun Microsystems.[58]

Je mehr die Einheiten einer Gruppe, eines Teams, eines Konzerns das Wissen untereinander austauschen und verbreiten, desto sicherer ist ihr Erfolg. Gekonntes Wissensmanagement erfordert aber auch das Abschaffen von Hierarchien. Denn Wissen kann man nicht verordnen – es muss wachsen, sich entwickeln, muss mit Interesse, womöglich Begeisterung, jedenfalls Engagement nicht nur erworben, sondern auch genutzt werden. Weil das aber auch Arbeit ist und Mühe kostet, neigen wir dazu, es für uns zu behalten und nicht einfach »herzuschenken«.

Systemische Führung und Arbeit setzt enorme Energien frei und gibt wichtige Impulse zur Weiterentwicklung von Mensch und Organisation. Systemische Führungskräfte sind in der Lage, aufgrund ihrer Persönlichkeit und Kompetenz Entwicklungsprozesse in Gang zu setzen und Strukturen und Beziehungen zu verbessern. Das wirkt sich positiv auf die Kommunikation aus. In diesem Umfeld wird effektives, effizientes und kollegiales Arbeiten erst möglich.

Der überlastete Kunde

Eine entscheidende Größe im System »Geschäft« ist der Kunde. Bei der systemischen Führung eines Unternehmens rücken die Menschen in den Mittelpunkt – in erster Linie die Mitarbeiter, aber auch die externen Partner und die Kunden.

Kreativität, Kundennähe und Reaktionsschnelligkeit sind herausragende Tugenden erfolgreicher Unternehmen. Das hat IBM in einer Befragung von über 1 500 Führungskräften aus 60 Ländern und 33 Branchen herausgefunden. Klaus Lintelmann, der Geschäftsführer von IBM Deutschland, berichtet darüber hinaus, dass fast 80 Prozent der befragten Vorstandsvorsitzenden davon ausgehen, dass die Komplexität der Märkte in den nächsten Jahren weiter deutlich ansteigen wird. Unternehmensführung unter solch unsicheren Bedingungen geht nur durch systemisches Denken und die Fähigkeit, Entscheidungen schnell zu treffen und – falls nötig – genauso wieder schnell korrigieren zu können. Erfolgreiche Unternehmen sind in der Lage, ihre Geschäftsmodelle und ihre Organisation schneller und häufiger wieder auf den Prüfstand zu stellen. Unter den wichtigsten Führungsfähigkeiten ist Kreativität mit Abstand die wichtigste Ressource. Häufiges Experimentieren, schnelles Lernen und die Konzentration auf Innovationen – so wird Kreativität konkret.[59]

Um die Qualität der Kundenbeziehungen auszubauen, werden drei Wege eingeschlagen. Erstens: ein verbessertes Instrumentarium zur Erlangung genauerer Erkenntnisse über die Kunden. Zweitens: der Aufbau neuer Kommunikationswege (etwa mittels sozialer Netzwerke und Web 2.0). Und drittens: das intensive Kümmern um ein marktgerechtes Preis-Leistungs-Verhältnis.

In Zukunft haben es die Unternehmen dabei mit einem neuen Typus von Kunden zu tun, auf den sie sich einstellen müssen: In einem Klima gesellschaftlicher Müdigkeit und Überforderung ist ein *neuer Verbraucher* entstanden, stellt der Trendforscher Peter Wippermann fest. Der neue Konsument ist verunsichert, nervös und selbstbewusst; die Welt, in der er lebt, gestaltet sich vernetzt und digital. Der »nervöse Konsument« ist derjenige, der mit dem Laptop oder dem Smartphone vor der *Tagesschau* sitzt und mit seinen Freunden kommuniziert. Dieser Kunde neuen Typs entscheidet impulsiver und holt sich Rat in sozialen Netzwerken. Er lässt sich außerdem stark vom mobilen Internet beeinflussen.[60]

Unternehmen und Menschen leiden bereits heute unter Überlastung. Dieser Trend wird sich in Zukunft noch verstärken, denn die Komplexität und das Tempo des alltäglichen Lebens werden sich weiter erhöhen. Dies erfordert eine verstärkte Selbstführung, Selbstreflexion und Selbstzurücknahme, ganz im Sinne des systemischen Denkens. Die ständige Erreichbarkeit, die Vermischung von Beruf und Privatleben und die Übersättigung der Märkte bilden den Hintergrund, vor dem sich das Geschäft der Zukunft abspielt.

In die Tiefe gehen

Eine systemisch denkende Führungskraft richtet ihre Aufmerksamkeit bei der Führung der Organisation ganz bewusst weg von den oberflächlichen Symptomen und Systemprozessen. Für sie ist das Unternehmen ein offenes und soziales System, ein Aggregat von Subsystemen mit vielfältigen Vernetzungen bzw. (Austausch-)Beziehungen und Lenkungszusammenhängen zwischen den Systemen. Systemische Führung setzt eine Ebene tiefer an und analysiert, welche sachlichen, sozialen und zeitlichen Ordnungsmuster und Gesetzmäßigkeiten ihrem jeweiligen System zugrunde liegen. Entwicklung und Wandel werden dynamisch und funktional betrachtet.

Mit diesen Erkenntnissen führt eine systemische Führungskraft ihre Mitarbeiter indirekt und aus dem Inneren des Systems heraus und nicht, wie in strengen Hierarchien üblich, von oben. Sie stellt sich die Frage: Wie kann ich als Geschäftsführer mit meinen Führungskräften und Mitarbeitern zusammen unser Unternehmen fit für die Zukunft machen? Ihr Ziel ist es, eine lernende Organisation entstehen zu lassen.

Voraussetzung ist die Fähigkeit von Menschen und Institutionen zur Selbstorganisation. Systemische Führung ist mehr als das partizipative oder kooperative Führen. Denn die in Organisationen von heute entstandenen Strukturen und Kulturen sind zu komplex und entziehen sich den klassischen Steuerungsmöglichkeiten. Eine gute Führungskraft gestaltet hier die Rahmenbedingungen, steuert und setzt Impulse. Und dadurch setzt sie Entwicklungs- und Veränderungsprozesse in Gang.

Zu den grundlegenden Prinzipien der systemischen Organisationsentwicklung zählen Rekursivität, Geduld und Ruhe, Offenheit, Beharrlichkeit und Ausdauer, eine genaue Auftragsklärung sowie Allparteilichkeit und Neutralität.

Wege weisen

Eines soll an dieser Stelle nochmals betont werden: Systemische Führung bedeutet Einfühlen und Anregen, aber sie ist kein »Schmusekurs« für konfliktscheue Chefs und kein Laisser-faire-Stil für Entscheidungsschwache. Der schwierigste und zugleich wichtigste Teil einer Vision bzw. Strategie ist ihre Umsetzung – und die regelmäßige Überprüfung ihrer Realisierung.

Um die wirtschaftlichen Ziele des Unternehmens zu erreichen und es zukunftsfähig zu machen, gilt es, Entscheidungen zu treffen, Verantwortung zu übernehmen, Leitplanken zu setzen und die Richtung für die Entwicklung des Systems zu weisen. Und stellt man fest, dass die angestrebten nachhaltigen Leistungsfortschritte nicht erzielt werden, muss nachjustiert werden. Das kann für die anderen oder die Führungskraft auch schon mal unangenehm sein. Doch Orientierung geben ist eine zentrale Funktion von Führung, und dafür braucht es neben emotionaler Intelligenz auch natürliche, authentische Autorität und ein gesundes Verhältnis zur Macht.

Strategisch denken

Studien bringen es seit langem an den Tag: Die strategische Kompetenz deutscher Führungskräfte ist im internationalen Vergleich eher rudimentär bis durchschnittlich ausgeprägt. Stark sind sie eher im Fachlichen, Operativen und Kurzfristigen. Deutsche Führungskräfte sind eher Vorturner als Vordenker.

Doch wer strategisch denkt, ist als Führungskraft erfolgreicher, hat es leichter, im Management die richtigen Weichen zu stellen. Er verzettelt sich weniger, hat das große Ziel im Auge und setzt seine Mitarbeiter besser ein. Beim Thema Strategie geht es um mehr als die Unternehmensziele, um mehr als die Unternehmensvision, um mehr als die Unternehmenswerte. Es geht um die langfristig und systematisch angelegte grundsätzliche Marschrichtung, die ein Unternehmen einschlägt. Wie erobert ein deutscher Automobilkonzern den chinesischen Markt? Über Qualitäts- oder Preisvorteile? Welcher Marktanteil soll mit welchen Mitteln des Marketings erreicht werden? Welche Zielgruppen sollen genau angesprochen werden? Und mit welchen Mitteln? Kurz: Die Strategie eines Unternehmens sorgt für die notwendigen Leitplanken, damit ein Unternehmen nicht von der Straße abkommt – und damit nicht das passiert, was ein weiser Philosoph so ausgedrückt hat: »Wer kein Ziel hat, für den ist jeder Weg der gleiche.«

Eine Strategie zeichnet sich durch einige typische Merkmale aus: Sie weist einen umfassenden Charakter auf und basiert auf stark verdichteten, zusammengefassten Informationen. Sie ist langfristig und zukunftsorientiert. Sie fußt sowohl auf geplantem Handeln als auch auf Flexibilität, Kreativität und unternehmerischem Lernen. Sie enthält rationale, motivierende und emotionale Elemente. Und sie schließt sowohl Ziele als auch Maßnahmen und Mittel (Ressourcen) ein.

Grundsätzlich gibt es zwei Sichtweisen im strategischen Management: Firmen müssen zum einen ihre *externen Chancen* analysieren. Und sie müssen zum zweiten ihre *internen Fähigkeiten* überprüfen. Beides gehört zusammen. Es nützt nichts, wenn wir glauben, der Markt biete uns hervorragende Verdienstmöglichkeiten, wenn wir kein geeignetes »Wissens- und Humankapital« im Hause haben, um diese Gelegenheiten auszuschöpfen. Umgekehrt besitzen wir vielleicht ein hervorragendes Team von spezialisierten Entwicklungsingenieuren, aber die Märkte sind schon besetzt, oder die Kundenbedürfnisse haben sich von unseren Produkten entfernt.

7 Kernthesen zu: Das Geschäft führen

- Eine Führungskraft ist für die Erreichung der Unternehmensziele verantwortlich. Sie trägt Verantwortung für den Markt, in dem sie agiert, die Kunden, denen sie eine Leistung anbietet, und die Lieferanten und Dienstleister, mit denen sie zusammenarbeitet.
- Eine Führungskraft fördert Kontakte in ihrem beruflichen System und unterstützt auch die anderen Mitglieder des Systems, Kontakte zu pflegen.
- Reflexion ist ein zentraler Baustein für ein Unternehmen im Sinne einer lernenden Organisation. Eine Führungskraft optimiert Prozesse, um die Leistung des Unternehmens zu erhöhen.
- Eine Führungskraft führt das Geschäft strategisch in die Zukunft, setzt realistische und herausfordernde Ziele und fördert Innovationen. Sie stellt sicher, dass ihre persönlichen Ziele im Verhältnis zu den Unternehmenszielen stehen.
- Das Geschäft verleiht einer Führungskraft Sinn durch den Austausch mit Mitarbeitern und Kunden sowie durch den Unternehmenserfolg, an dessen Herbeiführung sie maßgeblich beteiligt ist.
- Das Unternehmen, Kunden und Lieferanten wissen, wofür die Führungskraft steht. Sie kann ihre Gefühle zeigen, da es eine Unternehmenskultur gibt, die dies zulässt. Die unternehmerischen Ziele stehen auch mit den Gefühlen der Mitarbeiter im Einklang.
- Eine Führungskraft kommuniziert die Vision und Mission des Unternehmens und nimmt die Perspektive des Kunden ein. Sie »dient« dem Business und dem Kunden.

4.5 In der Umwelt führen

Unternehmen sind lebendige Organismen. Genauso wie Menschen haben Unternehmen physische, emotionale, soziale, mentale und spirituelle Bedürfnisse. Die moderne Führungskraft betrachtet das Unternehmen als lebendigen Organismus und sich selbst nicht als Außenstehenden, der das

System von oben lenkt, sondern als Architekten, der zusammen mit seinen Mitarbeitern am und im System wirkt.[61] Systemische Führung richtet den Blick aber auch über die Grenzen der Organisation hinaus und betrachtet das Unternehmen wiederum als Teil eines größeren Ganzen. Sie berücksichtigt bei ihren Entscheidungen und Zielen stets auch die Beziehungen und Wechselwirkungen zwischen dem Unternehmen und den anderen Teilen des übergeordneten Systems »Umwelt« und übernimmt die Mitverantwortung für sie. Dabei geht es um zwei Perspektiven: Wie beeinflusst die Umwelt die Organisation, ihre Führungskräfte und Mitarbeiter? Zur relevanten Umwelt gehören für ein Unternehmen die Märkte, die Kundenbedürfnisse und das Kundenverhalten, die für seine Wertschöpfungsketten wichtigen Technologien, die Konkurrenz, die politischen und gesellschaftlichen Rahmenbedingungen und das Ökosystem. Und wie wirken sich die Führung und das Wirtschaften des Unternehmens umgekehrt auf die Umwelt aus?

Die Arbeit der systemischen Führungskraft beginnt grundsätzlich immer bei sich selbst, das gilt auch für die Führung in der Umwelt. Bevor die Führungskraft Entscheidungen fällt oder handelt, ist sie sich der Tatsache bewusst, dass sie durch die Umwelt in ihrem Wahrnehmen, Denken und Handeln beeinflusst wird. Sie weiß, dass sie ein Kind ihrer Zeit und ein Produkt der Gesellschaft ist, in der sie sozialisiert wurde, und dass ihre persönliche Entwicklung von der gesellschaftlichen Entwicklung abhängt. Es gilt, die kulturellen, sozialen und politischen Trends in Unternehmensentscheidungen, -ziele, -strategien und in die Unternehmenskultur zu integrieren – ohne die Unternehmensfahne nur noch in den Wind zu hängen und den eigenen Weg aus den Augen zu verlieren. Ein schwieriger Spagat.

Eine weitere Herausforderung ist es, bei der Umweltwahrnehmung der Tendenz zu widerstehen, die aktuelle Situation für die Zukunftsplanung einfach »hochzurechnen« und damit eine lineare Entwicklung vorauszusetzen, die so jedoch nicht stattfindet. Ebenso wenig darf man das Unternehmen, so wie es ist, als zwingend gegeben und unveränderlich hinnehmen. Andere typische Wahrnehmungsverzerrungen bei der Analyse des Umfeldes sind die Überbetonung des Positiven, die Ausblendung von Unerwünschtem und die Neigung, dem zeitlich Letzten höhere Aufmerksamkeit zu schenken.[62]

Komplexität managen

Die Einbeziehung der Umwelt in die Unternehmensführung ist eine besondere Herausforderung und erhöht die Komplexität der Führungsaufgaben, die gerade bei internationalen Konzernen schon groß genug ist. Diese Großorganisationen haben es in den verschiedenen Ländern mit mehreren, zum Teil sehr unterschiedlichen Umwelten zu tun.

Der Experte an der London Business School, Julian Birkinshaw, und Suzanne Heywood, Partnerin bei der Unternehmensberatung McKinsey & Company, haben sich mit dem Thema Komplexität von Organisationen in besonderer Weise befasst und einen besonderen Blickwinkel eingenommen. Oftmals sehen Führungskräfte nur die institutionelle Komplexität: die Vielzahl der Länder, in denen ihre Firma aktiv ist, die große Produktvielfalt des Unternehmens oder die vielen Individuen, die angemessen geführt werden wollen. Sie vergessen dabei oft die Komplexität, die vor Ort im Unternehmen erlebt wird: chaotische Prozesse, verwirrende Rollendefinitionen, unklare Zuständigkeiten.

Die Empfehlung von Julian Birkinshaw und Suzanne Heywood: Komplexität soll dort erhalten bleiben, wo durch sie ein echter Mehrwert entsteht (zum Beispiel beim Kunden vor Ort); sie sollte dort abgebaut werden, wo dieser Mehrwert nicht vorhanden ist, und die Komplexität sollte dort bearbeitet werden, wo die Mitarbeiter es gewohnt oder darin trainiert sind, mit dieser Komplexität umzugehen – denn nicht jeder kann das in gleicher Weise. Oft dauert es eine Weile, bis Mitarbeiter sich in Komplexität zurechtfinden.[63]

Richtig entscheiden in einem vernetzten System ist heute die Herausforderung. Das Problem: Lineare Ursache-Wirkungs-Beziehungen existieren nicht mehr, und deshalb gilt es, immer offen zu bleiben für Überraschungen. Und auch etwas *Demut* gegenüber dem großen Ganzen gehört dazu. Es ist wichtig, den großen Überblick zu gewinnen und zu behalten. In vernetzten Systemen sind die Beziehungen zwischen den Elementen wichtiger als die einzelnen Elemente selbst. Die Lösung: Man muss in der Lage sein, Muster zu erkennen und auf Distanz gehen.

Die völlige Konzentration auf Einzelaspekte kann fatal sein. So behauptet Dietrich Dörner, dass die meisten Krisen und Unglücke bei großen Unternehmen durch Experten verursacht wurden. Eine Überdosierung von Maßnahmen unter Zeitdruck ist eine große Gefahr in komplexen

Systemen, denn es gibt immer unerwartete Nebenwirkungen und Spätfolgen, die zu Stress und hektischem Reparaturverhalten führen. Komplexe Systeme verändern sich häufig schleichend und kollabieren dann über Nacht.[64] Führe ich systemisch, dann betrachte ich das gesamte System und sehe so früher als andere mögliche Probleme und kann eventuell gegensteuern. Die Grundlage dafür ist, dass ich nicht nur für den Profit arbeite, ohne Rücksicht auf Verluste, sondern Werte und Ziele vertrete, die auch der Gesellschaft dienen.

Der ehrbare Kaufmann

Ein Kanon althergebrachter Tugenden, der Orientierungshilfe im wirtschaftlichen Handeln nach innen und nach außen bietet, hat Generationen von Unternehmern bei ihrem Erfolg unterstützt. Es ist das alte Leitbild des »ehrbaren Kaufmanns«, das vor allem für eines steht: für Verantwortung, die der Kaufmann beim Wirtschaften sowohl für das eigene Unternehmen und die Mitarbeiter als auch für die Gesellschaft und die Umwelt übernimmt. Seit dem 12. Jahrhundert wird dieses Leitbild gelehrt, das beim (maßvollen) Gewinnstreben dem eigenen Gewissen verpflichtet ist und zu dem die Werte Rechtschaffenheit, Glaubwürdigkeit, Rücksichtnahme und Vertrauen gehören.[65]

Der »ehrbare Kaufmann« wirtschaftet nachhaltig und nicht gegen die Interessen der Gesellschaft. Bis heute ist dieses Leitbild im ersten Paragrafen des IHK-Gesetzes verankert – viele Manager haben das jedoch offensichtlich vergessen. Doch seine Renaissance ist unvermeidbar, und sie kündigt sich bereits an: Das Managementinstitut der Berliner Humboldt-Universität sieht im »Leitbild des ehrbaren Kaufmanns« eine mögliche Antwort auf die Ursachen der Finanzkrise und hat extra eine Internetseite eingerichtet. »Zahlreiche Verfehlungen von Spitzenmanagern haben in Deutschland zu einer öffentlichen Debatte über richtiges Verhalten im wirtschaftlichen Leben geführt«, heißt es dort. »Das Thema Unternehmensverantwortung (Corporate Social Responsibility – CSR) wird zwar von vielen Unternehmen wieder ernster genommen, eine überzeugende Lösung für nachhaltiges individuelles Wirtschaften konnte bisher jedoch nicht ausgemacht werden. Deshalb bietet dieses Portal Informationen zum gesellschaftlich erwünschten Verhalten von Unternehmern und Managern, das durch das Leitbild des ehrbaren Kaufmanns repräsentiert wird.«[66]

Netzwerke der Verantwortung

Zahlreiche Unternehmen finden sich heute in Netzwerken zusammen, um das Thema »Corporate Social Responsibility« (CSR) in ihre Arbeit zu integrieren. Beispiele bekannter Netzwerke sind econsense, Unternehmen: Aktiv im Gemeinwesen, CSR Europe und der UN Global Compact. Das Forum für Nachhaltige Entwicklung der Deutschen Wirtschaft e. V. ecosense will gesellschaftliche Verantwortung übernehmen und eine nachhaltige Entwicklung voranbringen. Führende global agierende Unternehmen und Organisationen der deutschen Wirtschaft beschäftigen sich gemeinsam mit den Themen Corporate Social Responsibility (CSR) und nachhaltige Entwicklung (Sustainability).

Diese in Informationsnetzwerken im World Wide Web organisierte soziale Verantwortung ermöglicht ganz neue Wege der Organisation der Arbeit für die Gesellschaft. Das Vorleben sozialer Verantwortung wird für Unternehmen in der heutigen Zeit immer wichtiger und ist zunehmend auch eine Imagefrage. Unternehmens- und Führungskultur sind eng miteinander verwoben und bedingen sich gegenseitig. Eine gute Führungskraft ist Teil der Organisationskultur und prägt ihre Wertvorstellungen, ihr Verhalten, ihre Kommunikation und die Regeln, die sie aufstellt, wesentlich mit. Die Persönlichkeit der Führungskraft sollte die Firmenkultur verkörpern und im Alltag als Vorbild praktizieren. Ihre Handlungen sollten den Maximen der Organisation folgen und Maßstäbe für alle anderen setzen, auch im gesellschaftlichen Engagement.

Eine Führungskraft muss sensibel sein für die kulturelle Wirklichkeit des Unternehmens und der Gesellschaft. Sie muss wahrnehmen können, welche (ungeschriebenen) Regeln innerhalb des Systems gelten, welche Werte gelebt werden und in welchen sozialen Kontext es eingebunden ist. Dies gilt besonders für das Arbeiten im Ausland. Doch Wahrnehmen allein reicht nicht aus. Die Führungskraft muss die bestehende Kultur mit ihren Möglichkeiten anerkennen und wertschätzen, auch und gerade, wenn sie sie mitgestalten will. Und dafür braucht es die systemische Führung und eine neue Art von Führungspersönlichkeiten.

Führungskräfte, die systemisch führen möchten, müssen sich der Einflüsse und Rahmenbedingungen der Umwelt bewusst sein, diese anerkennen und nutzen. Zu diesen Rahmenbedingungen gehören zum Beispiel die gesetzlichen Vorgaben des Rechtssystems, politische Entwicklungen, gesellschaftliche und kulturelle Normen oder aktuelle Trends, die sich auf die Struktur, die Prozesse, den öffentlichen Aufritt, die Mitarbeiter und die Führungskräfte eines Unternehmens auswirken – direkt oder indirekt, unmittelbar oder langfristig. Mit Weitblick und einem sicheren Gespür für Land und Leute reflektiert die systemische Führungskraft diese Parameter und bezieht sie in ihre Entscheidungen und ihre strategische Zukunftsplanung ein. Dabei sieht sie, weil sie in der Selbstwahrnehmung geschult ist, auch die Wirkungen der Umwelt und der gesellschaftlichen Stimmungen auf sich selbst und prüft die Abhängigkeit zwischen ihrer persönlichen und der gesellschaftlichen Entwicklung.

7 Kernthesen zu: In der Umwelt führen

- Eine Führungskraft trägt Verantwortung für die Auswirkungen ihres Handelns auf die Gesellschaft und die Umwelt und fördert nachhaltiges Wirtschaften.
- Der Kontakt zu allen Systemmitgliedern ermöglicht es einer Führungskraft, das Marktgeschehen und seine Entwicklungen zu reflektieren und zu beobachten. Sie berücksichtigt diese Erkenntnisse in ihren Entscheidungen, wie sie das Unternehmen voranbringt und innovative Leistungen erarbeitet, die vom Markt angenommen werden und das tägliche Business beeinflussen.
- Eine Führungskraft ist dafür verantwortlich, die Wechselwirkungen zwischen der Umwelt und sich verändernden Rahmenbedingungen zu reflektieren, und trifft darauf basierend unternehmerische Entscheidungen. Insbesondere muss sie die Auswirkungen von Veränderungen für das Unternehmen, das Team und sich selbst berücksichtigen. (Weiter auf Seite 218)

Abbildung 15: Wirkungsmatrix der 7 Kernthesen auf die vier systemischen Interaktionsebenen nach Pinnow

	Sich selbst führen	Andere führen	Das Geschäft führen	In dem Umfeld führen
❶ Verantwortung	• Innere Klarheit gewinnen • Unternehmerische Verantwortung übernehmen • Für Entscheidungen haften	• Verantwortung für die Aktivierung des Verantwortungsgefühls anderer übernehmen • Verantwortung für Team, Kollegen und Unternehmenserfolg • Die Dinge nehmen, wie sie sind – und ihren eigenen Anteil daran sehen	• Verantwortung für die Erreichung der Unternehmensziele übernehmen • Die Kunden, den Markt und die Zulieferer beobachten • Innovationen fördern	• Auswirkungen des Führungshandelns auf Gesellschaft und Umwelt bedenken • Nachhaltiges Wirtschaften sicherstellen • Reflexion anderer zum Thema Nachhaltigkeit anstoßen
❷ Zukunft, Orientierung	• Sich selbst Ziele setzen • Eine eigene Vision von der Zukunft haben • Die eigene Entwicklung planen	• Den Mitarbeitern Orientierung und Sicherheit geben • Unternehmensziele kommunizieren • Der Auseinandersetzung über die Zukunft stellen	• Das Geschäft strategisch und nachhaltig führen • Herausfordernde, aber realistische Ziele setzen • Wechselwirkungen zwischen persönlicher Entwicklung und Unternehmenszielen beachten	• Über die Zukunft der Gesellschaft nachdenken • Firmenstrategien an Auswirkungen auf die Umwelt messen • Abhängigkeiten zwischen persönlicher Entwicklung und gesellschaftlichen Trends prüfen
❸ Zielerreichung, Leistung	• Den tieferen Sinn des Tuns erkennen • Werte berücksichtigen • Spiritualität leben	• Motive und Motivation der Mitarbeiter klären • Sinnstiftung im Team und im Unternehmen vermitteln • Lust an Leistung erzeugen	• Dem Kunden Sinn durch Produkte und Dienstleistungen geben • Zweck und Mission des Unternehmens kommunizieren • Austausch von Mitarbeitern und Kunden ermöglichen	• Mit Team und Unternehmen letztlich der Gesellschaft dienen • »Wertvolle« soziale Leistungen erbringen – gesellschaftliche Neuerungen forcieren • Verbindung zwischen Unternehmenszweck und Beitrag zur Gesellschaft herstellen

	Sich selbst führen	Andere führen	Das Geschäft führen	In dem Umfeld führen
4 Gefühl, Wertschätzung	• Eigene Gefühle wahrnehmen • Eigene Gefühle kontrollieren • Achtsam mit sich selbst umgehen	• Einen »menschlichen« Rahmen bieten • Gefühle der Mitarbeiter wahrnehmen und zulassen • Ein Klima für die Auseinandersetzung mit Konflikten schaffen	• Unternehmerische Ziele mit Gefühlen der Mitarbeiter in Einklang bringen • Unternehmens- und Markenwerte emotional aufladen • Emotionale Nähe zu Kunden herstellen	• Einfluss gesellschaftlicher Stimmungen auf Unternehmen und Führung bedenken • Gefühlslagen der Mitarbeiter aufgrund privater Probleme berücksichtigen • Das Gefühl einer »besseren Welt« auch im Unternehmen ermöglichen
5 Selbstreflexion	• Vom Nutzen der Selbstreflexion überzeugt sein • Seine eigene Dynamik kennen • Offen für Feedback sein	• Reflexionsprozesse anstoßen • Zusammenarbeit und Leistung im Team reflektieren • Feedback geben und nehmen	• Prozesse im Sinne einer lernenden Organisation optimieren • SWOT-Analysen durchführen • Ist-Soll-Abgleiche vornehmen	• Wechselwirkungen zwischen Unternehmen und Umwelt reflektieren • Unternehmerische Entscheidungen daran ausrichten • Über eigene Einflussmöglichkeiten nachdenken
6 Kontakt, Kommunikation	• Eigene innere Persönlichkeitsanteile erkennen • Automatismus unterbrechen • Situativ auf die Meta-Ebene wechseln	• Offene und kognitive Grundhaltung zeigen • Bewusste Entscheidung über Art der Beziehungsgestaltung und Gesprächsführung treffen • Sensibilität für die Wechselwirkungen im System entwickeln	• Qualität der Kontakte zu Kunden fördern und pflegen • Netzwerke aufbauen und auf- bauen lassen • Perspektive des Kunden einnehmen	• Gesellschaftliche Rahmenbedingungen und Entwicklungen wahrnehmen • Gesellschaftliche Trends in Entscheidungen einbeziehen • Persönliche Netzwerke mit gesellschaftlichen Akteuren etablieren
7 Entscheidung, Macht	• Entscheidungen mutig treffen • Konsequenzen von Entscheidungen bedenken • Gefühle und Fakten berücksichtigen	• Auswirkungen von Entscheidungen auf andere erkennen • Betroffene in Entscheidungen einbeziehen • Entscheidungen nachvollziehbar kommunizieren	• Vom Kunden her denken – zum Wohle des Kunden entscheiden • Dem Business und dem Kunden »dienen« • Einbeziehung der Führungskräfte in kundenrelevante Entscheidungen sicherstellen	• Abhängigkeiten der Führungsentscheidungen von Rechtssystem und Politik beachten • Entscheidungen mit Blick auf Gesellschaft treffen • Macht der Führung zum Wohle der Gesellschaft nutzen

- Eine Führungskraft achtet auf die Wechselwirkungen zwischen ihrer Entwicklung und den Bedürfnissen und Zielen ihrer Umwelt. Ihr sind die Einflüsse der Umwelt auf ihre Ziele bewusst, wie auch die Einflüsse ihrer Ziele auf die Umwelt.
- Eine Führungskraft erkennt den Sinn bestimmter gesellschaftlicher Neuerungen und kann diese für die Unternehmensentwicklung nutzbar machen. Sie verbindet Unternehmenszweck und Umwelt.
- Gesellschaftliche Stimmungen und Gefühle beeinflussen die Befindlichkeiten einer Führungskraft und das Geschehen im Unternehmen. Dessen muss sich die Führungskraft jederzeit bewusst sein.
- Die Entscheidungen einer Führungskraft sind zum einen abhängig von den Rahmenbedingungen, die die Gesellschaft, das Rechtssystem, die Gesetzgebung und die Politik setzen. Zum anderen werden die Entscheidungen einer Führungskraft auch die durch permanente Entwicklung in der Gesellschaft beeinflusst.

Expertenforum: Prof. Dr. Dieter Frey

Prof. Dr. Dieter Frey ist einer der renommiertesten deutschen Wirtschafts- und Sozialpsychologen. Er hat seit 1993 eine Professor für Klassische Sozialpsychologie an der Ludwig-Maximilians-Universität München inne. Davor war er von 1978 bis 1993 Professor und seit 1982 Leiter des Institutes für Psychologie an der Universität Kiel. Seit 2003 ist er Leiter der Bayerischen EliteAkademie und des LMU Center für Leadership und People Management. 1998 wurde er mit dem Deutschen Psychologie-Preis ausgezeichnet. Zu seinen Schwerpunkten in Forschung und Lehre gehören Teamarbeit und Führung, Erhöhung von Kreativität und Motivation sowie Entscheidungsverhalten in Gruppen.

Müssten die eigene Psyche und die Sinnfrage im Selbstmanagement einer Führungskraft einen größeren Stellenwert bekommen?

Es gilt die Aussage: Wer sich selbst nicht führen kann, kann andere nicht führen. Wer über sich selbst nicht Bescheid weiß, das heißt über seine inneren Antriebe, seine Konflikte und seine Schwächen, der wird Probleme haben, sich selbst zu erkennen, und deshalb auch nicht in sich selbst ruhen; er wird eher in der Sache statt über der Sache stehen. Es ist wichtig, die eigene Psyche zu kennen. Dazu muss man oft auch »in den Eisberg gehen«: Was motiviert mich? Ist es Macht, Einfluss, Prestige, Ruhm, Gestaltungswille, Geltungssucht, Narzissmus? Sind Vorbilder, Verantwortung, Verpflichtung meine Triebfedern – oder eine Mischung von allem? Was blockiert mich? Wo stehe ich mir selbst im Weg? Was muss ich mir und anderen beweisen? Mit welchen Konflikten hadere ich? Will ich so weitermachen oder aussteigen? Gehe ich auf »alles oder nichts«? Es sind keineswegs alle Führungspersonen diesbezüglich gefestigt. Auch die Sinnfrage ist eng damit verbunden: Warum mache ich Dinge (kausal), und wozu mache ich sie (final)?

Natürlich kann man argumentieren, dass jeder sich selbst gegenüber der Blindeste ist und dass man sich selbst oft weniger gut kennt, als einen andere kennen, da man nur begrenzt Zugang zu seinen tiefsten Motivlagen und unbewussten Zuständen hat. Aber das unterstreicht ja erst recht, wie wichtig die Beschäftigung und Auseinandersetzung mit sich selbst ist, anstatt auf der Flucht vor sich selbst zu sein, Unbequemes zu verdrängen, Unschönes zu verniedlichen. So bliebe man nämlich im immer schneller werdenden Hamsterrad hängen – und in der Klage, dass die Zeit davonläuft und immer weniger davon für die wichtigsten Dinge bleibt.

Wie kann man zur eigenen Psyche finden und die Sinnfrage im Selbstmanagement stellen?

Man muss letztlich das Hamsterrad anhalten und selbstreflektierend fragen: Mache ich die richtigen Dinge, oder mache ich »nur« die Dinge richtig?

Oft ist man in der Selbstreflexion begrenzt, da man sehr selektiv reflektiert – dann helfen andere. Das können die Teamkollegen sein, ein guter Coach, ein guter Mentor, aber letztlich auch alle, die Feedback geben. Das sollte man als Geschenk für weitere Selbstreflexion betrachten, weil es dabei hilft, sich klarzuwerden, warum und wozu man bestimmte Dinge macht. Nur mit diesen Erkenntnissen kann man priorisieren (im Sinne des Pareto-Prinzips), was einem tatsächlich wichtig ist, um je nach eigenen Erfolgskriterien das beste Outcome zu erreichen.

Dabei ist es auch wichtig, für sich zu definieren: Welche Werte, Bedürfnisse, Motivlagen leiten mein Verhalten? Es geht dabei immer um eine Gewichtung der Dimensionen Exzellenz, Leistung, Innovation, Qualität – wobei hoffentlich auch Menschenwürde eine Rolle spielt, ebenso wie Fairness und Vertrauen. Erst ein eigenes Wertesystem macht auch einen ethisch-moralischen Kompass möglich, ein Koordinatensystem, mit dessen Hilfe man beurteilen kann, was positiv und negativ, was gut und schlecht, was richtig und falsch ist.

Leider findet sich nicht bei allen Führungskräften ein hohes Maß an Selbstreflexion; manchmal sind sie für ihr Umfeld ein Gräuel, weil unflexibel und unberechenbar.

Halten Sie die Idee der systemischen Führung für zukunftsweisend, und wenn ja, weshalb?

Alle Dinge dieser Welt sind letztlich systemisch, auch wenn man nicht der systemischen Denkweise verpflichtet ist. Das beginnt schon beim System Körper: Die Lunge kann nicht sagen: »Die Leber interessiert mich nicht«, der Magen kann nicht sagen: »Das Herz interessiert mich nicht.« Die Systemelemente sind miteinander verwoben. Es ist wie bei einem Zahnradsystem: Wenn ein einziges Zahnrädchen in einer Uhr nicht funktioniert, bleibt die ganze Uhr stehen. Auch eine Firma ist im Sinne dieses Systemdenkens zu sehen: Jeder ist ein kleines Zahnrad im großen System, und wenn einzelne Zahnrädchen nicht funktionieren, bricht irgendwann das ganze System zusammen.

Oft optimiert man bestimmte Subsysteme, fördert beispielsweise den Vertrieb mit Boni. Aber langfristig steigt das Risiko, dass der Innendienst gefrustet ist, wenn die Boni eventuell zu unterschiedlich verteilt werden und so weiter. Systemisch denken heißt, immer die kurz-, mittel- und langfristigen Konsequenzen für das Gesamtsystem zu überdenken. Man muss oft suboptimale Subsysteme in Kauf nehmen, damit das Gesamtsystem funktioniert.

Ein weiteres Beispiel: das System Familie oder Gruppe – im Unternehmen das »Team«. Darin sind bestimmte Rollen vergeben. Menschen können manchmal nicht »wachsen«, weil dominante Personen alles beherrschen. Wenn die dominante Person die Gruppe verlässt, können die anderen oft plötzlich ihr Potenzial entwickeln. Eine gute Führungskraft sieht das. Im Allgemeinen denken Menschen aber meist viel zu wenig systemisch.

Wer oder was sollte bei der Unternehmensorganisation von morgen aus Ihrer persönlichen Sicht die wichtigste Rolle spielen?

Erstens: kleinere Einheiten. Je größer die Einheit, umso mehr gibt es Synergie- und Substanzverluste. Man wird deshalb auf kleinere Einheiten zurückkommen müssen.

Zweitens: Hierarchie ja, aber hierarchiefreie Kommunikation – statt »Ober sticht Unter« eine Kultur des guten Arguments – ein offenes Klima, in dem man atmen kann.

Drittens: ethikorientierte Führung. Darunter verstehe ich, dass die Sehnsüchte der betroffenen Zielgruppen berücksichtigt werden, sowohl die der Mitarbeiter nach Klarheit, Sicherheit, Transparenz, Wertschätzung, Fairness und Vertrauen als auch die der Organisation nach Erfolg, Qualität, Innovation, und schließlich die der Kunden: nach Flexibilität, Preis, Service, Freundlichkeit. Wenn der Mitarbeiter diese Heterogenität von Sehnsüchten unterschiedlicher Zielgruppen verstanden hat, weil es der Führungsperson gelungen ist, diese Botschaft zu transportieren, wird Führen einfacher sein.

Viertens: mehr Qualität von Führung dergestalt, dass die Führung ganz oben nicht nur 20 Prozent der Negativinformationen erhält, sondern dass sie zu 100 Prozent gespiegelt werden kann, weil die Führung regelmäßig an die Basis geht und ein hierarchiefreies, offenes Klima herrscht.

Fünftens: besser ausgebildete Führungskräfte, die nicht nur aufgrund fachlicher Kompetenz Führungskräfte wurden, sondern weil sie menschliche Qualitäten haben.

Sechstens: bessere Ausbildung in Unternehmens- und Mitarbeiterführung, mehr unternehmerische Talente, wo Menschen eine Sensitivität für Kunden und Kundenbedürfnisse haben und für Menschen ganz allgemein: Was begeistert sie, und was blockiert sie?

Siebtens: lebenslanges Lernen und innovative Lernformen. Aufgrund der sich immer schneller wandelnden Kontextfaktoren – wie zum Beispiel technologischer Fortschritt oder Altersstrukturen – verkürzt sich die Halbwertzeit von Wissen zunehmend; so werden kontinuierliches Lernen und Wissensweitergabe immer relevanter. In der Organisation sollte ein Lernklima geschaffen werden, das kontinuierliche Weiterbildung fördert und schätzt, zum Lernen motiviert (zum Beispiel durch Anreizsysteme) und Offenheit für Neues fördert bzw. auch fordert. Die Führungskräfte in der Organisation können hier Vorbild sein und beispielsweise auch eine positive Fehlerkultur unterstützen, in der Fehler als Chance zur Verbesserung wahrgenommen werden. Zudem sollten innovative Lernformen institutionalisiert werden, wie Lernzirkel, Teamcoachings oder Lerntandems.

Früher galten Werte wie Pflichtbewusstsein und Unterordnung und das Wohl der Firma als vorrangig. Heute sprechen wir von Pflichten sich selbst gegenüber als Voraussetzung für erfolgreiches Führen. Inwieweit hat sich diese Werteverschiebung schon durchgesetzt?

Man braucht beides: Loyalität und Solidarität zur Organisation und zur Führungskraft ebenso wie zum eigenen Selbst mit allen individuellen Gegebenheiten. Das Erste hat durchaus mit Unterordnung zu tun, mit dem Zurückstellen des Ichs und der Pflichterfüllung. Das ist in jeder Familie so und gehört zum Teamplaying. Heute ist diese Verpflichtung aber nicht mehr wie früher eine lebenslange, weder aus der Sicht des Mitarbeiters noch aus der Sicht der Organisation. Zum Zweiten: Natürlich muss jeder Mitarbeiter auch auf sich selbst achten, im Sinne von Eigenverantwortung. Es ist sein Leben, und das ist kurz genug. Er muss sich selbst weiterbilden.

Er muss überprüfen, ob er in seinem Job Sinn findet. Und er muss sich auch das Recht nehmen, die Loyalität zum Unternehmen zu verändern – also zu einem anderen zu wechseln, besonders dann, wenn bestimmte Sehnsüchte nicht erfüllt werden. Das ist aber immer eine schwierige Gewichtung, denn jede Organisation und jede Führungskraft hat Vor- und Nachteile. Was auch immer der Mitarbeiter tut: Er sollte sich ganz bewusst und klar entscheiden, wo er nur begrenzt auf die Interessen der Organisation Rücksicht nehmen kann. Es geht also um die Balance zwischen der Verantwortung für die Organisation und der für sich selbst.

Führung gestern entsprach den früher geltenden männlichen Attributen von Härte, Durchgreifen und Standfestigkeit. Heute sind eher weibliche Attribute beim Leiten von Menschen gefragt. Überspitzt, aber richtig?

Unsere Befragungen zeigen, dass sogar Führungskräfte selbst finden: Ihre Kollegen im eigenen Betrieb – egal ob klein oder Mittel- oder Großbetrieb – sind in 80 Prozent aller Fälle kompetent in Unternehmensführung, aber nur jeder Zweite auch in Menschenführung.

Dabei wird der direkte Vorgesetzte positiver eingeschätzt als der auf der Hierarchieebene »entferntere« – je weiter entfernt er ist, umso kritischer wird er betrachtet. Das hat viele Gründe, aber man kann tatsächlich nicht behaupten, dass in deutschen Institutionen und Betrieben die Führungskräfte professionell führen. Entweder fehlt der Mut zur Führung, also zu Klarheit, Strenge, Disziplin, Konsistenz und Konsequenz. Oder man erlebt das andere Extrem: zu viel Härte und Strenge.

Vielen Führungskräften fehlt die Sensitivität der richtigen Mischung: einerseits Klarheit und durchaus auch Strenge beim Formulieren von Standards und Spielregeln, andererseits aber stete Fairness. Zu oft werden Menschen kleingemacht, instrumentalisiert oder respektlos behandelt. Insofern kann die Philosophie der Zukunft nur lauten: Man braucht beides, im Sinne von »tough on the issue, soft on the person«. Klar und strikt, dabei aber berechenbar in den Zielen, Standards, Verantwortlichkeiten, Kompetenzen und Aufgaben – und fair und human im Umgang. Man kann das auch einen »androgynen Führungsstil« nennen: eine gute Mischung von maskulinen Führungseigenschaften (nein sagen können, streng sein können) und femininen (zuhören können, Fragen stellen, andere groß werden lassen, Fehler zugeben, Schwächen zeigen können). Das zu beherrschen ist ein Zeichen von Stärke, nicht etwa von Schwäche. Die Kunst dabei ist die flexible Führung je nach Situation und Person. Führung ist immer individuell, weil jeder eine unterschiedliche Biografie mit unterschiedlichen Präferenzen, Wünschen und Sehnsüchten hat.

Die Stellung und Bewertung der Mitarbeiter eines Unternehmens wandelt sich von der diffusen Verfügungsmasse des Personals und des späteren Humankapitals zu den Human Resources, deren Mitglieder zunehmend als Individuen betrachtet werden – das heißt, als Menschen, für die Unternehmer und Führungskräfte Verantwortung tragen. Wie weit ist dieser Prozess tatsächlich fortgeschritten?

Leider muss ich feststellen, dass dieser Prozess noch nicht so weit gediehen ist, wie es wünschenswert wäre. Oft werden Mitarbeiter für austauschbar gehalten, zu oft werden sie instrumentalisiert, zu wenig wird ihnen vermittelt, dass sie als Zahnrädchen im großen Getriebe eben nicht unbedeutend sind, sondern im Gegenteil sehr wichtig.

Es wäre nicht nur aus humanitären, sondern auch aus kaufmännischen Gründen wünschenswert, dass Führungskräfte die innere Überzeugung einer Verantwortung sowohl für die fachliche als auch für die persönliche Weiterentwicklung des Mitarbeiters mitbringen.

Führung sollte immer der jeweiligen Situation und den Individuen angepasst gestaltet sein – mal direktiv, mal mit Samthandschuhen. Grundsätzlich aber sollte sie immer von denselben Prinzipien bestimmt sein: Leistung und Qualität, menschliches Verhalten und schließlich Kundenorientierung.

Anmerkungen zu diesem Kapitel

1 Zander, Ernst (1984): *Führen ohne Dogma. Zeitgemäßer Führungsstil im Großunternehmen.* In: *DIE ZEIT* 07.12.1984.
2 Vgl. Willke, Helmut (2001): *Systemisches Wissensmanagement.* 2. neu bearb. Auflage. Stuttgart.
3 Vgl. Neuberger, Oswald (2002): *Führen und führen lassen: Ansätze, Ergebnisse und Kritik der Führungsforschung.* 6., völlig neu bearb. u. erw. Auflage. Stuttgart.
4 Luhmann, Niklas (1984): *Soziale Systeme. Grundriss einer allgemeinen Theorie.* Frankfurt am Main.
5 Vgl. Selvini, Matteo (1992): *Mara Selvinis Revolutionen.* Heidelberg.

6 Borstnar, Nils; Köhrmann, Gesa (2004): *Selbstmanagement mit System: Das Leben proaktiv gestalten.* Kiel.

7 Vgl. May, Sibylle; Kullmann, Jennifer (2009): *Erfolgreiche Kommunikation, emotionale Intelligenz und Motivation im Office.* Wiesbaden.

8 Geister, Susanne (2005): *Feedback in virtuellen Teams: Entwicklung und Evaluation eines Online-Feedback-Systems.* Wiesbaden.

9 Vgl. Leitl, Michael (2010): »Noten für das Management.« In: *Harvard Business Manager,* Mai 2010.

10 Ebda.

11 Vgl. *Wirtschaftswoche* Nr. 38, 17.09.2007.

12 Vgl. Kieser, Alfred (2010): »Akademische Rankings. Die Tonnenideologie der Forschung.« In: *FAZ* 11.06.2010.

13 Vgl. Leitl, Michael (2010): »Noten für das Management.« In: *Harvard Business Manager,* Mai 2010.

14 Welch, Jack und Suzy: »Erfolg durch Authentizität.« In: *WirtschaftsWoche* 21.05.2007, S. 118.

15 Eckart von Hirschhausen im Interview. In: *SZ* 09.03.2009.

16 Thomas Bubendorfer im Interview. In: *Wirtschaftswoche* Nr. 19, 05.05.2008.

17 Vgl. Maslach, Christina; Leiter, Michael P. (2001): *Die Wahrheit über Burnout: Stress am Arbeitsplatz und was Sie dagegen tun können.* Wien. Siehe auch: Burisch, Matthias (2006): *Das Burnout-Syndrom. Theorie der inneren Erschöpfung.* Wien.

18 Vgl. Bergner, Thomas M. H. (2007): *Burnout-Prävention: das 9-Stufen-Programm zur Selbsthilfe.* Stuttgart; aktueller: Bergner, Thomas M. H. (2010): *Burnout-Prävention: Das 12-Stufen-Programm zur Selbsthilfe.* 2. überarb. und akt. Auflage. Stuttgart.

19 Ebda.

20 Vgl. Amu, Titus (2008): »Wohlbefindensforschung. Wellness für die Seele.« In: *SZ* 28.07.2008.

21 Gerald Hüther im Interview. In: *FAZ* 26.05.2008.

22 Vgl. Pinnow, Daniel F. (2002): »Führen – Wachsen. *Über das Geheimnis organischen Wachstums.*« *In:* Management Guide 2003. Bad Harzburg.

23 Jonas, Hans (1984): *Das Prinzip Verantwortung: Versuch einer Ethik für die technologische Zivilisation.* Frankfurt am Main.

24 Vgl. Goleman, Daniel (1996): *Emotionale Intelligenz.* München.

25 Jonas, Hans (1984): *Das Prinzip Verantwortung: Versuch einer Ethik für die technologische Zivilisation.* Frankfurt am Main.

26 SKP-Studie »Führungskraft der Zukunft 2008«, Auswertung der Befragung von 357 Unternehmen aller Branchen und Größenordnungen.

27 Tappin, Steve; Cave, Andrew (2008): *The Secrets of CEOs: 150 Global Chief Executives Lift the Lid on Business, Life and Leadership.* London.

28 Zum Beispiel in der Benchmarkstudie zur Excellence in der deutschen Wirtschaft (Berichtsband ExBa 2005, vgl. www.exba.de).

29 Zitiert im *swiss economic forum* (Ausgabe Oktober 2003).

30 O. V.: »Macher, Mönch, Manager. «In: *SZ* 19.11.2008.

31 Ebda.

32 Fritz B. Simon im Interview. In: *Focus Online* 27.09.2008.

33 Vgl. Weibler, Jürgen (2009): »Führung in anderen Kulturen – Ergebnisse der GLOBE-Studie.« In: Rosenstiel, L. v.; Regnet, E.; Domsch, M. (Hrsg.): *Führung von Mitarbeitern. Handbuch für erfolgreiches Personalmanagement.* 6. Auflage. Stuttgart.

34 Felix Brodbeck im Interview. In: *SZ* 05.08.2007.

35 Ebda.

36 Ebda.

37 Ebda.

38 Vgl. ähnlich: Gambetta, D. (1988): »Can we Trust?« In: Gambetta, D. (Hrsg.): *Trust.* Oxford, S. 233 f.

39 Sprenger, Reinhard K. (2002): *Vertrauen führt. Worauf es im Unternehmen wirklich ankommt.* Frankfurt am Main/New York.

40 Vgl. Sprenger, Reinhard K. (2002): *Vertrauen führt. Worauf es im Unternehmen wirklich ankommt.* Frankfurt am Main/New York.

41 Peter Kenning im Interview. In: *brand eins,* 12/2008.

42 Dalai Lama; van den Muyzenberg, Laurens (2008): *Führen, gestalten, bewegen: Werte und Weisheit für eine globalisierte Welt.* Frankfurt am Main/New York.

43 von Cube, Felix; Dehner, Klaus; Schnabel, Andreas (2005): *Führen durch Fordern: Die BioLogik des Erfolgs.* München.

44 Fritz Simon im Interview. In: *SZ* 27.03.2009.

45 Gerd Gigerenzer im Interview. In: *FAZ* 18.10.2008.

46 Vgl.: »Führungsspitzen – Autorität ist leise.« In: *SZ* 10.09.2007.

47 Vgl. Kühl, Stefan; Schnelle, Wolfgang (2005): »Laterales Führen.« In: Aderhold, Jens; Meyer, Matthias; Wetzel, Ralf (Hrsg.): *Modernes Netzwerkmanagement. Anforderungen – Methoden – Anwendungsfelder.* Wiesbaden, S. 185–212.

48 Ebda.

49 Ebda.

50 Ebda.

51 Dehner, Klaus (2009): »Gute Manager sind Beziehungsmanager.« In: *FAZ* 09.03.2009.

52 von Cube, Felix; Dehner, Klaus; Schnabel, Andreas (2005): *Führen durch Fordern: Die BioLogik des Erfolgs.* München.

53 Ebda.

54 Vgl. Pinnow, Daniel F. (2005): *Führen – Worauf es wirklich ankommt.* Wiesbaden.

55 Peter F. Drucker (2004): *Was ist Management? Das Beste aus 50 Jahren.* München, S. 21.

56 Brühl, Kirsten; Keicher, Imke (2007): *Creative Work – Business der Zukunft.* Kelkheim.

57 Keicher, Imke (2007): »Besinnung auf das Besondere.« In: *Die Welt* 28.04.2007.

58 Vgl.: »Wissen, wo das Wissen sitzt.« In: *FAZ* 05.07.2008

59 Vgl. Lintelmann, Klaus: »Kreativ, kundennah und reaktionsschnell.« In: *FAZ* 23.08.2010.

60 Vgl. Wippermann, Peter: »Marketing 3.0: der Konsumat.« In: *Werben&Verkaufen* 8/2011, S. 60–61.

61 Vgl. Pinnow, Daniel F. (2005): *Führen – Worauf es wirklich ankommt.* Wiesbaden.

62 Vgl. Doppler, Klaus: »Über Helden und Weise.« In: *OrganisationsEntwicklung* 2/2009.

63 Vgl. Birkinshaw, Julian; Heywood, Suzanne: »Putting organizational complexity in its place.« In: *McKinsey Quarterly* 3/2010, S. 122–127.

64 Vgl. Dörner, Dietrich (2003): *Die Logik des Misslingens: strategisches Denken in komplexen Situationen.* Reinbek.

65 Vgl. Klink, Daniel (2008): »Der Ehrbare Kaufmann. Das ursprüngliche Leitbild der Betriebswirtschaftslehre und individuelle Grundlage für die CSR-Forschung.« In: Joachim Schwalbach (Hrsg.): *Corporate Social Responsibility. Zeitschrift für Betriebswirtschaft – Journal of Business Economics,* Special Issue 3, Wiesbaden.

66 www.der-ehrbare-kaufmann.de.

Ausblick

Unternehmen müssen sich auf einen komplexen Markt und einen globalen Wettbewerb einstellen. Darauf müssen sie reagieren, um überleben zu können. Sie können nur bestehen und Erfolg haben, wenn sie eine passende Organisationsstruktur finden, die auf die lokalen und weltweiten Herausforderungen Antworten gibt. Das heißt: in sich ständig verändernden Umwelten müssen möglichst flexible Organisationsstrukturen eingesetzt werden.

Es ist nicht meine Absicht, pauschal allen Unternehmen zu empfehlen, flexible Netzwerkorganisationen einzuführen. Dort, wo sich klassische funktionale Organisationen, Linienorganisationen oder Matrixorganisationen bewährt haben und auch heute noch funktionieren, können sie auch bestehen bleiben. Es ist wichtig, dass Unternehmen einerseits einfache formale Strukturen für das klassische Geschäft haben, andererseits müssen sie flexible Projekt- und Netzwerkstrukturen nutzen, um Innovation und Neugeschäft zu ermöglichen. Ausschlaggebend ist letztendlich die Produktorientierung. Die Führungskräfte müssen wissen: Welches Produkt oder welche Dienstleistung hat mein Unternehmen? In welchem Markt bin ich tätig und beherrscht das Unternehmen seine Prozesse? Die absolute Beherrschung der Prozesse ist der entscheidende Faktor für den Unternehmenserfolg. Dies erreichen Firmen nur durch systemisch geschulte Führungskräfte.

Das »Kerngeschäft« von Führung, nämlich eine Gruppe von Menschen gleichzeitig über eine Ziellinie zu bringen, dient gestern wie heute einem wirtschaftlichen Zweck. Aber die Richtung, die das Unternehmen dahin einschlägt, muss sich um 180 Grad drehen: Das Interesse kann sich nicht wie bisher allein auf die wirtschaftlichen Ziele fokussieren, um von diesen ausgehend Entscheidungen zu treffen und das Handeln zu planen, für das der Mitarbeiter wie ein Werkzeug eingesetzt wird. Der Hirnforscher Ernst

Pöppel spricht von der »Falle der Instrumentalisierung des Einzelnen«, dessen Würde wieder stärker zu berücksichtigen sei. Besser kann man es nicht ausdrücken. Der Prozess Richtung Unternehmensziel muss genau andersherum ablaufen: Der Mensch muss der Anfangs- und der Mittelpunkt sein – jenseits der üblichen rhetorischen Floskeln in Neujahrsansprachen, Geschäftsberichten und Motivationsreden.

Das Unternehmen in seiner ganzen Komplexität ist das Produkt der Menschen: Ideen, Vorhaben, Ziele und Pläne, Strukturen, die ausführende Praxis, Kommunikation und Vernetzung, Erfolge und Misserfolge – die »Wirklichkeit« des existierenden Unternehmens erschaffen erst die Menschen auf den unterschiedlichen Unternehmensebenen in engem Zusammenwirken.

Diese Perspektive sollte jeder einnehmen, der in einer Organisation das Sagen hat. Den Menschen studieren, beobachten, verstehen, erkennen, mögen und Beziehungen »organisieren« – das muss die Grundlage der Führungskräfte sein, die die Organisation von morgen verantworten und (ein)leiten. Generalstabsmäßig lässt sich das nicht planen, dazu ist das System *Unternehmen* als Pool einer heterogenen Menschengruppe viel zu lebendig. Doch genau diese Lebendigkeit ist auch der Schlüssel, denn sie ist die Quelle neuer Energie. Tränen, Ängste und geheime Wut werden meist als *unprofessionell* ausgeblendet – doch wie viel Energie kann daraus entspringen, negative Gefühle offen anzusprechen?

Wer gut führen will, führt systemisch. Nachdem die Wissenschaft das Unterfutter dafür geliefert hat, kann ergänzt werden: Systemische Führung nutzt die Macht der Psyche und arbeitet mit Gefühl(en). Erst das Wissen um die Macht der Psyche und die Anwendung dieses Wissens macht aus Managern die Führungskräfte der Wirtschaftsorganisation von morgen, die dabei helfen, eine Welt zu organisieren, der man gerne angehört. Die Zukunft der Organisation hängt auf allen Ebenen davon ab, wie diejenigen, die Verantwortung übernehmen und tragen, mit ihr umgehen.

Eine erfolgreiche Führungskraft nutzt noch vor der Macht des Denkvermögens die Macht der Psyche. Und diese Macht ist systemisch: Sie beherrscht das gesamte System Mensch, sein Wollen, Denken, Entscheiden und Handeln, und hat auch maßgeblichen Einfluss auf den Körper, innen wie außen.

Die Führungskraft der Organisation der Zukunft hat das Ziel, eine Welt zu gestalten, der andere Menschen gerne angehören wollen. Beginnen muss sie dafür bei sich selbst, weil sie naturgegeben ihr eigener »Mittelpunkt der Welt« ist, von dessen Beschaffenheit gänzlich abhängt, wie sich ihr Handeln nach außen gestaltet. Die Antwort auf die Macht der Psyche ist Verantwortung – für sich selbst und für andere.

Zusammengefasst hängt erfolgreiche Führung von der Fach- und Methodenkompetenz, der Persönlichkeit, dem Führungsstil, den Geführten, dem Führungshandwerk, der jeweiligen Situation und den Organisationsstrukturen und -kulturen ab und nicht zuletzt vom richtigen Verständnis für den Mitarbeiter und den Kunden. Daran zu arbeiten und die eigene Leistungsfähigkeit – aber auch Sensibilität – zu erhöhen, ist nicht nur Kür, sondern Pflicht für eine gute Führungskraft, vom Gruppenleiter bis zum Vorstandsvorsitzenden, in einem sich schnell verändernden Umfeld.

Systemische Organisationsentwicklung findet nicht im Elfenbeinturm der Chefetagen hinter verschlossenen Bürotüren statt, sondern im Arbeitsalltag der Führungskraft, mit Blick auf den Menschen mit seinem »inneren Eisberg« und mit aktiver Beteiligung wichtiger Schlüsselpersonen auf allen Unternehmensebenen. Diese Erkenntnis sollte in der heutigen Wirtschaftswelt selbstverständlich sein, doch meiner Erfahrung und Beobachtung nach ist sie es leider immer noch nicht. Ich freue mich, wenn ich mit diesem Buch hierzu einen Beitrag leisten kann.

Literatur

Albert, Helmut (2005): »Al Qaida, eine transnationale Terrororganisation im Wandel.« In: *Die Kriminalpolizei,* Juni 2005.

Amu, Titus (2008): »Wohlbefindensforschung. Wellness für die Seele.« In: *SZ* 28.07.2008.

Ariely, Daniel (2008): *Denken hilft zwar, nützt aber nichts: Warum wir immer wieder unvernünftige Entscheidungen treffen.* München.

Backhausen, Wilhelm; Thommen, Jean-Paul (2006): *Coaching: Durch systemisches Denken zu innovativer Personalentwicklung.* Wiesbaden.

Balzter, Sebastian (2008): »Wissen, wo das Wissen sitzt.« In: *FAZ* 05.07.2008.

Baudson, Tanja Gabriele; Dresler, Martin (Hrsg.) (2008): *Kreativität und Innovation: Beiträge aus Wirtschaft, Technik und Praxis.* Stuttgart.

Bear, Mark F.; Connors, Barry W.; Paradiso, Michael A. (2007): *Neuroscience: exploring the brain.* Philadelphia.

Bergner, Thomas M. H. (2007): *Burnout-Prävention: das 9-Stufen-Programm zur Selbsthilfe.* Stuttgart.

Bergner, Thomas M. H. (2010): *Burnout-Prävention: Das 12-Stufen-Programm zur Selbsthilfe.* 2., überarbeitete und aktualisierte Auflage. Stuttgart.

Birkinshaw, Julian; Heywood, Suzanne (2010): »Putting organizational complexity in its place.« In: *McKinsey Quarterly* 3/2010, S. 122–127.

Bittelmeyer, Andrea (2008): »Die hybride Organisation. Dezentrale Unternehmensführung.« In: *managerSeminare,* Heft 121, April 2008.

Bleicher, Knut (1999): *Das Konzept Integriertes Management: Das St. Galler Management-Konzept.* Frankfurt/New York.

Blüchel, Kurt G. (2006): *Bionik: Wie wir die geheimen Baupläne der Natur nutzen können.* München.

Borchers, Detlef (2007): »Internet-Netzwerke. Die verlinkte Gesellschaft.« In: *Focus online* 22.01.2007.

Borstnar, Nils; Köhrmann, Gesa (2004): *Selbstmanagement mit System: Das Leben proaktiv gestalten.* Kiel.

Brafman, Ori; Beckström, Rod A. (2007): *Der Seestern und die Spinne: Die beständige Stärke einer kopflosen Organisation*. Weinheim.

Brecht, Ulrich (2005): *BWL für Führungskräfte: Was Entscheider im Unternehmen wissen müssen*. Wiesbaden.

Bright, David; Parkin, Bill (1997): *Human Resource Management – Concepts and Practices*. London.

Brodbeck, Felix (2004): »Unternehmensführung – made in Germany.« In: *Magazin Mitbestimmung* 04/2004.

Brodbeck, Felix im Interview. »In Deutschland heißt Führen, hart zu sein.« In: *SZ* 05.07.2007.

Brühl, Kirsten; Keicher, Imke (2007): *Creative Work – Business der Zukunft*. Kelkheim.

Brütsch, David (1999): *Virtuelle Unternehmen*. Zürich.

Bubendorfer, Thomas im Interview. In: *Wirtschaftswoche* 05.05.2008.

Bucher, Anton (2009): *Psychologie des Glücks: Ein Handbuch*. Weinheim.

Burchard, Hans von der (2009): »Warum Facebook besser als das StudiVZ ist.« In: *Welt online* 10.3.2009.

Byrne, John A.; Brandt, Richard (1993): »The Virtual Corporation.« In: *Business Week* 08.02.1993, S. 37.

Cai, Denise J. u. a. (2009): *REM, Not Incubation, Improves Creativity by Priming Associative Networks*.

Chell, E. (2000): »Towards Researching the »Opportunistic Entrepreneur«. A Social Constructionist Approach and Research Agenda.« In: *European Journal of Work and Organizational Psychology*, 9 (1), S. 63–80.

Classen, Martin; von Kyaw, Felicitas (2009): »Warum der Wandel meist misslingt.« In: *Harvard Business Manager,* Dezember 2009.

Dalai Lama; van den Muyzenberg, Laurens (2008): *Führen, gestalten, bewegen: Werte und Weisheit für eine globalisierte Welt*. Frankfurt am Main/New York.

Deckstein, Dagmar (2008): »Köpfe gesucht – Desinteresse gefunden.« In: *SZ* 28.07.2008.

Dehner, Klaus. In: *FAZ* 09.03.2009.

Diener, Ed (1984): »Subjective Well-Being.« In: *Psychological Bulletin* 95, S. 542–575.

Dörner, Dietrich (2003): *Die Logik des Misslingens: strategisches Denken in komplexen Situationen*. Reinbek.

Doppler, Klaus (2009): »Über Helden und Weise.« In: *OrganisationsEntwicklung* 2/2009.

Drucker, Peter F. (1956): *Die Praxis des Managements: Ein Leitfaden für die Führungs-Aufgaben in der modernen Wirtschaft.* Düsseldorf.

Drucker, Peter F. (2004): *Was ist Management? Das Beste aus 50 Jahren.* München.

Dubner, Stephen J. (2008): »Is MySpace Good for Society? A Freakonomics Quorum.« In: *Freakonomics* 15.02.2008.

Dueck, Gunter (2008): *Abschied vom Homo Oeconomicus – warum wir eine neue ökonomische Vernunft brauchen.* Frankfurt am Main.

Elger, Christian E. (2009): *Neuroleadership: Erkenntnisse der Hirnforschung für die Führung von Mitarbeitern.* Freiburg.

Ellingsen, Tore; Johannesson, Magnus (2007): »Paying Respect.« In: *Journal of Economic Perspectives,* Band 21, Nr. 4, Herbst 2007, S. 135–149.

Engeser, Manfred (2010): »Aufbrechen, bevor das Denken zementiert.« In: *Wirtschaftswoche* 22.11.2010.

Fisch, Rudolf; Müller, Andrea; Beck, Dieter (Hrsg.) (2008): *Veränderungen in Organisationen: Stand und Perspektiven.* Wiesbaden.

Fischer, Joschka (2011): »Die Unternehmen haben verstanden.« In: *Werben & Verkaufen* 7/2011.

Florida, Richard (2010): *Reset: Wie wir anders leben, arbeiten und eine neue Ära des Wohlstands begründen werden.* Frankfurt am Main/New York.

Fox, Catherine (2007): »It's all in the Mind.« In: *Australian Financial Review* 09.11.2007.

Franken, Swetlana (2010): *Verhaltensorientierte Führung: Handeln, Lernen und Diversity in Unternehmen.* Wiesbaden.

Frey, Dieter; Schulz-Hardt, Stefan (Hrsg.) (2000): *Vom Vorschlagswesen zum Ideenmanagement: zum Problem der Änderungen von Mentalitäten, Verhalten und Strukturen.* Göttingen.

Friederichs, Peter (2004): »Weisheit und Wut.« In: *Personalführung* 11/2004, S. 76–77.

Fröndhoff, Bernd (2006): »Flexibel wie die Amöbe.« In: *Handelsblatt* 18.09.2006.

Geister, Susanne (2005): *Feedback in virtuellen Teams: Entwicklung und Evaluation eines Online-Feedback-Systems.* Wiesbaden.

Giersch, Torsten (2010): »Warum Ameisen die besseren Manager sind.« In: *DIE ZEIT* 31.08.2010.

Gigerenzer, Gerd (2008): *Bauchentscheidungen: Die Intelligenz des Unbewussten und die Macht der Intuition.* München.

Gigerenzer, Gerd im Interview. In: *FAZ* 18.10.2008.

Gill, Richardson B. (2000): *The Great Maya Droughts: Water, Life, and Death.* New Mexico.

Goleman, Daniel (1996): *Emotionale Intelligenz.* München.

Gottwald, Johannes; Rosenberger, Bernhard (2006): »Personalmanagement. Reizwort Outsourcing.« In: *InSight* 1/06.

Griesbaum, Rainer; Hannich, Rolf; Schnarr, Karl Heinz (2006): *Strafrecht und Justizgewährung: Festschrift für Kay Nehm zum 65. Geburtstag.* Berlin.

Haas, Sibylle (2008): »Studie: Humankapital in Firmen. Vom Wert der Mitarbeiter.« In: *SZ* 08.07.2008.

Haderlein, Andreas (2006): *Marketing 2.0: Von der Masse zur Community: Fakten und Ausblicke zur neuen (Online-)Kommunikation.* Kelkheim.

Hall, Doug (2004): *Jump Start Your Business Brain: Scientific Ideas and Advice That Will Immediately Double Your Business Success Rate.* Cincinnati.

Hambrick, D. C., Nadler, D. A.; Tushman, M. L. (1997): *Navigating Change: How the CEOs, Top Teams and Boards Steer Transformation.* Boston, Massachusetts.

Handy, Charles (1989): *The Age of Unreason.* New York.

Handy, Charles (1993): *Understanding Organizations.* New York.

Handy, Charles (1994): *The Age of Paradox.* Boston, Massachusetts.

Handy, Charles (2003): *The Elephant and the Flea: Reflections of a Reluctant Capitalist.* New York.

Handy, Charles im Interview. In: *Wirtschaftswoche* 17.09.2007.

Harris, Imogen u. a. (2006): *Is Europe Ready For The Millennials? Innovate To Meet The Needs Of The Emerging Generation.*

Hartmann, Dirk (1998): *Philosophische Grundlagen der Psychologie.* Darmstadt.

Heckhausen, Jutta (2006): *Motivation und Handeln.* Berlin.

Helpman, Elhanan; Verdier, Thierry; Marin, Dalia (Hrsg.) (2008): *The Organization of Firms in a Global Economy.* Cambridge/London.

Hemmerich, Lisa (2010): »2009 Kurzmitteilungen im Wert von 2,5 Milliarden Euro verschickt. Deutschland: 1 100 SMS pro Sekunde.«

Hemp, Paul (2009): »Das Recht auf Ruhe.« In: *Harvard Business Manager,* Dezember 2009.

Henrich, Anke (2009): »Es geht auch anders.« *Wirtschaftswoche* 23.03.2009.

Herden, Birgit (2006): »Einfach essen.« In: *Zeit online* 09.11.2006.

Heuser, Uwe Jean (2009): *Humanomics: Die Entdeckung des Menschen in der Wirtschaft.* Frankfurt am Main/New York.

Hock, Dee (2008): *Die chaordische Organisation.* Stuttgart.

Hock, Dee im Interview. In: *brand eins,* Nr. 4/2001.

Hock, Dee im Interview. In: *Enlightenment,* Herbst/Winter 2002.

Höhn, Alexander; Pinnow, Daniel F.; Rosenberger, Bernhard (Hrsg.) (2003): *Vorsicht: Entwicklung! Was Sie schon immer über Führung und Change Management wissen wollten – ein Streitgespräch.* Leonberg.

Hofmann, Katrin (2007): »Jeder dritte Veränderungsprozess ist zum Scheitern verurteilt.« In: *IT-Business* 22.06.2007.

Honoré, Sue; Paine Schofield, Carina (2009): *Generation Y: Inside Out. A Multigenerational View of Generation Y – Learning and Working.* Online-PDF der Ashridge Business School (UK).

Hüglin, Thomas O. (1991): *Sozietaler Föderalismus: Die Politische Theorie des Johannes Althusius.* Berlin.

Hüther, Gerald im Interview. »Der Dompteur reibt sich auf.« In: *FAZ* 26.05.2008.

Hüther, Gerald (2009): *Bedienungsanleitung für ein menschliches Gehirn.* Göttingen.

Illinger, Patrick (2008): »Rabatt im Hirn.« In: *SZ* 25.10.2008.

Jonas, Hans (1984): *Das Prinzip Verantwortung: Versuch einer Ethik für die technologische Zivilisation.* Frankfurt am Main.

Jung, Hans (2006): *Allgemeine Betriebswirtschaftslehre.* München.

Junker, Thomas (2004): *Geschichte der Biologie. Die Wissenschaft vom Leben.* München.

Käfer, Timo (2007): *Dezentralisierung im Konzern. Eine Mehr-Ebenen-Analyse strategischer Restrukturierung.* Wiesbaden.

Kalic, Sean N. (2005): *Combating a Modern Hydra: Al Qaeda and the Global War on Terrorism.* Occasional paper, 8. Fort Leavenworth, Kan.

Kandel, Eric im Interview. »Das Geheimnis des Gedächtnisses wird enträtselt.« In: *WELT online* 23.06.2009.

Kant, Immanuel (1986): *Kritik der reinen Vernunft.* Ditzingen.

Keicher, Imke (2007): »Besinnung auf das Besondere.« In: *Die Welt* 28.04.2007.

Kempermann, Gerd (2008): *Neue Zellen braucht der Mensch. Die Stammzellforschung und die Revolution der Medizin.* München.

Kenning, Peter im Interview. In: *brand eins,* 12/2008.

Kerres, Andrea; Seeberger, Bernd (2005): *Gesamtlehrbuch Pflegemanagement.* Berlin/Heidelberg.

Kieser, Alfred; Kubicek, Herbert (1992): *Organisation.* Berlin.

Kieser, Alfred; Ebers, Mark (2006): *Organisationstheorien.* Stuttgart.

Kieser, Alfred; Walgenbach, Peter (2007): *Organisation.* Stuttgart.

Kieser, Alfred (2010): »Akademische Rankings. Die Tonnenideologie der Forschung.« In: *FAZ* 11.06.2010.

Kirsch, Werner; Esser, Werner-Michael; Gabele, Eduard (1979): *Das Management des geplanten Wandels von Organisationen*. Stuttgart.

Klesse, Hans-Jürgen (2009): »Weshalb Krisen strategisches Denken und mutige Führung erfordern.« In: *Wirtschaftswoche* 10.01.2009.

Klopfer, Max (2008): *Ethik-Klassiker von Platon bis John Stuart Mill: Ein Lehr- und Studienbuch*. Stuttgart.

Knippenberg, v. D.; Hogg, M. A. (2003). »A Social Identity Model of Leadership Effectiveness in Organizations.« In: *Research in Organizational Behavior 25*, S. 243–295.

Koch, Moritz; Liebrich, Silvia; Rubner, Jeanne (2011): »Ölpest im Golf von Mexiko.« Das große Versagen. In: *SZ* 11.01.2011.

Kräkel, Matthias (2007): *Organisation und Management*. Tübingen.

Krause, Donald G. (2007): *Die Kunst des Krieges für Führungskräfte. Sun Tzus alte Weisheiten, aufbereitet für die heutige Geschäftswelt*. Heidelberg.

Kruse, Peter im Interview. In: *SZ* 26.11.2009.

Kühl, Stefan (1994): *Wenn die Affen den Zoo regieren*. Frankfurt am Main/New York.

Kutschker, Michael; Schmid Stefan (2008): *Internationales Management*. München.

Lakotta, Beate (2005): »Die Natur der Seele.« In: *Spiegel* 18.04.2005.

Leckebusch, Holger; Lohmann, Till (2008): »Der Faktor Mensch wird unterbewertet.« In: *FAZ* 07.03.2008.

Leisi, Ernst (1985): »Falsche Daten hochpräzis verarbeitet.« In: *Neue Zürcher Zeitung* 28./29.12.1985.

Leitl, Michael (2010): »Noten für das Management.« In: *Harvard Business Manager,* Mai 2010.

Lintelmann, Klaus (2010): »Kreativ, kundennah und reaktionsschnell.« In: *FAZ* 23.08.2010.

Lowack, Rainer in: *SZ* 11.09.2008.

Luczak, Hania (2008): »Die Macht, die uns lenkt.« In: *GEO kompakt* Nr. 15.

Luhmann, Niklas (1984): *Soziale Systeme. Grundriss einer allgemeinen Theorie*. Frankfurt am Main.

Lutz, Andreas (2008): *Praxisbuch Networking*. Wien.

Lutz, Andreas im Interview. In: *SZ* 06.04.2008.

Lykken, David (2008): *Happiness: What Studies on Twins Show Us About Nature, Nurture, and the Happiness Set Point*. New York.

Lyubomirsky, Sonja (2008): *Glücklich sein: Warum Sie es in der Hand haben, zufrieden zu leben*. Frankfurt am Main/New York.

Macharzina, Klaus; Wolf, Joachim (2010): *Unternehmensführung: Das internationale Managementwissen. Konzepte, Methoden, Praxis.* Wiesbaden.

Martin, Roger L. (2010): »Der Fluss der Entscheidungen.« In: *Harvard Business Manager* Oktober 2010.

May, Sibylle; Kullmann, Jennifer (2009): *Erfolgreiche Kommunikation, emotionale Intelligenz und Motivation im Office.* Wiesbaden.

Mazar, Nina; Ariely, Dan (2008): »Dishonesty in Everyday Life and Its Policy Implications.« In: *Journal of Marketing Research* 45, 2008, S. 633–644.

Meinter, Sabine (2010): »Generation Y. Zwischen iPod und Learning 2.0.« In: *Financial Times Deutschland* 29.04.2010.

Mennenga, Kirsten (2005): *Join in! Virtuelle Netzwerke für Frauen, die schneller Karriere machen wollen.* Saarbrücken.

Mertens, Peter (1994): »Virtuelle Unternehmen.« In: *Wirtschaftsinformatik* 36/1994 2, S. 169–172.

Miller, Peter (2010): *Die Intelligenz des Schwarms.* Frankfurt am Main/New York.

Mintzberg, Henry; Lampel, Joseph; Quinn, James B. (1997): *The Strategy Process.* Essex/GB.

Moorstedt, Tobias (2008): *Jeffersons Erben: Wie die digitalen Medien die Politik verändern.* Frankfurt am Main.

Moss Kanter, Rosabeth (1998): *Bis zum Horizont und weiter.* München.

Nasher, Jack (2009): *Die Moral des Glücks. Eine Einführung in den Utilitarismus.* Berlin.

Neuberger, Oswald (2002): *Führen und führen lassen: Ansätze, Ergebnisse und Kritik der Führungsforschung.* Stuttgart.

Nixdorf, Axel (2004): »Blick zurück im Zweifel.« In: *Werte. McK Wissen* 11.

Nöllke, Matthias (2008): *Von Bienen und Leitwölfen: Strategien der Natur im Business nutzen.* Freiburg.

Opaschowski, Horst. In: Uni & Job, Beilage der *Süddeutschen Zeitung*, 28.03.2009.

Otto, Klaus-Stephan; Nolting, Uwe; Bässler, Christel (2006): *Evolutionsmanagement. Von der Natur lernen: Unternehmen entwickeln und langfristig steuern.* München.

Palmisano, Samuel J. In: Korsten, Peter u. a. (2008): *IBM Global CEO Study 2008*, S. 71.

Papsdorf, Christian (2009): *Wie Surfen zu Arbeit wird: Crowdsourcing im Web 2.0.* Frankfurt am Main/New York.

Park, Andreas (2008): »Wie Globalisierung die Unternehmen verändert.« In: *LMU* – Einsichten 2008 – Newsletter 03 – Rechts-, Wirtschafts- und Sozialwissenschaften. München.

Pearson, Joel; Clifford, Colin W.; Tong, Frank (2008): »The Functional Impact of Mental Imagery on Conscious Perception.« In: *Current Biology* 08.07.2008.

Pfaff, Donald W. (2007): *The Neuroscience of Fair Play: Why We (Usually) Follow the Golden Rule.* Chicago.

Pfläging, Niels (2010): *Die 12 neuen Gesetze der Führung: Der Kodex: Warum Management verzichtbar ist.* Frankfurt am Main/New York.

Picot, Arnold (1990): »Organisation.« In: Bitz, M. (Hrsg.): *Vahlens Kompendium der Betriebswirtschaftslehre*, Band 2, München, S. 99.

Picot, Arnold; Reichwald, Ralf; Wigand, Rolf T. (2009): *Die grenzenlose Unternehmung: Information, Organisation und Management.* Wiesbaden.

Pinnow, Daniel F. (2002): »Führen – Wachsen. Über das Geheimnis organischen Wachstums.« In: *Management Guide 2003.* Bad Harzburg.

Pinnow, Daniel F. (2005): *Führen – Worauf es wirklich ankommt.* Wiesbaden.

Pinnow, Daniel F. (2007): *Elite ohne Ethik? Die Macht von Werten und Selbstrespekt.* Frankfurt am Main.

Pinnow, Daniel F. (2010): »Die Frauenquote fördert Nieten im Kostümchen.« In: *Welt Online* 12.11.2010.

Plickert, Philip (2010): »Ronald Coase wird 100.« In: *FAZ* 29.12.2010.

Pöppel, Ernst (2006): *Der Rahmen: Ein Blick des Gehirns auf unser Ich.* München.

Pöppel, Ernst (2008): *Zum Entscheiden geboren: Hirnforschung für Manager.* München.

Precht, Richard David (2007): *Wer bin ich – und wenn ja, wie viele?* München.

Priddat, Birger P. (Hrsg.) (2007): *Neuroökonomie. Neue Theorien zu Konsum, Marketing und emotionalem Verhalten in der Ökonomie.* Marburg.

Probst, Gilbert J.B.; Büchel, Bettina (1998): *Organisationales Lernen: Wettbewerbsvorteil der Zukunft.* Wiesbaden

Qualman, Erik (2010): *Socialnomics: wie Social Media Wirtschaft und Gesellschaft verändern.* Heidelberg.

Reinhardt, Susie (2007): »Joggen, Walken, Tanzen: Wie Bewegung die Psyche stärkt.« In: *Psychologie heute* Nr. 8/2007.

Reinhold, Thomas (2007): »Immer weniger Spaß bei der Arbeit.« In: *FAZ* 27.12.2007.

Renz, Florian (2007): *Praktiken des Social Networking. Eine kommunikationssoziologische Studie zu online-basierten Netzwerken am Beispiel von openBC (XING).* Boitzenburg.

Riedl, Rupert (2002): *Riedls Kulturgeschichte der Evolutionstheorie: Die Helden, ihre Irrungen und Einsichten.* Berlin.

Ringleb, Al R.; Rock, David (2008): »The Emerging Field of NeuroLeadership.« In: *NeuroLeadership Journal* 1/2008, S. 1–17.

Riske, Jörg (2002): *Internet und die Auswirkungen auf die Unternehmensorganisation aus Sicht der neuen Institutionenökonomik.* Hamburg.

Rosenzweig, Phil (2008): *Der Halo-Effekt: Wie Manager sich täuschen lassen.* Offenbach.

Roth, Gerhard (2007): *Persönlichkeit, Entscheidung und Verhalten. Warum es so schwierig ist, sich und andere zu ändern.* Stuttgart.

Roth, Gerhard im Interview. In: *managerSeminare,* Heft 119, Februar 2008.

Roth, Gerhard im Interview. In: *ZEIT Campus* 02/2008.

Roth, Gerhard; Grün, Klaus-Jürgen; Friedman, Michel (Hrsg.) (2010): *Kopf oder Bauch? Zur Biologie der Entscheidung.* Göttingen.

Rüdel, N.; Scheffler, S.; Winkelmann, M. (2008): *Arbeitgeber setzen auf kreative Köpfe.*

Sageman, Marc im Interview. In: *OrganisationsEntwicklung* 2/2009.

Savage, Charles M. (1997): *Fifth Generation Management: Kreatives Kooperieren durch virtuelles Unternehmertum, dynamische Teambildung und Vernetzung von Wissen.* Zürich.

Schein, Edgar H. (1995): *Organizational Culture and Leadership: A Dynamic View.* San Francisco.

Scheler, Uwe: »Erfolgsfaktor Networking.« In: *Managerseminare* 1/2005.

Scherer, Andreas; Beyer, Rainer (1998): »Der Konfigurationsansatz im Strategischen Management. Rekonstruktion und Kritik.« In: *Die Betriebswirtschaft 58,* S. 332–347.

Schilke, Oliver; Reimann, Martin (2007): »Neuroökonomie: Grundverständnis, Methoden und betriebswirtschaftliche Anwendungsfelder.« In: *Journal für Betriebswirtschaft,* Nr. 57.

Schirrmacher, Frank (2004): *Payback.* München.

Schmidt, Marc (2009): *Management? Handlungsmuster erfolgreicher Führungskräfte.* Wiesbaden.

Schmitz, Andreas (2009): »Lehren aus der Finanzmarktkrise – das Vertrauen wieder stärken.« Rede auf der 14. *Handelsblatt* – Jahrestagung: Banken im Umbruch, September 2009.

Schnabel, Ulrich (2008): »Der unbewusste Wille.« In: *DIE ZEIT* 17.04.2008.

Schneider, Helmut; Gerlach, Irene; Juncke, David; Krieger, John (2008): *Betriebswirtschaftliche Ziele und Effekte einer familienbewussten Personalpolitik.* Forschungszentrum Familienbewusste Personalpolitik – Arbeitspapier Nr. 5, Dezember 2008.

Schreyögg, Georg, In: Staehle, W. H. (1994): *Management. Eine verhaltenswissenschaftliche Perspektive*, 7. Aufl., München.

Schwartz, Tony; Loehr, Jim (2003): *Die Disziplin des Erfolgs. Von Spitzensportlern lernen. Energie richtig managen.* Düsseldorf/Berlin.

Schwartz, Tony; McCarthy, Catherine (2007): »Manage Your Energy, Not Your Time.« In: *Harvard Business Review* 10/2007.

Schwenker, Burkhard; Bötzel, Stefan (2006): *Auf Wachstumskurs. Erfolg durch Expansion und Effizienzsteigerung.* Berlin.

Selvini, Matteo (1992): *Mara Selvinis Revolutionen.* Heidelberg.

Senge, Peter M. (1996): *Die fünfte Disziplin: Kunst und Praxis der lernenden Organisation.* Stuttgart.

Shea, Virginia (1994): *Netiquette.* San Francisco.

Simon, Bernhard im Interview. In: *Harvard Business Manager* März 2010.

Simon, Fritz B. im Interview. In: *Focus Online* 27.09.2008.

Smith, Adam (1776): *An Inquiry into the Nature and Causes of the Wealth of Nations.* London.

Spitzer, Manfred; Bertram, Wulf (Hrsg.) (2009): *Hirnforschung für Neu(ro)gierige: Braintertainment 2.0.* Stuttgart.

Sprenger, Reinhard K. (2002): *Vertrauen führt: Worauf es im Unternehmen wirklich ankommt.* Frankfurt am Main/New York.

Stock-Homburg, Ruth (2010): *Personalmanagement: Theorien – Konzepte – Instrumente.* Wiesbaden.

Storch, Maja (2009): »*Coaching. Wie Manager entspannen lernen.*« In: *manager magazin* 18.02.2009.

Surowiecki, James (2005): *Die Weisheit der Vielen.* München.

Tappin, Steve; Cave, Andrew (2008): *The Secrets of CEOs: 150 Global Chief Executives Lift the Lid on Business, Life and Leadership.* London.

Tapscott, Don; Williams, Anthony D. (2007): *Wikinomics: die Revolution im Netz.* München.

Terpitz, Katrin (2008): »Mitarbeiter als kreative Intrapreneure.« In: *Handelsblatt* 09.05.2008.

Thommen, Jean Paul; Achleitner, Ann-Kristin (2007): *Allgemeine Betriebswirtschaftslehre: Umfassende Einführung aus managementorientierter Sicht.* Wiesbaden.

Venohr, Bernd (2006): *Wachsen wie Würth.* Frankfurt am Main/New York.

Vogt, Markus (2006): »Naturverständnis in der Moderne – zwischen Wertvorstellungen und Weltbildern.« In: *Politische Ökologie,* März 2006.

Voland, Eckart (2007): *Die Natur des Menschen: Grundkurs Soziobiologie.* München.

von Buttlar, Horst (2008): »Würths Außendienstarmee.« In: *Financial Times Deutschland* 8.2.2008.

von Cube, Felix; Dehner, Klaus; Schnabel, Andreas (2005): *Führen durch Fordern: Die BioLogik des Erfolgs.* München.

von Hirschhausen, Eckart im Interview. In: *SZ* 09.03.2009.

Warner, Malcolm; Witzel, Morgen (2004): *Managing in Virtual Organizations.* London.

Watzlawick, Paul (2008): *Vom Schlechten des Guten oder Hekates Lösungen.* München.

Weber, Max (1922): *Wirtschaft und Gesellschaft.* Tübingen.

Welch, Jack; Welch, Suzy (2007): »Erfolg durch Authentizität.« In: *WirtschaftsWoche* 21.05.2007.

Wickert, Ulrich (2005): *Ethics in Business: Vorreiter ethischen Handelns.* München.

Willke, Helmut (2001): *Systemisches Wissensmanagement.* 2. neu bearb. Auflage. Stuttgart.

Winkler, Ulrich (2004): *Effiziente Grenzen der Unternehmung.* Wiesbaden.

Wippermann, Peter (2011): »Marketing 3.0: der Konsumat.« In: *Werben & Verkaufen* 8/2011, S. 60–61.

Wolf, Notker im Interview. In: *Lufthansa Exclusive* 06/08.

Zander, Ernst (1984): »Führen ohne Dogma. Zeitgemäßer Führungsstil im Großunternehmen.« In: *DIE ZEIT* 07.12.1984.

Zimmermann, Peter (2006): *Grundwissen Sozialisation: Einführung zur Sozialisation im Kindes- und Jugendalter.* Wiesbaden.

Zingel, Harry (2007): *Budgetplanung.* Weinheim.

Zweig, Jason (2007): *Gier. Neuroökonomie: Wie wir ticken, wenn es ums Geld geht.* München.

Zwirner, Heiko (2008): »Von der Amöbe lernen.« In: *McK Wissen* 08.

Studien

Akademie für Führungskräfte der Wirtschaft (1999): *Warum Veränderungsprojekte scheitern.*

Akademie für Führungskräfte der Wirtschaft (2008): *Führung beim Wort nehmen. Wie kommunizieren deutsche Manager?*

Allensbach-Umfrage (2010): »Vereinbarkeit von Beruf und Familie unzureichend.« In: *FAZ* 31.08.2010.

Boston Consulting Group (2010): *Creating People Advantage.*

Bundesministerium für Wirtschaft und Technologie: *Abschlussbericht zum Förderwettbewerb Netzwerkmanagement-Ost (NEMO).*

Dekra Akademie und Atoss Software (2008): *Digging for Diamonds – verborgene Potenziale im Unternehmen heben. Status quo und Ausblick.*

Dpa (2010): »75 000 Dollar machen glücklich.« In: *Financial Times Deutschland* 06.09.2010.

Droege & Company (2008): *HR-Kompetenzbarometer 2008: Personalmanagement 360° – Feedback & Herausforderungen: Flexibilisierung und Effizienzsteigerung.*

Kienbaum Management Consultants (2010): *HR Strategie und Organisation.* Kienbaum-Studie 2010/2011.

Kienbaum-Kooperationstudie *Personalentwicklung 2008.* In Zusammenarbeit mit der Universität Zürich.

Korsten, Peter u. a. (2008): *IBM Global CEO Study.*

SKP-Studie (2008): *Führungskraft der Zukunft, Auswertung der Befragung von 357 Unternehmen aller Branchen und Größenordnungen.*

Register